基礎生物学

［三訂版］

分子と細胞レベルから見た生命像

中村運著

培風館

本書の無断複写は，著作権法上での例外を除き，禁じられています。
本書を複写される場合は，その都度当社の許諾を得てください。

まえがき

　本書に掲げる"基礎生物学"の表題は『初歩生物学の意味ではなく，生命の基礎部分を取り扱う生物学の意味である』という主旨は，初版以来一貫している。基礎生物学は，先の改訂以来すでに12年が経過した。したがって，この間に蓄積された先端的知識を取り入れ，より充実した生命像を浮び上がらせることが，本書執筆の目的である。

　この地球に現生している生物種は，同定されているだけで130万余り，未同定のものを含めると種の数はその10倍を超える，と推定されている。しかしながら，これらの多様な生物種も個体の形態やDNA（遺伝子）の塩基配列にもとづいて類別し，系統をさかのぼっていくと，ついには1種の祖先生物に到達する。つまり，すべての生物は40億年前原始地球上に誕生したDNA始原生物（DNAワールド）の子孫である，とするのが現在の系統生物学の推定である。しかし，DNAワールド以前には，タンパク質ワールド，RNAワールドも存在していたようであり，生物界はタンパク質ワールド→RNAワールド→DNAワールドと進化してきた可能性が，いま生命の起原学界では熱く論じられている。

　さて，生物学は棒暗記の学問であり，多くの知識の寄せ集め学であると，古くから言われてきた。これは学生諸君にとっては非常に繁雑な学問であり，とくに物理学や化学を得意とする諸君にとっては，それはいわば苦手な学問であった。しかし現在までに蓄積されてきた知識は，生命の理論的考察を可能にし，いままでよりももっと体系化された教育が可能である，との認識のもとにまとめ上げたのが本書である。これは，現代における膨大な量の知識をいかに効率よく教育していくか，という筆者の長い教育歴のなかから生まれた一貫したテーマであったからである。この主旨が学生諸君にうまく伝えられることを，深く願っている。

　それに，いま一つ長年筆者の頭から離れなかった課題は，"生物における形態と機能の関係づけ"である。博物学は元来目前の生物の形を知り，これらを

類別するところから始まった，といってよい．したがって，生物分類学の歴史は古く，太古から自然発生的に生まれてきたものである．ところが現代までの生物学的知識を通して見ると，形態は機能をともなってはじめて生まれるものであり，機能は形態（構造）からはじめて生まれるものであることがわかる．そこで，形態の多様化から生まれる機能の多様化によって，この複雑きわまりない地球自然にも生物は適応できてきたわけである．本書における1から13までの章立ては，これを具体化すべく配列し，論述したものである．

　1および2章は，生命を定義し，その最小単位が細胞にあることを論証する．3から6章は，細胞内の構造体（細胞小器官）のそれぞれの生命分担，構造形成について解説する．7章はDNA構造と機能の発現を，8章は細胞分裂のしくみを，さらに9章から11章までは代謝のしくみを論じている．そして，12および13章は生命の起原から現人類までの進化を概述する．生物進化はDNAの突然変異によって起動し，自然淘汰によって適者が選び出されていくので，生物界は未来も環境条件に大きく依存していくだろう．

　最後になったが，本書の完成は培風館の石黒俊雄氏による細やかな編集に負うところが大きかった．また図表は，旧版から引き続いて掲載させていただいたものや新たに掲載させていただいたものが，多く含まれる．また執筆に当たっては，数々の著作のお世話になった．この書面を借りて，関係者の方々に心からお礼申し上げる次第である．

　　2000年小暑

六甲山麓にて

中　村　　運

目　　次

1章　生命の定義 ･･････････････････････････1
　　1･1　生命とはなんだろう　1
　　1･2　ウイルスは生命といえるか　2
　　1･3　熱力学第2法則と生命　3

2章　生命の単位―細胞― ････････････････5
　　2･1　細胞とはなにか　5
　　2･2　細胞は社会をつくる　7
　　2･3　細胞における形態と機能の分化　8

3章　細胞内における構造のいろいろ ･････11
　　3･1　細胞小器官　11
　　3･2　細胞壁の構造と役割　12
　　　　3･2･1　原核細胞の細胞壁　13
　　　　3･2･2　植物細胞の細胞壁　13
　　3･3　細　胞　膜　14
　　　　3･3･1　原核細胞の細胞膜　14
　　　　3･3･2　真核細胞の細胞膜　16
　　3･4　原形質に見られる小器官　17
　　　　3･4･1　生合成小器官―小胞体―　17
　　　　3･4･2　タンパク質合成小器官―リボソーム―　20
　　　　3･4･3　複合的な膜中枢系―ゴルジ体―　23
　　　　3･4･4　加水分解酵素の小器官―リソソームと液胞―　26
　　　　3･4･5　エネルギー変換を行う小器官　27
　　　　3･4･6　DNA小器官―核と核様体―　35

4章　細胞生命は分業からなっている ･････39
　　4･1　細胞小器官は分工場である　39
　　4･2　細胞の小器官を取り出す　39
　　4･3　細胞における代謝の分画　41

5章 細胞はどんな物質からできているか ……………………………45

- 5・1 細胞は軽い元素でできている　45
  - 5・1・1 細胞をつくる元素　45
  - 5・1・2 難しい必須元素の決定　47
- 5・2 細胞をつくる成分―水と無機・有機物質―　48
- 5・3 細胞は元素を選ぶ　49
- 5・4 細胞は大きな分子からつくられている　50
  - 5・4・1 デオキシリボ核酸(DNA)　50
  - 5・4・2 リボ核酸(RNA)　66
  - 5・4・3 タンパク質　68
  - 5・4・4 タンパク質触媒―酵素―　74
  - 5・4・5 脂　質　79
  - 5・4・6 糖　質　82

6章 細胞の構造形成 ……………………………84

- 6・1 機能は構造から生まれる　84
- 6・2 高分子の自己集合　84
- 6・3 生きた細胞と酵素の有り様　92
  - 6・3・1 酵素は細胞内でどのように配置されているか　92
  - 6・3・2 膜タンパク質の分化　94
- 6・4 染色体の成り立ち　96
  - 6・4・1 細菌の染色体はDNAそのものである　96
  - 6・4・2 真核内の染色体はDNAとヒストンの複合体である　97

7章 遺伝情報はどのように発現するか ……………………………100

- 7・1 遺伝子概念の発生と発展　100
  - 7・1・1 遺伝子の機能をさぐる道　101
  - 7・1・2 DNAが遺伝子であることの証明　102
  - 7・1・3 遺伝子とはなにか　104
  - 7・1・4 遺伝子発現―遺伝子型から表現型へ―　106
  - 7・1・5 DNAは二役を演ずる　107
- 7・2 転　写　107
  - 7・2・1 RNAポリメラーゼとプロモーター　107
  - 7・2・2 RNAプロセシング　110
  - 7・2・3 真核RNAと原核RNAとの違い　113
  - 7・2・4 翻　訳　114
  - 7・2・5 遺伝子発現の調節　126

8 章　細胞分裂サイクル　　138

8・1　平衡的成長と細胞サイクルの調節　138
8・2　細胞のサイクル　139
8・3　DNA の複製　141
　　8・3・1　DNA は新旧 2 本鎖からなる―半保存的複製―　141
　　8・3・2　DNA 複製はどのように進むか　143
　　8・3・3　DNA は半不連続的に合成される　145
　　8・3・4　DNA 複製の開始―複製泡の形成―　149
8・4　細胞分裂サイクル―有糸分裂―　151
　　8・4・1　有糸分裂の過程　151
　　8・4・2　細胞質分裂　155
　　8・4・3　減数分裂　157

9 章　細胞はどのように生活エネルギーを生むか　　159

9・1　生命にはエネルギーが要る　159
9・2　エネルギー代謝の起原と進化　160
9・3　エネルギーの放出代謝と吸収代謝　162
9・4　酸化反応はエネルギーを放出する　163
9・5　代謝は徐々にエネルギーを放出させる　164
9・6　代謝の流速はどのように調節されているか　165
9・7　発酵―エムデン-マイエルホーフ(EM)経路―　166
9・8　呼吸代謝　170
9・9　ATP 生産の進化　178
9・10　異化と同化のつながり―サルベージ経路―　179

10 章　独立栄養―光合成と化学合成―　　182

10・1　光 合 成　182
　　10・1・1　光合成細菌　183
　　10・1・2　ラン藻・真核植物　190
　　10・1・3　暗 反 応　193
10・2　化学合成　197

11 章　生体膜と物質透過　　199

11・1　関門としての(生体)膜　199
11・2　膜透過のしくみ　199
　　11・2・1　単純拡散　200
　　11・2・2　膜輸送をつかさどるタンパク質―担体とチャンネル―　203
　　11・2・3　ATP を要求する担体輸送―能動輸送―　204

12章　生命の起原 …………………………………… 206

- 12・1　地球はどのように形成されたか　206
  - 12・1・1　地球は太陽星雲の中で生まれた　206
  - 12・1・2　原始大気の成り立ち　206
  - 12・1・3　原始の海の成り立ち　208
- 12・2　生命発生への道―化学進化―　209
  - 12・2・1　宇宙で進む化学反応　209
  - 12・2・2　化学進化の道筋　211
  - 12・2・3　タンパク質ワールド，RNA ワールド，そして DNA ワールド　214
  - 12・2・4　生命の誕生　216

13章　生物は進化する ………………………………… 219

- 13・1　進化の原動力は突然変異である　219
- 13・2　突然変異はどのようにして起るか　221
- 13・3　DNA の損傷と修復　225
- 13・4　分子進化とはなにか　228
- 13・5　細胞進化とはなにか　231
  - 13・5・1　ゲノムの進化　231
  - 13・5・2　代謝の進化　232
  - 13・5・3　細胞小器官の分化　235
  - 13・5・4　真核細胞の起原　238
- 13・6　生物界の進化　241
  - 13・6・1　始原生物はいつ生まれたか　241
  - 13・6・2　植物界の進化　242
  - 13・6・3　菌界の進化　245
  - 13・6・4　動物界の進化　245
- 13・7　生物種の大量絶滅　247
- 13・8　人類の進化　249

参　考　書 ……………………………………………… 251
索　　引 ………………………………………………… 255

1

生命の定義

1・1　生命とはなんだろう

　まず初めに，"生命"あるいは"いのち"という，広く一般社会において用いられている言葉について語らねばならない。それは，じつに多様な意味を含めて使われているからである。おそらく，人類史上もっとも古い起原をもつ言葉であると思われる。宗教，哲学，文学，社会学，および自然科学の各分野で用いられているこの語には，それぞれ独特の含蓄がある。したがって，生命に関する議論には，しばしば論理のすれ違いが起る。それは，おのおのの論者が生命に異なる定義を下しているからである。ここでは，もちろん自然科学の立場から生命の定義を試みることにする。

　生命は，おおまかにいえば，生物のすべてが特徴的にもっている"生きている"という属性である。それは，死体や無生物には決してないものである。そこで生命としての属性には，つぎの3条件が同時に含まれる。

（1）　生命体を維持するためのしくみをもっている。

　　そのしくみとは，具体的には系列化された遺伝子によって統制された化学反応系，すなわち代謝である。これらの化学反応は酵素というタンパク質触媒によって進められている。

（2）　生命体を複製するためのしくみをもっている。

　　ここで複製とは，同じ生命体を2つくり出すことであり，具体的には細胞の2分裂である。生命体はこの細胞分裂によって(i)子孫を無限に殖やすこができるし，(ii)われわれの体のように多細胞体となることもできる。細胞分裂には，必ず遺伝物質であるDNAの複製が先行する。

（3）　生命体は進化する。

　　これは上の(1)と(2)の属性をもつとき，必ず不随する属性であって，生命

体としての必要条件ではない．進化の根元はDNAの突然変異であり，それはDNAの複製の"誤り"に因る．かくして，現生の地球生物種は同定されているだけでも130万余りにも系統分岐している．

これから論述していくように，生命は物質系であり，物質法則の下に発現しているものである．しかしいま，ここに2羽のヒヨコがいるとしよう．そして1羽を残酷な想像ではあるが，ミキサーにかけたとする．そこで直ちに化学分析し，比較したならば，おそらく成分的には，どんな差異も見出すことはできないだろう．しかし，一方は"生きている"し，他方は"死んでいる"．この違いはどこからくるか．それは，これら生物の体を構成している物質系が，前者では上に述べた3属性を備えているのに対して，後者はそれらを失っているからである．一般社会で理解されているように，生命は物質系そのものではなくて，その物質系の特殊な動態がかもし出すある属性が生命なのである．タンパク質やDNA，RNAといった高分子は，"生命という劇"を演じている役者でしかない．

1・2 ウイルスは生命といえるか

生命とはなにか，という課題に対してつねにつきまとうものに「ウイルスは生命体か」という問題がある．20世紀前半，この議論は活発になされたが，今日ではまったく影をひそめてしまった．ウイルス学者たちは，ウイルスの定義を論ずるよりも，ウイルスを研究する方が容易であり，有益であると考えるようになったからである．

しかし，ちょうど上に生命の定義を下したのを機会に，この問題を再考することは意味があるだろう．そこで，ウイルスが生命としての属性を有するか否かを，上に述べた生命の3条件に照して検討してみる．まず第1の条件，すなわちウイルスは自己保存のための代謝をもつか，について考える．現在の知識によると，ウイルスは遺伝子はもっているが代謝はもっていない．ウイルスは種類によっては1，2の酵素を含んでいるが，それらの活性は代謝とはいえない．つぎに第2の条件，すなわち自己複製能についてはどうか．ウイルスは，遺伝物質としてDNA(DNAウイルス)あるいはRNA(RNAウイルス)をもっている．しかしこれらの遺伝物質の複製は，すべて宿主である生細胞の代謝系に依存しており，ウイルス単独では複製ができない．第3の条件についてはどうか．ウイルスの遺伝物質にも突然変異は起り，進化する．このように，ウイ

ルスは生命条件としての3属性のうち，第3の進化の条件だけを満たしている。したがって，総合的には「ウイルスには生命はない」，と結論できる。ウイルス粒子は，成分的には遺伝物質とタンパク質からなる単純な構造体である。

1・3　熱力学第2法則と生命

　オーストリアの量子力学者 E. シュレーディンガー(1887-1961)は1944年，"What is Life ?" と題する小冊を著した。この著書の中で彼は，生命のしくみは熱力学第2法則に合わないのではないか，という疑問を投げかけた。熱力学第2法則は，「宇宙のように一つの熱力学的閉鎖系の中で起る現象は，エントロピーが増大する方向に進む」，という基本則である。エントロピーとは平明にいえば，"無秩序さ"であり，エントロピーの増大方向とは，"秩序の崩壊"を意味する。いまここに，高くそびえる美しい山があるとする。それは，山という一定の形をととのえた一つの秩序である。またここに峡谷があるとする。それは，深く美しい谷の形を見せる一つの秩序である。しかし，このような山や峡谷はやがて崩壊し，それぞれの秩序は失われていくだろう。これに対して植物の世界を見ると，空気中に浮遊する，いわば無秩序な二酸化炭素を集めて光合成を行い，有機物という秩序ある原子配置をもった大きな分子をつくり上げている。また生きた細胞は，水に溶けた無秩序なアミノ酸分子から，遺伝子に応じた配列をもったタンパク質を合成する。すなわち生物は，秩序をもたない物質を集めて，より次元の高い秩序をもつ物質を構築する能力をもっている。これらは，いわばエントロピーを減少させる方向への現象である。シュレーディンガーは，これを「生物は負のエントロピーを食べて生きている」と表現している。そこで彼は，生命の秘密を解くには，今までの物理法則とは違った"新しい物理法則"が要るのではないか，と疑ったのであった。そして，その生命を解く鍵は遺伝子にある，とも述べている。デンマークの物理学者 N. ボーア(1885-1962)も同様な疑問を発表しており，この思想は多くの物理学者に強い衝撃を与えた。そこで物理学者たちは，その新しい物理法則という金鉱を探り当てようと，遺伝学という鉱山を掘り始めた。ところが，採掘を始めて半世紀以上を経た現在も，金鉱は発見されていない。分析されたすべての生命現象は，"従来の熱力学第2法則"に矛盾していないのである。ちなみに分子生物学は，この採掘の際に積み上げられた土石の山である。この中に金はまったく含まれていない。

しかし，この分子生物学は生命研究に新しい基本概念を生み出し，指針を与えることになった．以前には，生命現象は"生命特有の法則"に基づいているという観念が広く一般的であったが，この新しい概念は生命現象もすべて物理法則の下にあることを教えることにもなったのである．かつては，無機的な自然の事象は物理学と化学に分けて研究されていたが，イギリスの化学者 J. ドルトン (1766-1844) が 1800 年ころ唱えた科学的原子論と，20 世紀初頭に実証された原子の実在性とに橋渡しされて，物理学と化学の間の溝もすでに埋められている．今日また，物理・化学の両学と生物学の間の溝も埋められて，3 学は物質科学としての基本法則を共有する時代に入った．したがって，この分子生物学を発掘するきっかけをつくったシュレーディンガーの功績は，大きいといわねばならない．

2

生命の単位―細胞―

2・1 細胞とはなにか

　すべての生物は細胞からなる。原始的な生物である細菌類やラン藻は，単一の細胞で生命としてのすべての属性を身につけている。一方，多数の細胞が集まって社会をつくりながら，全体として一つの生命としての属性をもつ進化した生物も多い。そこで，前者のような生物を単細胞生物，後者のような生物を多細胞生物と呼んで区別している。しかしながら，多くの藻類のように，生活史のある相では単細胞として生き，他の相では群体（後述）あるいは多細胞体として生きるものもある。

　生命は原始の海に誕生して40億年を経ると推定されているが，その中の前30億年は単細胞生物が地球を独占していた。多細胞生物が出現したのはわずか10億年前にすぎない。このように，細胞の多細胞化には非常に長い地質的時間を要したことや，現在の地球上では多細胞生物が全盛を迎えていることなどから見て，生物進化にとって多細胞化はなにか基本的な意味をもっていたようである。

　さて，細胞はなぜ生命の単位といえるか。それは，第1章で述べた生命として定義できる最小の条件を満たしているからである。たとえば細胞を壊すと，それは定義の第1条件である自己保存の能力を失ってしまうし，同時に第2条件である自己複製の能力もなくなる。さらに，第3条件である進化も起らない。結局，細胞よりも小さい生命単位は存在しない，といえる。この理解は，生命を研究する上で最も重要なことがらである。

　生物の体が小さな細胞からなることを最初に記載した人は，イギリスの物理学者 R. フック（1635-1703）である。彼は弾性の法則の発見者として有名であるが，弾性体の一つとしてコルク（コルクガシの樹皮から取り出されるもので，軽く

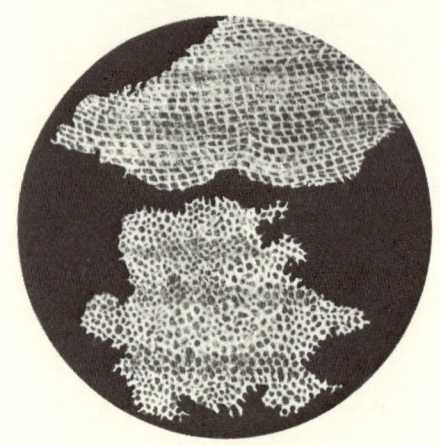

図 2-1 フックが 1665 年に顕微鏡下に見たコルクの細胞

て弾力がある。瓶の栓などに用いられる)の構造を知る目的で手製の顕微鏡下でその切片を観察した。それは，図 2-1 に見るような多数の小室の集まりであった。そこで，彼はこれらの小室を"cell"と名づけた。"細胞"はこの cell の邦訳である。しかし彼が見たものは，いわば死んだ細胞の殻(細胞壁)で，生命として重要なものはその内容，すなわち原形質である。このことを最初に見出した人は，フックの後 1 世紀以上を経て，植物についてはドイツの M. シュライデン (1804-1881) であり，動物については同じくドイツの T. シュワン (1810-1882) であった。かくして，「すべての生物体の基本単位は細胞である」という概念が確立した。

　後述するように，生物はわれわれが目にする形態だけが進化するのではなく，それを構成する細胞も代謝もタンパク質も進化していく。それは，これら(遺伝)形質の一切を支配している DNA が時とともに進化するからである。いま細胞について見ると，細菌やラン藻の細胞は原始的な体制をもっているのに対して，動物や植物の細胞は進化した体制をもっている。そこで，細胞に含まれる DNA の存在様式に注目して，それが膜に包まれている状態にあるもの〔(真)核という〕を真核細胞といい，包まれていない状態にあるもの(核様体という)を原核細胞と呼ぶ。もちろん，細胞の進化レベルから見ると原核細胞の方が原始的である。しかし真核細胞は，核構造だけでなく，ミトコンドリアや葉緑体，小胞体，ゴルジ体などの膜系の構造もよく発達している。一方原核細胞では，膜系の分化は単純である(表 2-1)。

表 2-1　原核生物と真核生物の細胞構成

細胞型	生物型	体制	進化
原核細胞	原核生物 (細菌，ラン藻)	単細胞	約40億年前に誕生
真核細胞	真核生物 (原核生物を除くすべての生物)	単細胞 多細胞	約15億年前に誕生

2·2　細胞は社会をつくる

　多細胞生物では，細胞は単に多数寄り合っているだけでなく，互いに有機的な関係をもち，さらに構成する細胞間には形態的な特殊化や機能的な分業がなされていて，いわゆる分化を生じている。その状態は社会が，職能的な人や企業の有機的な連携によってつくり出されているのとよく似ているので，"細胞社会"という言葉が使われることさえある。

　一方多数の細胞が集合し，接触し合いながらも，多細胞生物におけるほどには細胞間に有機的なつながりをもたないものがある。このような細胞の集まりは群体(あるいはコロニー)と呼ばれる。これは，増殖した細胞が互いに離れないで接着したままで生活しているものである。したがって，細胞をばらばらにほぐしてやると，それぞれの細胞は離れて自由生活をいとなむことができる。図 2-2 に示した単細胞性緑藻のボルボックス(オオヒゲマワリともいう)は群

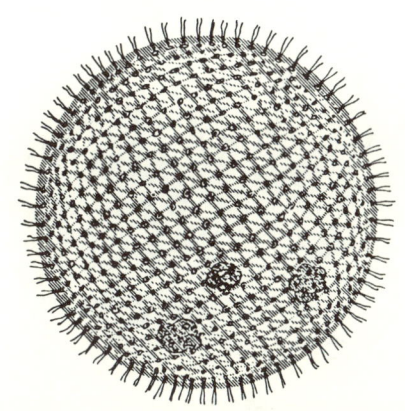

図 2-2　ボルボックス(オオヒゲマワリ)の群体
　　　径は約 250 μm

体をつくるが，細胞間にすでに原形質連絡をもっている．したがって，群体の形成は単細胞生物が多細胞生物へと進化する中間型であると考えられる．

2・3 細胞における形態と機能の分化

細胞成分の大部分は水分(60～95%)であるから，元来細胞は水滴のように球形を呈するはずである．40億年前海に誕生した始原細胞も，タンパク質などを多く含んだ水滴であったと考えられている(図2-3)．これは，原形質を構成する水分が表面積をできるだけ小さくしようとする力，すなわち表面張力が働くからである．ところが，現生の生物では細胞はさまざまな形態をとっている．その理由は，細胞に分化が起り，特殊な機能をもつように進化したためである．たとえば大腸菌細胞は，短径が $0.5\,\mu m (1\,\mu m=10^{-6}m)$，長径が $5\sim 10\,\mu m$ の細長い棒状である．この細胞の外側に分厚い細胞壁があるが，いまこれを酵素リゾチームで消化してやると，原形質がむき出しになった裸の細胞(プロトプラストという)は水滴のように球状に変形する．しかしこの細胞は生きている．多細胞からなる植物は，多様な組織から構成されているから，図2-4・Aに示すように，細胞は組織に応じた多形をとっている．しかし，これも酵素ペクチナーゼを用いて細胞をばらばらにし，さらに酵素セルラーゼで細胞壁を取り除いてやると，プロトプラストは図2-4・Bに見るように球形に変わる．したがって，これらの生物の細胞形態も細胞壁が成形していることがわかる．細

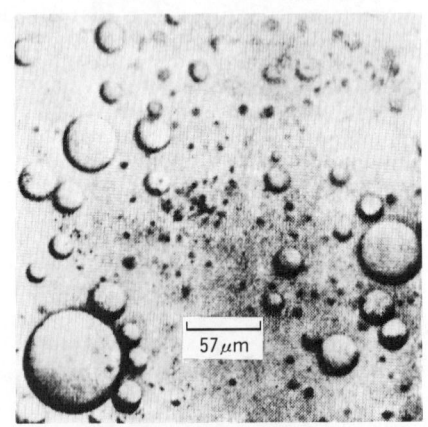

図 2-3 コアセルベート―始原細胞のモデル―(C. Ponnamperuma)
オパーリン(後出)は，始原細胞はこのようであったと考えた．ゼラチンとアラビアゴムからつくられている．

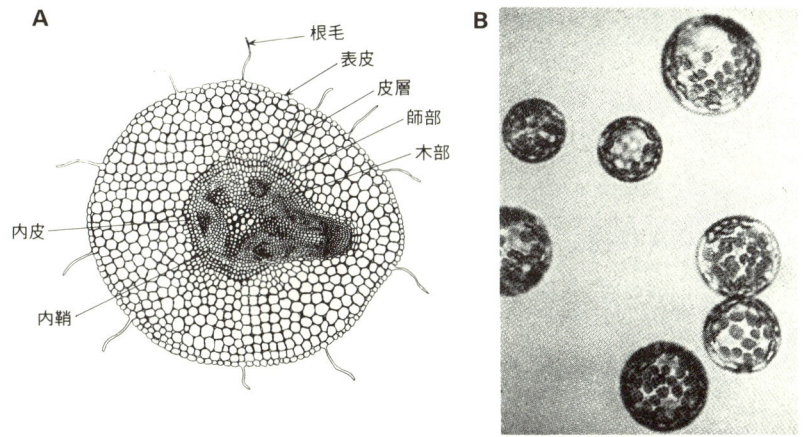

図 2-4 植物の根の組織細胞の形態(**A**)(神坂盛一郎他)とレタス葉肉細胞から調整したプロトプラスト(**B**)(氏原暉男)

胞壁の分厚い構造は，機械的な外力を吸収して軟らかい原形質を保護するのに役立っている。さらに多細胞植物では，組織の中の微環境に機能的に適応するように，細胞は二次的に成形されている。したがって，細胞が新生したときには細胞壁も軟らかいが，成長するとともに，これに硬さを与えるようないろいろの物質が加わっていく。たとえば，大木になると細胞壁にリグニンなどが沈着して組織が木化し，硬い材となる。一方，細胞壁をもたない動物細胞におい

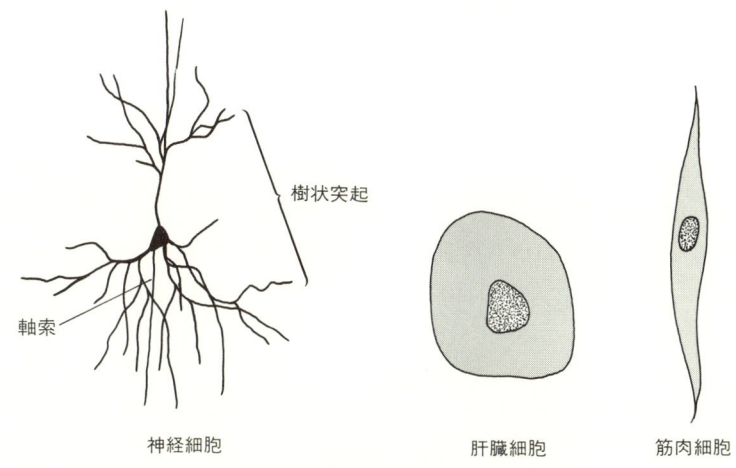

図 2-5 動物の細胞形態のいろいろ

表 2-2 細胞の大きさのいろいろ

生命体	遺伝物質	大きさ*
ウイルス		
ポリオウイルス	RNA	25〜30 nm
タバコモザイクウイルス	RNA	280 nm×15 nm
T2バクテリオファージ	DNA	80 nm×230 nm
ワクチニアウイルス	DNA	260 nm×210 nm
原核生物		
マイコプラズマ	DNA	125〜150 nm
リケッチア	DNA	150〜500 nm
ブドウ球菌	DNA	1 μm
大腸菌	DNA	1 μm×5 μm
真核生物		
酵母	DNA	7〜8 μm×5〜6 μm
赤痢アメーバ	DNA	20〜30 μm
ヒト赤血球	無核	7.5 μm
高等植物柔細胞	DNA	10〜90 μm

＊：1nm=10^{-9}m, 1μm=10^{-6}m

ても，細胞形態は図2-5に示すように，置かれた組織に機能的に適応し，動物体全体の生命効率を高めるように分化している。

　細胞の大きさは，その生物の進化に応じてだいたい決まる。表2-2に示すように，原核生物の中でも最も原始的であるとされるマイコプラズマでは，生命装置がやっと入っているほどに細胞は小さい。原核生物から真核生物に進化すると，細胞は大略10倍大きくなる。そして，真核生物界の中でも進化するほどに細胞は大型化する傾向にある。これらの細胞の大きさは，生存に必要な遺伝子量（ゲノムという）とほぼ併行し，たとえばヒトの細胞DNA量（半数体として）はマイコプラズマの約4000倍，そして大腸菌のほぼ1000倍である。これは，細胞が進化するほどに，代謝など生命装置が複雑になることに因る。しかし細胞の大きさとDNA含量，および生物の複雑性の間に厳密な平行関係があるわけではない。この問題は，後章で詳論することにする。

3 細胞内における構造のいろいろ

3・1 細胞小器官

　細胞の構造は，原核細胞と真核細胞の間で大きく違っている。いま原核細胞である細菌を染色して光学顕微鏡下で観察すると，そこには外表の細胞壁と内容の細胞質しか見えない。一方，真核細胞の植物細胞を観察すると，細胞壁と細胞質の葉緑体のほかに，適当な染色をほどこすならば，核やミトコンドリアも見ることができる。動物細胞には細胞壁と葉緑体はなく，核とミトコンドリアだけが観察できる。しかしいま，電子染色をほどこした細胞を電子顕微鏡下で観察するならば，飛躍的に詳細な構造を見ることができる。すなわち，光学顕微鏡的構造のほかに，図3-1に見るように，原核細胞では細胞膜，リボソームに加えて，たとえば光合成細菌やラン藻では，細胞膜から派生した内膜系が発達しているのが観察される。一方真核細胞では，リボソームのほかに，細胞膜，小胞体，ゴルジ体なども見ることができる。

　以上は比較的大きい細胞内構造体であるが，通常よりも分解能が高い超電圧

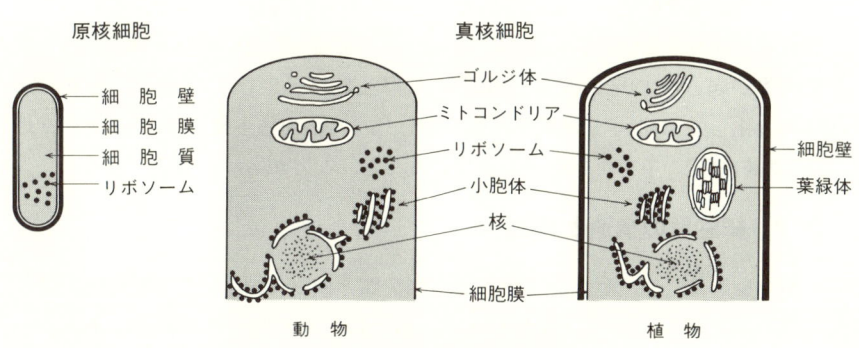

図 3-1　原核細胞と真核細胞の構造分化

電子顕微鏡下ではじめて見出せる微小な構造体もある。このように，原形質内の構造には，光学顕微鏡レベルから電子顕微鏡レベルを経て，さらに微小なレベルへと階層性が存在することが推察される。そこで，それらの大きさや形態のいかんにかかわらず，細胞生命を分担し，活性を支えている構造体をまとめて細胞小器官，あるいは単に小器官と呼んでいる。しかし細胞内には，時としてでんぷん粒，卵黄粒，脂肪粒，あるいは結晶体が含まれることがある。これらの構造体は代謝の結果生じたもので，細胞生命を直接分担していないので小器官と区別し，後形質と名づけられている。

　ここで興味のある問題は，原核細胞は真核細胞に比べて小器官の発達が低いにもかかわらず，細胞の生存能力，つまり適応力はむしろ優れていると思われることである。このことは，原核生物界の生態的分布の広さによく現れている。細菌類の中には零下($-$)10℃のような寒冷地でも十分成長できるものもあれば，90℃という熱泉に生息するものもある。また死海のような飽和塩水(32%)中に生息するかと思うと，pH 2のような高酸性湖水中で成長する細菌類もある。このような極限の環境下では，真核生物はとても生育していくことはできない。また人類は病原菌から身を守るために，ペニシリンやストレプトマイシンをはじめとして，数々の抗生物質を発見し化学療法に利用してきたが，今やすべての抗生物質に対する耐性菌が出現している。結局，人類は病原菌から完全に解放されることはなさそうである。原核生物はなぜこのような高い適応力をもつのか。そのしくみは，現在もほとんどわかっていないが，それにはつぎのような機作が考えられる。(i)原核生物は真核生物に比べて，はるかに高い増殖能をもつこと，(ii)原核細胞は真核細胞に比べて，小器官分化が乏しく，したがって代謝の分画化が進んでいないので，かえって環境変化に対応した代謝変換の能力が優れていること，(iii)原核細胞は増殖力，すなわち細胞分裂の速度が真核細胞に比して高いので，環境への適応能力を得るための突然変異が起きやすいこと，それに(iv)真核生物は誕生して15億年，それらが多細胞化して10億年しか経ていないのに比べて，原核生物は40億年という地球環境の激変の中を生き抜いてきていること，などがあげられる。

3・2　細胞壁の構造と役割

　細胞壁とは，マイコプラズマを除く細菌類と植物の細胞の最外側を包む分厚く硬い高分子網をいう。したがって，細胞膜と原形質はその内側にある。一方，動物細胞には細胞壁はなく，細胞膜が最外層にあり，原形質を包んでい

る。

3・2・1 原核細胞の細胞壁

　細菌の分類には，グラム染色と呼ばれる，オランダの細菌学者 C. グラムが1884年に考案した塩基性色素処理法が古くから用いられている。この染色法は，細菌種をみごとに2分する。すなわち一方は，染色がエタノールやアセトンで脱色されるグラム陰性種で，他方は脱色されないグラム陽性種である。後年この染色性の有無が，細胞壁の構造的差異に基づくことが解明されたが，詳しいしくみは今も不明である。しかし，細胞を破壊するとグラム陽性菌でも染色性が失われるので，細胞壁の種特異的構造が重要であることは確かである。図 3-2 に示されているグラム陽性菌細胞壁の分厚いペプチドグリカン層のもつ強い色素結合性が，グラム陰性菌との差をつくり出しているようである。

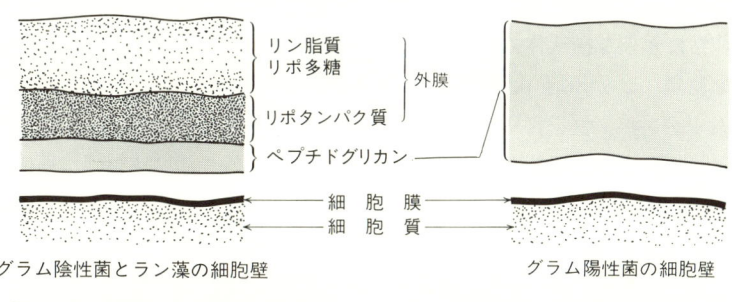

図 3-2　細菌とラン藻の細胞壁　　ラン藻の細胞壁はグラム陰性型である。

3・2・2 植物細胞の細胞壁

　成長しつつある若い植物細胞の細胞壁は，セルロースの微繊維がつくる網状構造にヘミセルロースやペクチンなどの多糖が加わった一次壁と呼ばれる薄くて強い壁である。しかしその成長が止まると，その内側にさらなる壁が加わり，いわゆる二次壁が形成される。この二次壁には，主としてリグニンが沈着し，硬くて厚い壁となる。陸上植物では，より多くの太陽光を受けてより旺盛な光合成を行うために，高く成長するとともに風雪に耐える体制をとる。そこでの細胞壁の力学的役割は，生存上大きな意味をもっている。

　一方，下等植物に属する藻類や菌類は，真核細胞からなるにもかかわらず，細胞壁はセルロースを含まず，キシラン，マンナン，ポリウロン酸，その他いろいろの多糖でつくられている。しかし，その全容は現在も明らかでない。お

おまかにいうと，これらの多糖は網状をなし，幾重にもかさなって細胞全体を包んでいる．これに，タンパク質や脂質も加わって複雑な壁構造をつくり上げている．ある種の褐藻類は全長百数十メートルにも成長するが，陸上植物と違って海水の大きな浮力に支えられているので，細胞壁を硬くして直立する必要はない．したがって，細胞壁の発達は植物が上陸後に適応的に獲得した形質であるといえる．

3・3 細胞膜

細胞内には，細胞膜をはじめとする多くの膜系が存在し，これらはリン脂質を主成分としている．これらの膜系は，まとめて生体膜と呼ばれているが，これは biomembrane の邦訳であり，"生きた膜"の意味を含んでいる．しかし本書では，単純に"膜"の語を用いて表現していくことにする．これは，組成においても役割においても細胞壁とは根本的に異なっており，細胞生命を分担する非常に重要な構造体である．これから詳論していくように，膜の基礎構造はリン脂質の2分子層(p.87参照)であるが，細胞内の分化に応じてさまざまな酵素やタンパク質を含んでいる．したがって，小さな細胞の中にあっても，膜系はじつに多様な機能をもっている．今まで述べてきた原核細胞や真核細胞も，主として膜分化の差に基づいているのである．

さて，細胞膜は原形質を包んで(i)細胞内の成分を分散させないように取り囲んでおり，さらに(ii)環境と物質や情報を直接交流する関門の役目を担っている．細胞膜に含まれる各種の透過酵素やセンサー(細胞内外からの情報シグナルを選択的に検出する)は，細胞の生理状態に応じて物質や刺激を環境から取り入れ，また代謝の老廃物を環境に排出する．これらのことからわかるように，細胞は細胞膜に包まれてはいるが，細胞生命は明らかに開放系である．

3・3・1 原核細胞の細胞膜

原核細胞に細胞膜が存在することがわかり，その研究が可能になったのは，酵素リゾチームを用いて，その細胞壁のペプチドグリカン層を取り除くことができるようになったからである．ちなみに，リゾチームはニワトリの卵白に多く含まれ，結晶化も容易であることからよく研究されている．この細胞壁を取り除いた裸の細胞はプロトプラストと呼ばれる．

表3-1は，各種の生物細胞の細胞膜に含まれるタンパク質と脂質(主成分はリン脂質)の含有比を示している．これによると，原核細胞膜のタンパク質は，

表 3-1 原核細胞と真核細胞の細胞膜におけるタンパク質と脂質の比

細胞膜の種類	タンパク質(%)	脂質(%)	タンパク質/脂質
原核生物			
マイコプラズマ	58	37	1.6
好塩性細菌	75	25	3.0
巨大菌	65	18	3.6
ミクロコッカス菌	64	20	3.2
真核生物			
アメーバ	54	42	1.3
ヒト赤血球	49	43	1.3
ラット肝細胞	58	42	1.4

真核細胞膜の2倍ほども高い。(最も原始的な生物であるマイコプラズマの細胞膜では、例外的にタンパク質含量が低い。この生物は、かつてはウイルスとされた。多くは嫌気性で、極度に複雑な栄養を与えないと増殖できない。)これは、両種の細胞膜の機能上の役割の重要さを表わしている、といえる。すなわち、図3-1においてすでに見たように、原核細胞は小器官分化に乏しく、したがって真核細胞の小器官が分担している代謝の多くを、原核細胞では細胞膜が受け持っている。たとえば、呼吸代謝の主体は、真核細胞ではミトコンドリアに備わっているのに対して、好気性の原核細胞では細胞膜に含まれる。それは、呼吸代謝中エネルギー生産を行う電子伝達系(チトクロム-ATP合成系)には、リン脂質2分子層という膜構造の存在が必須だからである。ここで、生命代謝の基本系は現存の原核、真核を通して同じであることに留意すべきである。

しかしながら、原核生物といえども、ある種の細菌やラン藻の細胞では細胞膜から派生した膜系がよく発達している。たとえば枯草菌などでは、メソソームと呼ばれる膜系が存在し、DNAと結合している(図3-3)。最近、これがDNA複製装置を含み、細胞分裂の中枢をなすとともに、原核型のミトコンドリアであるとする説が出されている。また光合成を行う光合成細菌やラン藻では、細胞膜から派生した膜系が細胞質内に充満している(図3-4)。そしてこれらの膜系は、光合成細菌についてはクロマトホア、ラン藻についてはチラコイドと名づけられている。これに対して植物細胞では、これらの装置は主として葉緑体内に含まれる。それは呼吸代謝と同様に、光合成においてもチトクロム-ATP合成系には膜構造が必要だからである。これら呼吸や光合成のしくみについては、章を改めて論ずることにする。

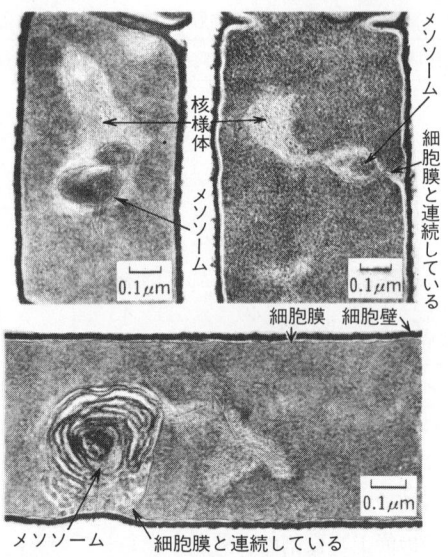

図 3-3 細菌細胞における DNA とメソソームのつながり (F. Jacob *et al.*)

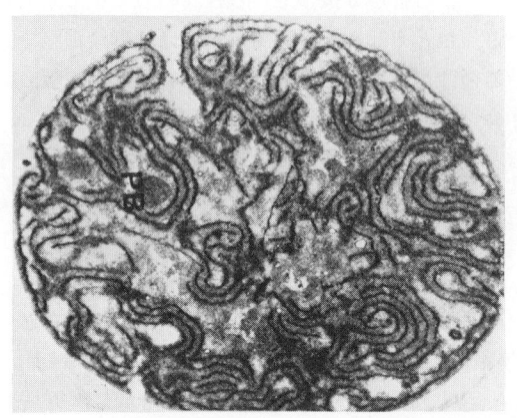

図 3-4 ラン藻における光合成膜(チラコイド)の発達 (D. Findley *et al.*)

3・3・2 真核細胞の細胞膜

原核細胞における細胞膜の存在は，細胞壁を消化し，プロトプラストを作成することができるようになって，はじめて知られた。これに対して真核細胞では，とくに動物細胞は細胞壁を欠くので，電子顕微鏡観察以前から，針で細胞表面を傷つけると原形質が流れ出ることなどから，その存在や性質が多少知ら

れていた。現在の知識からいうと，生細胞の表面には例外なく細胞膜は存在する。しかし，原核細胞，植物細胞，および動物細胞の間にはもちろん，単細胞生物と多細胞生物の間にも，多彩な膜分化が起きている。なお，細胞膜の語はcell membrane(単数)の一般的な邦訳であるが，cell membranesと複数にすると，細胞内のあらゆる膜系を指す。したがって，この煩雑さを避けるために，いわゆる細胞膜に対してはplasma membrane〔(原)形質膜〕あるいはcytoplasmic membrane(細胞質膜)の語が用いられることも多い。

　すでに表3-1に示したように，真核細胞における細胞膜のタンパク質含量は，原核細胞の細胞膜に比べてかなり低い。これは，原核細胞の主な代謝が細胞膜に集まっているのに対して，真核細胞では呼吸代謝はミトコンドリアに，光合成は葉緑体に，タンパク質および脂質合成は小胞体，糖脂質の合成はゴルジ体，DNA複製とRNA合成は核，というようにそれぞれの機能装置が独立した小器官に配られているからである。このような代謝系の分画は，代謝間の混流を防ぐことに役立っている。すなわち，小器官の分化は，各代謝の特異性と高速性という細胞生命の効率化に大きく寄与している。

　細胞膜は，(i)透過物質の選択性(半透性)，(ii)細胞内外からの刺激に対する反応(応答)，(iii)電気を発生するしくみ(膜電位)，(iv)外界からの大型固形物の取り込み(食作用)，溶液物質の取り込み(飲作用)，(v)タンパク質など高分子の外界への排出(分泌)，(vi)濃度勾配に逆らった外界からの物質の取り込み(能動輸送)，(vii)外来の異物を認識し，いわゆる"自と他"を判別するしくみ(免疫)，(viii)組織をつくる細胞の表面にある抗原(抗体を生じさせる物質)の識別性(組織適合性の決定)など，生命維持のためのさまざまな装置を備えている。ここで(iii)に関連して，付け加えておきたいことがある。それは，膜の両側に形成されたイオンの濃度勾配がATP合成のエネルギー源として，また選択的な膜輸送を駆動させるためのエネルギー源として役立ち，さらに神経や筋肉の電気信号(興奮)を生み出し，伝導する主因をなしている，ということである。

3・4　原形質に見られる小器官

3・4・1　生合成小器官—小胞体—

A．小胞体の構造

　小胞体は，英語endoplasmic reticulum（ER，原形質内の網状構造体)の意訳である。ERは図3-5に見るように，細胞質を埋めつくすような膜の層構造

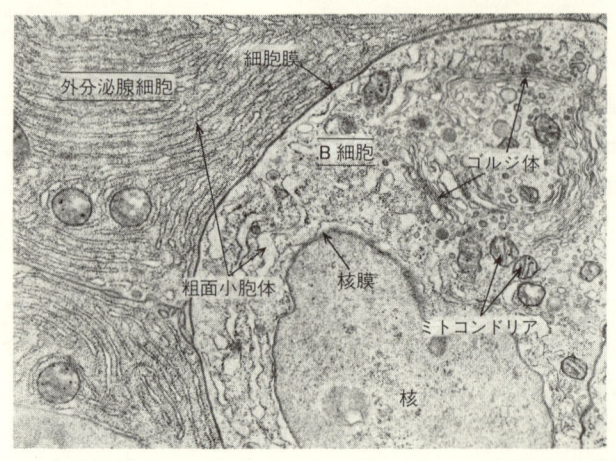

図 3-5　真核細胞における構造分化(藤田尚男)
外分泌腺ではタンパク質合成が盛んで，粗面小胞体がよく発達している。

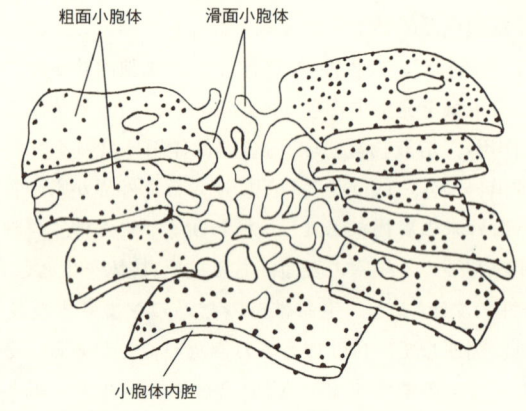

図 3-6　小胞体の立体構造モデル(B. Alberts *et al.*, 改変)
黒点はリボソームを表わす。

を指した言葉であるが，これを拡大すると図 3-6 に示すように，立体的には1 重膜からなる小胞(囊)が多層化し，ところどころで融合しているので，わが国では小胞体の語が一般的である。

　すべての真核細胞は小胞体を含むが，その発達度は今まで述べてきた小器官と同様に，細胞の代謝活性に応じて変化する。たとえば，図 3-5 の例のようなタンパク質合成の盛んな膵臓の分泌細胞では，それは網状となって細胞質内に充満するようになる。

小胞体には2つの構造域が区別される。一つは膜の外表に無数の小粒子，すなわちリボソームが結合している。それはRNA（リボ核酸）を含むので塩基性色素でよく染まる。そこで，これらの領域を粗面小胞体と呼んでいる。塩基性色素で染色した細胞を用いるならば，この粗面域は光学顕微鏡下でも観察することができる。しかしリボソーム粒子は径が15〜20nm（ナノメートル，1nm＝10^{-9}m）程度であるから，電子顕微鏡下でしかその粒子像は見ることができない。ここで注意すべきことは，リボソームは核の外膜表面にも存在し，細胞分裂の前中期で核膜が崩壊する相では，核膜の破片と小胞体の区別はできなくなる。一方の小胞体は図3-6のモデルで示すように，リボソームを結合せず，したがって塩基性色素で染色されない領域をもつ。これを滑面小胞体という。リボソームはタンパク質合成のための装置であるから，核の外膜でもタンパク質は合成されている。したがって，小胞体や核外膜のひだの発達度は核の代謝活性と関係する。それは，核内のDNAによってRNAが合成されそれが核膜の穴を通って，細胞質のタンパク質合成装置の構築に参加するからである。なお詳しくは後述するが，リボソームの中には膜と結合せず細胞質に散在するものもある。これらは，小胞体リボソームとは異なるタンパク質種を合成する。

　小胞体は，いわば多形な囊構造であるから，その内部は複雑でアリの巣のように全体に通ずる内腔となっている（小胞体内腔，図3-6参照）。そこで，この内腔がタンパク質など代謝産物の通路となり，あるいは図3-7に見るように，輸送小胞ともなって，つぎのゴルジ体（後述）へと代謝産物が送られる。

B．小胞体の機能

（1）　小胞体のもつ多彩な働きのうち，最も重要なものは粗面小胞体が行うタンパク質合成である。これは，分泌タンパク質や，小胞体とゴルジ体がもつ内腔タンパク質など，膜に包まれたタンパク質の主たる合成工場になっている。また小胞体内腔にはタンパク質分解酵素が含まれ，異常なタンパク質をいち早く分解処理する。

（2）　以下は主に滑面小胞体がもつ機能で，そこはとくにリン脂質やコレステロールなどの主たる合成工場である。

（3）　小胞体は膜系であるから，チトクロム類の活性が高い。

（4）　小胞体には糖代謝の酵素類も含んでいる。

（5）　細胞内のカルシウムイオン（Ca^{2+}）の調節を行う。すなわち，神経細胞の滑面小胞体では，内腔から細胞質に向けてCa^{2+}を放出して，細胞内の濃度調節をしている。

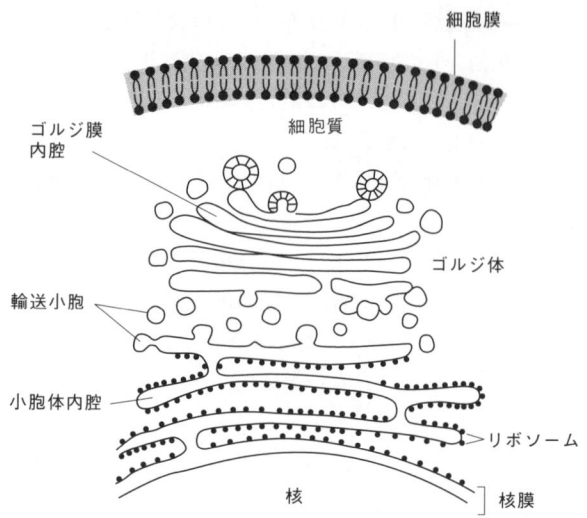

図 3-7 小胞体内腔とゴルジ体のつながり
　タンパク質は小胞体で合成された後，ゴルジ体で分子修飾を受ける。

　また小胞体は細胞分化に対応した特定の機能を発揮することも知られている。たとえば，肝臓細胞の小胞体は電子伝達活性が高く，また薬物の解毒活性も高い。

3・4・2 タンパク質合成小器官―リボソーム―

　タンパク質は，細胞乾燥量の半分以上を占めているが，このタンパク質が細胞の生命を維持し，分裂，成長させる代謝を動かす主役を演じている。たとえば，ヒトの細胞には1万種類の酵素が働いていると推定されている。これらタンパク質のすべては，リボソームという小粒子の上で合成される。

　リボソームは，はじめ真核細胞の粗面小胞体の表面にある塩基性色素に染まる小粒子として発見された。いまこの粗面小胞体を，表面活性剤のデオキシコール酸ナトリウムで処理すると，リボソームは膜から離れてくる。しかし先述のように，リボソームには膜系に結合したもののほかに，細胞質に散在しているものがある。一方原核細胞では，大部分が散在型であるが（図3-8），一部は細胞膜の細胞質側に結合型として存在する。また真核細胞のミトコンドリアや葉緑体のような小器官にもリボソームは含まれ，独立したタンパク質合成を行っている。ただし，これらの小器官のタンパク質合成のほとんどすべては核

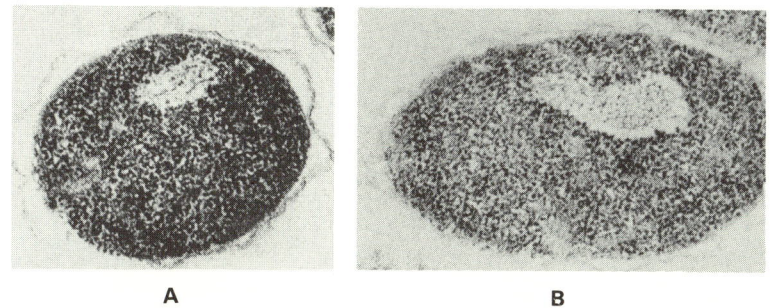

図 3-8　原核細胞(枯草菌)のタンパク質合成の活性とリボソームの密度
　　　　(O. Maaløe ら)
　　A：成長の速い細胞，B：成長の遅い細胞

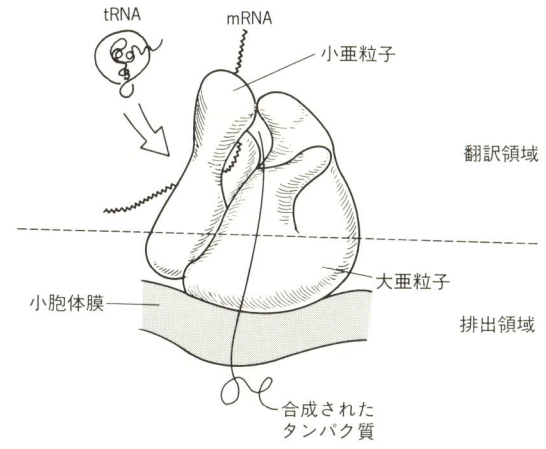

図 3-9　酵母細胞のリボソーム外観(J. Lake)
　　大小2つの亜粒子からできている。

内遺伝子の支配下にある。
　リボソームは図 3-9 に示すように，複雑な外形をもつ2つの亜粒子からなり，大きい方を大亜粒子，小さい方を小亜粒子と呼んでいる。リボソームの外形はこのように複雑であるにもかかわらず，一般には図 3-10 に示すように，ダルマ型に表現されることが多い。実際，電子顕微鏡による詳細な分析がなされる前には，その像はダルマ様に見えていたのである。
　小胞体から取り出したリボソームをよく洗浄し，純粋にしたものを化学分析すると，それはほぼ同量のタンパク質と RNA から成るが，図 3-10 にあるよ

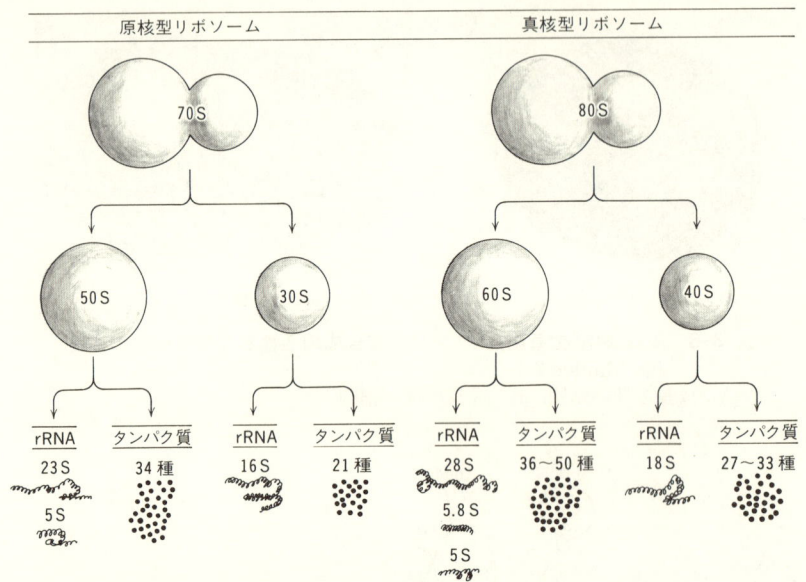

図 3-10 リボソームをつくっている分子のいろいろ
真核型リボソームをつくるタンパク質種の数は，生物種によって異なる。

うに，タンパク質の分子が数十種であるのに対して，RNAの分子は数種である。しかもリボソームのRNAは，ほかのRNAと分子構造や働きが異なっており，rRNA(ribosomal RNAの略)と呼んで他と区別している。RNAの合成や機能については，まとめて後述するが，rRNAについてだけここで略記する。rRNAはDNA上のrRNA遺伝子の支配の下で合成される。細胞タンパク質は，細胞分裂ごとに大量に合成する必要があるから，それを果すために，DNAはrRNA遺伝子自体のコピーを多数含んでいる。たとえばヒトの細胞には，半数体DNA当り200 rRNA遺伝子が含まれる。

リボソームは原核，真核を問わずすべての細胞に含まれ，さらに真核細胞ではミトコンドリアや葉緑体にも含まれる。しかし，これらのリボソームの大きさやRNA・タンパク質の組成は，生物種の系統に応じて異なる。リボソームのような微小な粒子や高分子の大きさは，超遠心分離における遠心力下の"沈む速さ"によって表現される。そこで，単位遠心力下の沈降速度を沈降係数といい，S値で表わす。いま各種細胞のリボソームをS値で示すと表 **3-2** のようになる。原核細胞や小器官のリボソームは，真核細胞の細胞質リボソームよ

表 3-2　細胞に含まれるリボソームの多様性(S 値での比較)

リボソーム源	S 値と生物種
真核細胞	
細胞質	77S (アカパンカビ)～87S (ユーグレナ)
ミトコンドリア	55S (ヒト)～80S (酵母)
葉緑体	66S (ホウレンソウ)～70S (マメ類)
原核細胞	
細　菌	69S (大腸菌)
ラン藻	72S (アナベナ)

り小さい。そこで，リボソームを大まかに原核型と真核型に分け，前者を70S，後者を80Sとして代表させている。また葉緑体リボソームは生物種によって違いがあまりないのに対して，ミトコンドリア・リボソームは生物種により大きな開きがある。しかし，このようなリボソーム構造は，生物進化の強い影響下で大きな差異を生じながらも，合成されるタンパク質はDNA上の遺伝子のみによって支配されており，リボソームはその合成の"場"を提供しているにすぎないことは留意すべきである。

3・4・3　複合的な膜中枢系―ゴルジ体―
A．ゴルジ体の構造

　ゴルジ体は，イタリアの病理学者C.ゴルジ(1844-1926)が自ら考案した組織銀染色法を神経細胞に応用して1873年に発見したものである。しかし，光学顕微鏡下で普遍的に観察されないこともあり，電子顕微鏡下の像も生きた細胞に存在する真の構造か，あるいは標本の染色処理によって二次的に現れた，いわゆるアーチファクトかの論争は長く続いた。ところが，非常に多くの電子顕微鏡観察から，今日では真核細胞に見られる普遍的構造であること，また膜形成とタンパク質輸送を行うきわめて大きな系(ゴルジ・フィールド)をつくっていることがわかっている。

　ゴルジ体の基本構造は，図3-11の例に見るように，(i)扁平な薄葉様の嚢，(ii)小球状の膜胞(小胞)，そして(iii)大きな液胞，の3つのタイプが一体となって機能する複合系を指している。いずれも1重膜で内腔をもち，ここに多様な酵素類が嚢ごとに分配され，小胞体で合成されたタンパク質に修飾を加える。そして，加工産物を小胞に包んで細胞の各域に輸送する。つまり，ゴルジ・フィールドをつくる各構造は，それぞれに特徴的な機能を分担している。

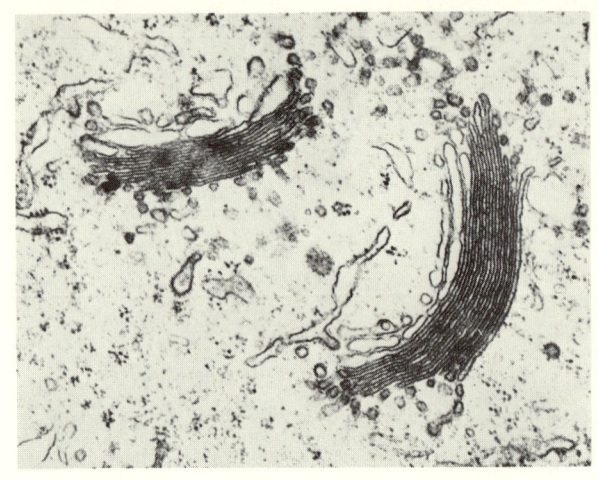

図 3-11 動物細胞(マイマイの1種)におけるゴルジ体(M. Dauwalder)

細胞内における存在様式は，細胞の種類によってかなり異なり，たとえば分泌機能をもつ上皮細胞では核周辺に集まっている。しかし植物細胞では，多数のゴルジ体が細胞質に散在しており，それに対してディクチオソームの名が与えられている。ゴルジ体は，膜表面にリボソームを欠き，また小胞体と連結している像が観察されている。

B. ゴルジ体の働き

　小胞体とゴルジ体の連係モデルは，すでに図3-7に示した。しかしゴルジ体は，きわめて動的な形態変化を見せながら機能する小器官である。小胞体で合成されたタンパク質は，順次ゴルジ嚢へと受け渡され，各嚢に含まれる特異な酵素によって修飾，加工される。そして，小胞に包まれた形で細胞質の中を移送される。それら小胞の行き先はつぎの各所である。(1)細胞膜；ここで細胞膜タンパク質として納まる。(2)細胞膜に達した後，小胞の膜が細胞膜と融合することにより内容のタンパク質が細胞外へ放出される(分泌；エキソサイトーシス，後述)。(3)各種の加水分解酵素を含んだゴルジ小胞は，そのまま細胞質内にとどまる(リソソーム，後述)，などである。ここで重要なことは，ゴルジ小胞が細胞膜に達するとき，小胞の膜が細胞膜と融合する過程である。この絶え間のない小胞の融合によって，細胞膜はしだいに拡大していくはずであるのに，分泌細胞を見てもそのような拡大は観察できない。つまり，膜の融合分は，なんらかのしくみで再び元のゴルジ体へと還流されているに違いない。

ゴルジ体は，サイトーシスにおいても中枢的な役割を果している，といえるだろう。

C. サイトーシス―エンドサイトーシスとエキソサイトーシス―

膜の基礎構造をつくるリン脂質2分子層は，水やガスなど小さな分子は自由に通すが，糖やアミノ酸など大きな分子は膜に備わっている特異な輸送担体（透過酵素）の仲介によってのみ透過することができる。しかしタンパク質のような巨大な分子は，サイトーシス（または膜動輸送）と呼ばれる膜そのものの運動によってのみ膜の内外へと輸送される。たとえば，ゴルジ小胞によって細胞膜へ運ばれてきたタンパク質は，このサイトーシスによって細胞の外へと排出（分泌）される（図3-12・A）。このような，細胞の内部から外部へのサイトーシスはエキソサイトーシス〔エキソ(exo-)は"外部へ"の意〕と呼ばれる。

一方，たとえばアメーバが餌としての細菌を食べるときのように，外部の大きな粒子を細胞内に取り入れるときには，細胞膜は陥入することによってその粒子を包み込み，細胞に摂取する。このような，細胞膜による外部から内部へのサイトーシスはエンドサイトーシス〔エンド(endo-)は"内部へ"の意〕という（同図B）。

サイトーシスにおける細胞膜運動は，細胞膜の直下にある収縮性のタンパク質（アクチン）や微小管と呼ばれる運動性の小器官によって，ATPの消費の下に行われる。

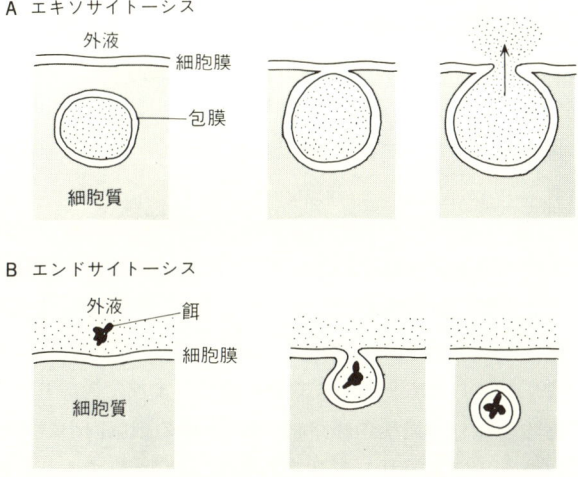

図 3-12 動物細胞におけるエキソサイトーシス(A)とエンドサイトーシス(B)

3・4・4 加水分解酵素の小器官—リソソームと液胞—

リソソームは，リソ（lyso，消化の意）とソーム（some，小体の意）の合成語である。この小器官は，細胞生命にとって必須な，じつに多彩な活動をこなしている1重膜の小胞であり，中には40種にもおよぶ加水分解酵素が濃縮した形で含まれている。これらの活動は，小胞体→ゴルジ体→リソソームという小器官間の一大ネットワーク（ゴルジ・フィールドという）の中で進められている。

A. リソソーム

リソソームもやはりゴルジ体から細胞質に送り出された小胞であるが，中には多種類の加水分解酵素が濃縮されているという著しい特色をもっている。これらの酵素は，すべて酸性側に最適pHをもち，タンパク質分解酵素，糖分解酵素，脂質分解酵素，核酸分解酵素などに分類される。したがって，たとえばリピドーシス（脂質蓄積症）と呼ばれる遺伝的リソソーム疾患は，脂質分解に障害をもち，そのために細胞内や体液中に脂質の蓄積が起る。細胞中のリソソーム自体は多形をとるので，酸性ホスファターゼ活性をもつ小胞をもってリソソームと同定される。リソソームは(i)加水分解酵素を含んでいるがまだ消化活動に入っていないものと，(ii)たとえばエンドサイトーシスによって形成された栄養物質を含んだ小胞（ファゴソームという）とリソソームが融合し，栄養物質を消化しつつあるもの，とに区別される。

では，どのようなしくみによって加水分解酵素が選択的にリソソームに集められるか。それは，ゴルジ体過程の最終段階で形成されるトランスゴルジ網と呼ばれる構造体でのタンパク質の選別機構による。リソソーム内はpH 3〜5であり，細胞質（pH 7）に比して著しく酸性である。この低いpH値は，リソソーム膜中に備わるプロトンポンプ（後述，p.175）のH^+イオン汲み上げに因っている。

加水分解のためにリソソームに送り込まれる物質の経路には3様があり，それらは図3-13にモデル化されている。まず(1)は，餌として外部から取り入れた細菌のような大型の固形物で，エンドサイトーシスによって細胞膜に包まれた後，リソソームと融合される経路である。つぎ(2)は，溶液に溶けた高分子物質が，やはりエンドサイトーシスで細胞膜に包まれた後，リソソームと融合する経路である。そして最後の経路(3)は，既存の細胞内小器官が消化されるものである。たとえばミトコンドリアの寿命は約10日であり，古くなったミトコンドリアは小胞体膜に包まれてリソソームと融合し，分解されていく。

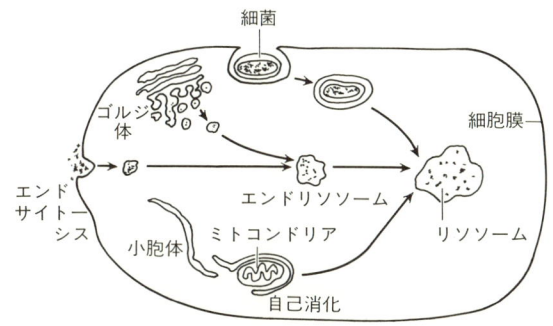

図 3-13　リソソームによる消化の3経路

このように，リソソームの加水分解機能はじつに多様な方面に利用され，総合的に細胞代謝の調整に役立っている。

B. 液　胞

　植物や酵母などのカビ類の細胞には，液胞と名づけられた大きな1重膜の構造体が存在する。これらはふつう細胞容積の30%以上を占め，ときには90%ほどにもなっている。この液胞は，動物細胞におけるリソソームに相当して各種の加水分解酵素を含んでいるが，それ以外にも多様な機能をもった小器官である。それは，たとえば細胞物質の貯蔵所として，あるいは排泄所として働き，加えて細胞の浸透圧調節の役も引き受けている。さらにもっと大きな機能は，細胞のホメオスタシス，すなわち恒常性を保つための機構の一つとしても重要な役割を果している。たとえば，環境のpHが著しく下がると，細胞質内に増えすぎたH^+イオンを液胞に汲み出して細胞質のpH値を正常に保つように働く。

3・4・5　エネルギー変換を行う小器官

　生命は"仕事"であるからエネルギーが要る。生物はエネルギーなしでは瞬時も生きることができない。自然にはさまざまな形のエネルギーが存在するが，生物が利用できるものは，それらのうち(i)化学反応が生み出す化学エネルギーと(ii)太陽が生み出す光エネルギーしかない。そして，これらのエネルギーはATP生産に，物質の膜輸送に，あるいは細菌などではその運動器官のべん(鞭)毛を回転させるのに利用されている。真核細胞がもつミトコンドリアは，化学エネルギーを含む有機化合物を利用可能なATPなどに変換する装置を含み，また植物細胞がもつ葉緑体は，光エネルギーを利用可能なATPや

NAD(P)Hに変換して，糖を合成する装置を含む小器官である。一方，呼吸や光合成を行うことのできる原核細胞も原始的ではあるが，同類の装置をもっている。

ここで重要なことは，これらのエネルギー変換装置はいずれも膜の存在を必要としていることである。すなわち，原核細胞における呼吸・光合成だけでなく，真核細胞のミトコンドリアや葉緑体のそれぞれ呼吸・光合成代謝も，すべて膜内にエネルギー変換装置が含まれる。

さて，そのエネルギー変換を行う膜代謝とは，電子伝達系とプロトン(H^+)ポンプである。電子伝達系で発生したエネルギーを用いて，膜の一側から他側へとプロトンを汲み出し，そこで生まれるプロトンの濃度差，すなわちプロトンダムにより発生する膜電位をATP合成などに用いるものである。

A．ミトコンドリア

1．ミトコンドリアの構造

図3-14はある動物細胞の像であるが，細胞質にはわらじのような形をしたミトコンドリアが多数見られる。しかし，ミトコンドリアの形や数はつねに動態にあり，細胞の種類や生活に応じて大きく変わる。たとえば原生動物のトリパノゾーマについて見ると，ミトコンドリアは全体的に融合して木の根っ子のような形をとるし，また哺乳動物の精子ではべん毛の周囲に巻きついた形態をとる(図3-15)。

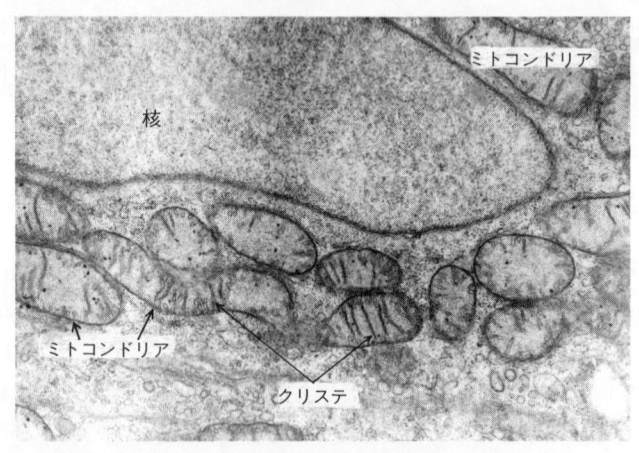

図 3-14　ミトコンドリアの電子顕微鏡像(藤田尚男)
　　材料はキクガシラコウモリの副腎皮質の一部。

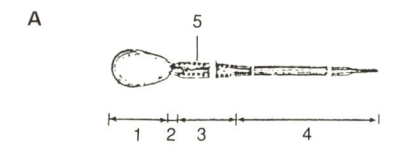

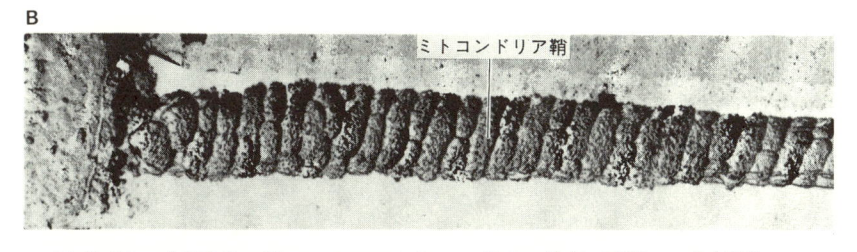

図 3-15 哺乳動物の精子におけるミトコンドリア鞘(D. Pillips, 中村運)
(A)全景, (B)ミトコンドリア鞘。1：頭部, 2：頸部, 3：中片部, 4：尾部, 5：ミトコンドリア鞘。

　いま1個の典型的なミトコンドリアを取り出すと，図3-16に示すような基本構造をもっている。ミトコンドリアは内外2枚の膜からなり，内膜は内方に向けて多くのひだ(クリステという)をつくっている。そこで基本構造は，(i)外膜，(ii)内膜，(iii)外膜と内膜に挟まれた空間(膜間腔)，それに(iv)クリステ膜に囲まれた内質(マトリックス)の4つに分けることができる。そしてこれらは，純化したミトコンドリアを浸透圧法によってゆるやかに破り，分別遠心をほどこせば，各分画を取り出すことが可能である。肝臓細胞のミトコンドリアについて見ると，全タンパク質のうち67％はマトリックスに，21％は内膜に，6％は外膜に，そして6％は膜間腔に分布している。これらのタンパク質

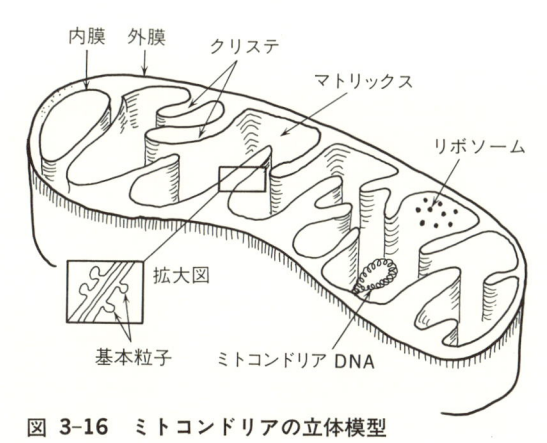

図 3-16 ミトコンドリアの立体模型

は，それぞれの分画の特異な機能に関与している。

外膜にはポリンと呼ばれる大きなタンパク質があり，これは5000ダルトン (dalton, 含意は分子量と同じ)以下の水溶性分子ならば自由に通過できるチャンネルをつくっている。したがって，これらの分子は膜間腔には自由に入れるが，内膜を通ることはできない。それは，内膜には特異なリン脂質であるカルジオリピンが含まれ，これが内膜の不透性を高くしているからである。ミトコンドリアの機能にとって重要な構造は，内膜とマトリックスである。内膜は，カルジオリピンとともに各種の輸送タンパク質や代謝酵素を含み，それらが内膜やマトリックスの代謝活性を支えている。たとえば，心筋細胞ミトコンドリアのクリステ数は肝臓細胞のそれの3倍に達しており，この数値は心筋におけるATP要求量を反映している。

2. ミトコンドリアの働き

ミトコンドリアが細胞呼吸の中心であることを発見したのは，アメリカの生化学者A.レーニンジャー(1917-1986)らであった。彼らは，ネズミの肝臓細胞から純粋に取り出したミトコンドリアを，リン酸，アデニンヌクレオチド，マグネシウムなどを含む液に浸すと，盛んに酸素を吸収し，呼吸反応を行うのを突き止めた。これらの反応は，核やリボソームなどの小器官では見出せなかったし，ミトコンドリア分画の酸素吸収量は細胞全体のそれに匹敵するほどであった。後章で改めて論ずるが，細胞の呼吸代謝系は発酵→クエン酸回路→呼吸鎖の3代謝の連係によって成り立っている(図9-10参照)。図3-17に示すように，発酵は細胞質に，クエン酸回路はミトコンドリアのマトリックスに，また呼吸鎖はミトコンドリアのクリステ膜に局在しているが，反応系全体は一つの大きな流れをつくっている。ミトコンドリアのATP生産は主として呼吸鎖の代謝に因っている。

光合成を行わない真核細胞では，ATPはもっぱら呼吸代謝によって生産されているから，その細胞におけるATP要求量はミトコンドリアの発達度に現れる。したがって，たとえば酵母を嫌気的に培養すると，ミトコンドリアは消失する。しかし，この培養に空気を送り込んでやると，呼吸代謝の酵素群とともにミトコンドリアも再生してくる。一方，光合成を行う植物細胞は葉緑体とともにミトコンドリアももっているから，ATP生産には光の有無によって，両小器官をうまく使いわけている。すなわち，昼間のATP生産はほとんど葉緑体が分担しているが，夜間や光が与えられない組織のATP生産は，もっぱらミトコンドリアにたよっている。

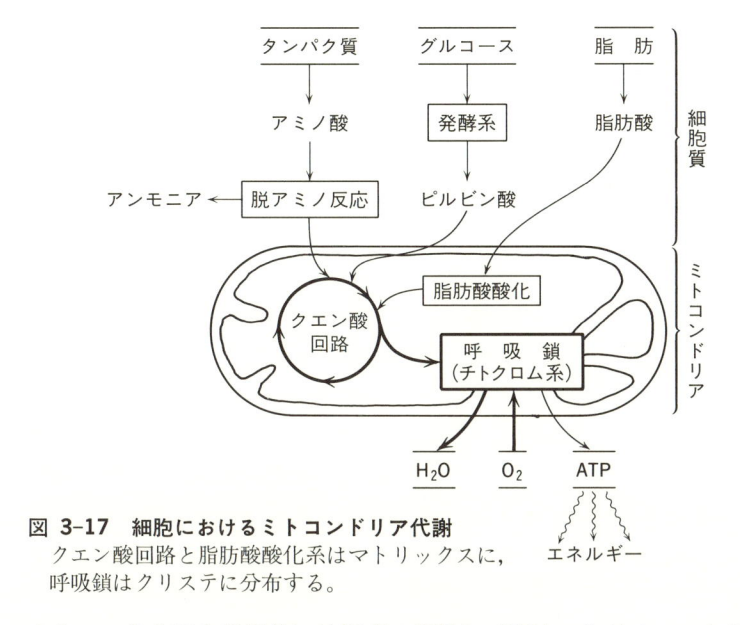

図 3-17　細胞におけるミトコンドリア代謝
クエン酸回路と脂肪酸酸化系はマトリックスに，呼吸鎖はクリステに分布する。

　ミトコンドリアや葉緑体には固有の DNA, RNA, リボソームなどが含まれ，特異なタンパク質合成を行っている。細胞が成長，分裂する際にはこれら小器官も生成しなければならないし，分裂しない細胞においても小器官には寿命があるから，これらを更新せねばならない。そのために，タンパク質だけでなく，必要なすべての成分はたえず合成されている。その場合，ミトコンドリアや葉緑体の構築に必要な物質の合成は，ほとんどすべてが核 DNA によってコードされ，細胞質で合成されて小器官へと輸出されているのである。これら小器官固有の DNA のコード下で生産される物質はごく限られており，たとえば DNA や RNA ポリメラーゼさえも核支配下で合成される。ミトコンドリア DNA や葉緑体 DNA の大きさや細胞当りの含有量は，生物種に大きく依存しているが，これらについては後の章で改めて論ずる。

B．葉緑体

1．葉緑体の構造

　動物とたいていの微生物は，たえず有機物を環境から得なければ生きることはできない。原始地球上における生物は，化学進化によって自然合成された有機物を餌として生きていたが，それらの有機物もやがて食い尽されてしまった。そのとき地球生物は絶滅の危機に瀕したが，当時進化的に発展してきた光合成能力をもった生物が，それを救ったと考えられる。光合成生物のうち生態

的に最も発展したのがラン藻であったことは，ラン藻化石であるストロマトライトの分布から知ることができる。ラン藻は，水から水素（プロトンと電子）を，また太陽から光エネルギーを得て，空気中の二酸化炭素を有機物に変える代謝を獲得していた。そして，この代謝の結果として発生する酸素を利用するようになった呼吸生物は，ATPを非常に効率よく生産するしくみを獲得した。

植物では，光合成は特別な小器官である葉緑体で行われ，それは図3-18のような構造をもっている。葉緑体は日中に光合成を行い，糖を合成する。前に少し触れたが，光をエネルギー源とする葉緑体のATP合成のしくみは，有機物をエネルギー源とするミトコンドリアのATP合成のしくみときわめてよく似ている。すなわち，葉緑体もミトコンドリアも電子伝達系から生まれる電子エネルギーを用いてプロトンポンプを駆動し，ADP+Pi → ATP（Piは無機リン酸）反応を進めている。また葉緑体の外膜は，ミトコンドリアのそれと同様に，高い透過性をもち，反対に内膜はきわめて不透性である。葉緑体とミトコンドリアの内膜には多くの特異な電子輸送担体を含み，これらがストロマやマトリックス内の代謝を動かしている。また，外膜と内膜の間の膜間腔はともにプロトンを蓄積し，ATP合成のための膜電位を発生させている。しかし，葉緑体とミトコンドリアの間には，つぎのような相違点もある。

（1）葉緑体の内膜は，ミトコンドリアのクリステのような"ひだ"をつくっていない。

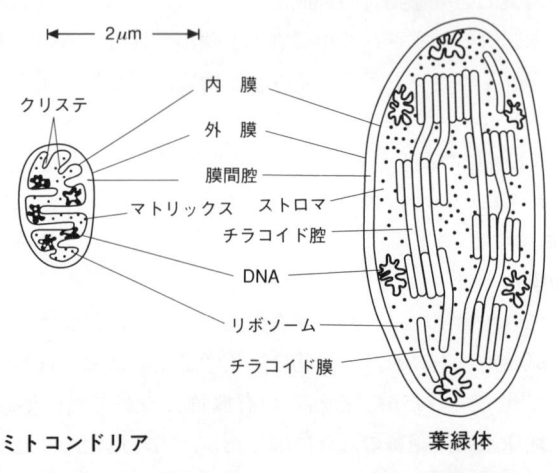

図 3-18 葉緑体とミトコンドリアの形態比較

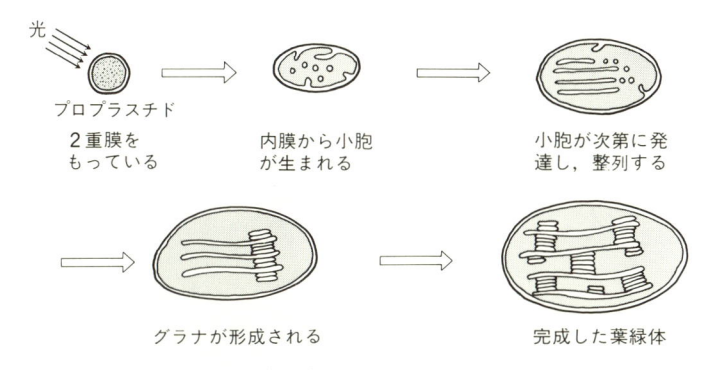

図中ラベル：
- 光 / プロプラスチド / 2重膜をもっている
- 内膜から小胞が生まれる
- 小胞が次第に発達し、整列する
- グラナが形成される
- 完成した葉緑体

図 3-19　プロプラスチドからの葉緑体発生

（2）　葉緑体の内膜は、ミトコンドリアのクリステと違って、電子伝達系を含んでいない。成熟した葉緑体では、クリステに代わるものとして、内膜から完全に独立したチラコイド膜の中に電子伝達系が含まれる。ただし、葉緑体のプロプラスチド（原色体）からの発生過程（図 3-19）を見ると、チラコイド膜は内膜由来である。

（3）　表面的に見ると、葉緑体は光合成能をもったミトコンドリアであるともいえるが、葉緑体は以下にあげるような、さらなる特性をもっている。(i) 葉緑体は光合成のほかに、(a)プリンおよびピリミジン（DNA と RNA の塩基類）の合成、(b)大部分のアミノ酸の合成、そして(c)すべての脂肪酸の合成を行う。このように見てくると、葉緑体は光合成のためだけの小器官ではないことは明らかである。動物細胞では、これらの合成系は細胞質に存在する。(ii) 分裂組織などの未分化の細胞では葉緑体は見られず、小さな2重膜をもったプロプラスチドが含まれる。そこで、暗所で成長した黄化植物ではエチオプラスト（黄色体）となる。また光合成のできない表皮や組織細胞では、それはロイコプラスト（白色体）に分化する。さらに根や子葉、胚乳、塊茎などのいわゆる貯蔵でんぷん組織では、それはアミロプラスト（でんぷん体）になる。師管を通して転流した光合成産物の(水溶性)糖(主としてスクロース)は、これらの組織に達すると(不溶性の)でんぷんに変えられる。不溶性の高分子は浸透圧的に不活性であるから、貯蔵糖の形としては確かに優れている。しかし、必要なときにはこれを加水分解し、糖に変えて転流させる。

さて、原核生物界や（真核）植物界における光合成小器官の進化的発達は、図 3-20 に示してある。光合成細菌では、細胞膜から派生した膜系(クロマトホ

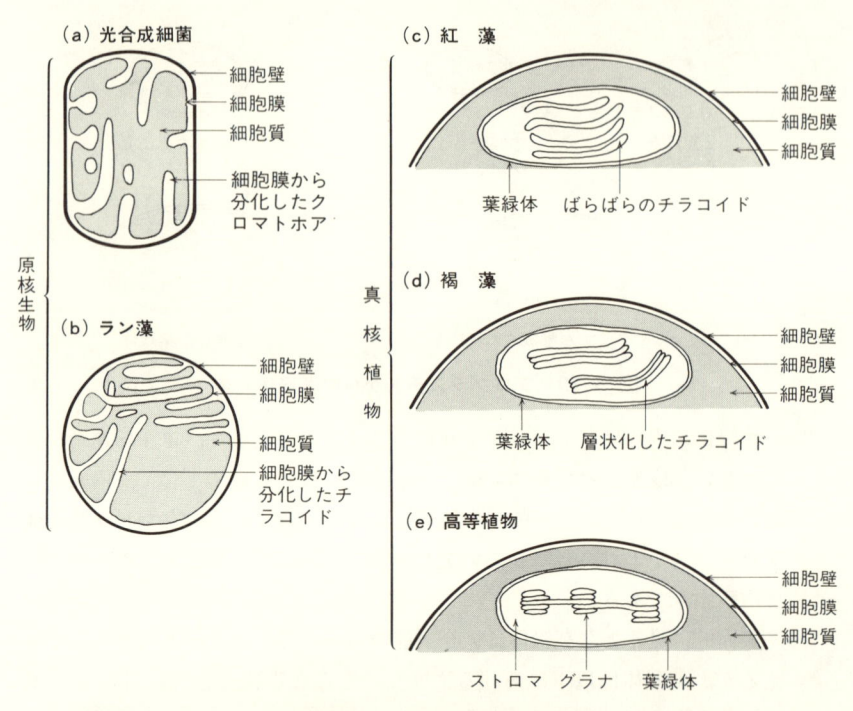

図 3-20 光合成小器官の進化

ア)に光合成代謝のうちの明反応(後述)が含まれ,活発に光合成を行っている細胞ではクロマトホアは細胞内に充満する(図13-19参照)。またラン藻では,細胞自体が大きく,細胞膜から派生した膜系(チラコイド)が細胞内に発達する(図3-4参照)。一方植物界に入ると,下等植物(例,紅藻)の葉緑体ではチラコイド膜は独立して平行に走るが,進化とともにそれらは接着して層状化が進む(例,褐藻)。そして高等植物の葉緑体では,複雑なグラナと呼ばれる筏様構造がつくられる。グラナ間は膜でつながれており,葉緑体のチラコイド膜腔は全体として連続している。

2. 葉緑体の働き

「葉緑体は光合成のための専用小器官である」という認識は長く続いてきたし,今でも一般的理解であるといってよいかもしれない。しかしすでに断片的に述べてきたように,その小器官は光合成以外にも多様な機能をもち,植物の細胞生命を担っていることがわかってきた。アメリカの分子生物学者 B. アルバーツら(1994)は,葉緑体の多様な機能の重要性は光合成を超えているかもし

れない，と述べている．後章で詳論するが，光合成代謝もすべてが葉緑体内に納まっているわけではない．したがって，いま葉緑体を分離して試験管内で光合成を試みても，部分的な反応を再現することしかできない．

葉緑体は固有のDNA，RNA，およびリボソームをもち，2分裂も行う．そのために葉緑体は，かつてのラン藻が細胞内で共生している姿であるとする考えがある．しかし，そのDNAの遺伝情報は少なく，形態形成や代謝は本質的に核DNAの支配下にある．ミトコンドリアについても同様の共生起原の考えがあるが，ともに実体はそれほど単純なものではない．この問題は後で再び取り上げる．

3・4・6　DNA小器官―核と核様体―

真核細胞と原核細胞の主要な差異は，主DNAが，前者では(一般に)2重膜構造の中にあるのに対して，後者では細胞質に散在していることである．そこで，DNAを含むこの2重膜構造を核といい，一方DNAが細胞質に散在している構造を核様体という．地球生物界の細胞は，これを基準にするとき，真核細胞と原核細胞に明確に区分できる．今まで述べてきたように，原核細胞は真核細胞に比べて，とくに構造分化の点で原始的な状態にあり，核様体も真核化する前段階であるとの理解から，原核細胞を前核細胞と表現する人もある．

核は細胞容積のほぼ10%を占め，内外2重の核膜によって細胞質と仕切られている．核膜には核膜孔(または核孔)と呼ばれる多数の穴があり，ここで内外の膜はつながっている．核膜孔は核内と細胞質の間の物質交流のチャンネルとなっており，したがって核内の代謝活性が高いほどその数は多くなる．また核膜は小胞体と直接連続しており，とくに外膜はリボソームを結合してタンパク質合成を行っている．核膜は図3-21に見るように，内側，外側ともに網状あるいは繊維状の構造によって，細胞中央に定置され，保護されている．そこで，内膜を裏打ちしているものを核ラミナ(lamina，繊維性タンパク質ラミンよりなるの意)，また外膜をおおっているものをとめて細胞骨格(各種の繊維性タンパク質およびそれらの複合構造の意)と呼んでいる．これらの保護構造は，核に加わる機械的圧力を吸収する装置であり，原核細胞の真核化にともなって長大化する染色体を保護するよう進化してきたものと考えられる．

細胞の原核から真核への発展は，核内にさまざまな機能的な特色をもたせることになった．それは単に核膜の形成にとどまらず，真核細胞の出現と進化がDNA量を急速に増大させたことにともなって(図13-14参照)，核に多様な

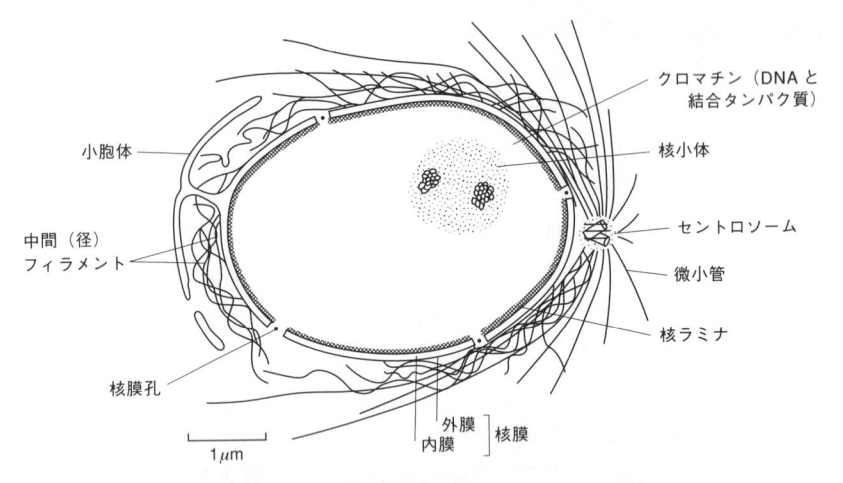

図 3-21 核の断面図(B. Alberts et al., 改変)

機能が生まれてきた。詳しくは章を改めて論ずるが，つぎにそれらの主なものだけをあげる。

(1) **DNAの存在様式**　原核DNAが裸のまま細胞質に散在しているのに対して，真核DNAはヒストン(精子ではプロタミン)という塩基性タンパク質と複合体をつくっている。そして細胞分裂時には，真核DNAはヒストンと強く結合した太い，いわゆる染色体構造をつくる(図 6-17 参照)。

原核生物，たとえば大腸菌は環状DNA1分子を含み，その中に生きるのに必要な全遺伝子(1ゲノム)を含む。これに対して真核生物の細胞核DNAは線状で，複数の染色体に分断されている。しかも，有性生殖をする生物では，1倍体の精子と卵の受精を経て発生した個体細胞は2ゲノムを含む2倍体である。さて，大腸菌のゲノムDNAは470万塩基対であるのに対して，ヒトのゲノムDNAは30億塩基対であり，それが24体の染色体に分れている。これらの染色体は等長ではなく，1.7～8.5cmと長短にわたっている。このように長い染色体は，細胞分裂における複製や娘細胞への分配に際して，"もつれ"や"切断"をひき起す。真核DNAのヒストンとの複合化は，それを防ぐための予防措置である。

(2) **核小体とrRNAの形成**　図 3-22 の電子顕微鏡像に見るように，核には核小体(あるいは仁)と呼ばれるタンパク質とRNAからなる構造体が含まれる。染色体には核小体の形成にあずかるもの(SAT染色体)があり，その1

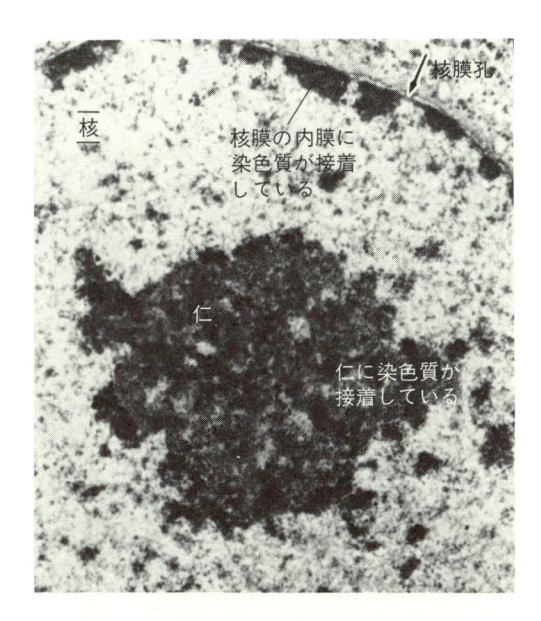

図 3-22 真核細胞の核と核小体(安澄権八郎)
材料はシロネズミの肝細胞(仁は核小体ともいう)

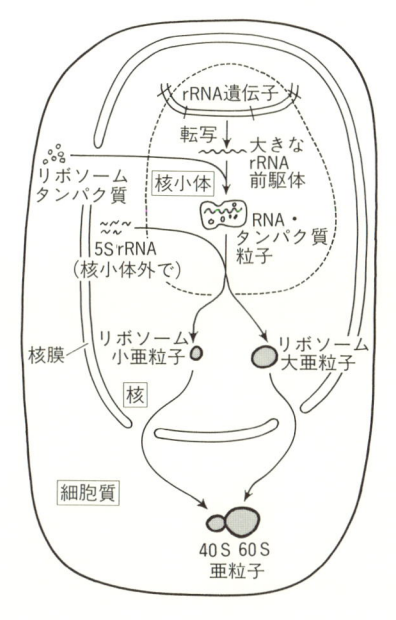

(図中ラベル: 核膜孔、核、核膜の内膜に染色質が接着している、仁、仁に染色質が接着している)

図 3-23 リボソーム形成と核小体の働き
大きな rRNA 前駆体は 45 S。リボソームタンパク質は細胞質から輸入される。リボソームの大小亜粒子は核内でつくられ、細胞質に出て再び複合される(図 3-10 参照)。

(図中ラベル: rRNA遺伝子、転写、大きなrRNA前駆体、核小体、RNA・タンパク質粒子、リボソームタンパク質、5S rRNA(核小体外で)、リボソーム小亜粒子、リボソーム大亜粒子、核膜、核、細胞質、40 S 60 S 亜粒子)

領域にはrRNA遺伝子の多数が縦列している。rRNA遺伝子はまず前駆体として大きなrRNA分子をつくり出す(転写という)が，後に小さなrRNAに分断される。一方，細胞質で合成されたリボソームタンパク質は核内に輸入され，rRNAと結合して大きな複合体をつくる。この複合体はついで，リボソームの大小亜粒子に分解されて核外に出る。ここではじめて，タンパク質合成のための完成したリボソームとなる(図3-23，図3-10参照)。

（3） **RNAスプライシング**　　真核DNAが原核DNAと大きく異なるいま一つの特徴は，その遺伝子の中にタンパク質合成に役立つ塩基配列(エキソン)と役に立たない塩基配列(イントロン)とが含まれることである。そこで核内では，DNAから転写されたmRNAは，タンパク質合成に先立ってイントロン部分が切除され，エキソンの再編成が行われる。RNAスプライシングとは，このエキソンの再編成を意味する(図7-18参照)。この問題は，後で再び取り上げる。

（4）　**核分裂における糸状構造の出現**　　原理的には，細胞分裂はDNAの複製と生成したそれらDNAの娘細胞への均等な分配の過程である。(1)で説明したように，真核細胞は原核細胞に比べて長大なDNAを含んでおり，したがってこの過程を誤りなく遂行するために，真核細胞の分裂様式にはさまざまな進化の跡を見ることができる。その一つは先に述べたヒストンによるDNA鎖の凝縮化であり，いま一つは紡錘体などDNA分配の補助装置の出現である(図8-15参照)。真核細胞の分裂が，別名有糸分裂と呼ばれるゆえんである。しかし有糸分裂の様式は，細胞の真核化後も進化しつづけており，いまだ未完成といえる状態にあることは留意すべきである。

4
細胞生命は分業からなっている

4·1　細胞小器官は分工場である

　細胞が生命を現出する動力は代謝から生まれる。細胞は，いわば一つの化学工場であるが，そこで起っている反応はランダムではない。呼吸，光合成，タンパク質合成などと，それぞれの反応系はまとまった機能を発揮するための秩序をもっている。ところが，生きた細胞中で起きている1万種にも及ぶ化学反応が1本の試験管の中で起きたならば，それは機能を発揮するどころではなく，当然ながら雑然としたものだろう。そのことを理解するには，細胞をすりつぶしてみるがよい。その反応系が生命を現出する能力は完全に失われているはずである。実際に生きている細胞では，(1)多様な反応系を機能ごとにまとめるための，いわゆる代謝分画がなされており，(2)各代謝の酵素は，反応順序に応じて構造の中に定置されている。小器官は，これを具体化している装置である。前章で取りあげた小器官はもちろんのこと，顕微鏡的に無構造に見える細胞質基質中においても，これらの原理のもとに整然と酵素類は配備されている。したがって，小器官をできるだけ傷つけないように分離するならば，中に含まれる代謝をある程度現出させることは可能である。しかし小器官とて，代謝的に完全に独立しているものではなく，周囲との物質交流によってはじめてその代謝は活性をもつことができる。

　以上を要するに，各代謝は分画化されることによってはじめてその高い特異性と高い活性が保証され，それらの総和によって細胞生命はつくり出されているのである。

4·2　細胞の小器官を取り出す

　細胞内の構造体の機能，あるいは代謝をしらべる最も直接的な方法は，細胞

を壊して目的のものを取り出すことから始まる。このように，細胞を破壊した実験系を無細胞系という。用いる条件が適当であるならば，無細胞系でも部分的な代謝の活性を引き出すことができる。現在の DNA，代謝など分子生物学的知識のほとんどは，じつは，この無細胞系からえられたものである。

　しかしここで重大な注意が必要である。それは，無細胞系は「生きた細胞ではない」ということである。つまり，無細胞系では生命としての特性のほんの一部，あるいはランダムな酵素反応しか再現できないのである。細胞を壊すこと，すなわち"細胞構造"を壊すことは，本質的には生命を失うことである。それほどに，細胞構造は生命発現にとって重要な意味をもっている，といえる。生化学あるいは分子生物学実験の最終ゴールは"生きた細胞"にあり，無細胞系を用いた，いわば分析的実験のデータは，つぎの段階で必ず"再構築"されねばならない。

　細胞膜を穏やかに破ると，内部の小器官をあまり傷つけないで外に吐き出させることができる。そのように穏やかに細胞膜を破る方法としては，(i)浸透圧ショック法や(ii)超音波法がよく用いられる。前者(i)は，高張液中の細胞を直接低張液に移すと，細胞は急に吸水膨張するために細胞膜が破れ，中身が流出する。たとえば 0.9% 食塩水(等張)中にある赤血球を純水(低張)に移すと溶血する原理を利用するのである。一方後者(ii)は，細胞を超音波中に置くと，気泡の振動により細胞膜が破れる。もっとも細胞壁に包まれた細胞は，その硬い壁に保護されているから細胞膜はなかなか破れないので，まず酵素処理によって細胞壁を取り除き，プロトプラストにしておかねばならない。

　細胞のこのような破砕物は濃いスープ状で，ホモジェネート(homogenate，均質物の意)と呼んでいる。これを分離用超遠心分離機(図 4-1)にかけ，低速から高速までの，いろいろの速度で回転させると，小器官は"大きさ"と"比重"に応じて順次沈降していく。つまり，遠心力を段階的に作用させることによって，小器官や高分子成分を選り分けることができる。これを遠心分画法という。図 4-2 にはその1例を示す。分画された小器官をさらに純化するには，図 4-3 にあるようなスクロース(ショ糖)(あるいは塩化セシウム)の密度勾配液を用いた遠心法が利用される。これは密度勾配遠心法といい，試料間の小さな密度差を使った細かい分別が可能である。したがってこの方法は，小器官ばかりでなく，DNA，RNA，タンパク質のような高分子やウイルスの精製などにも使われる。

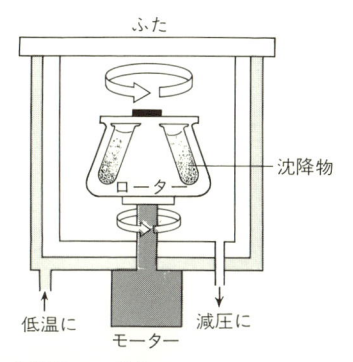

図 4-1　分離用超遠心分離機の心臓部
ホモジネートを遠沈管に入れ，ローターに差し込む。モーターの回転速度を変えることによって，いろいろの遠心力をかけ，構造体を分別的に沈降させることができる。遠心機内は減圧にして空気との摩擦を減らし，4℃に保つ。

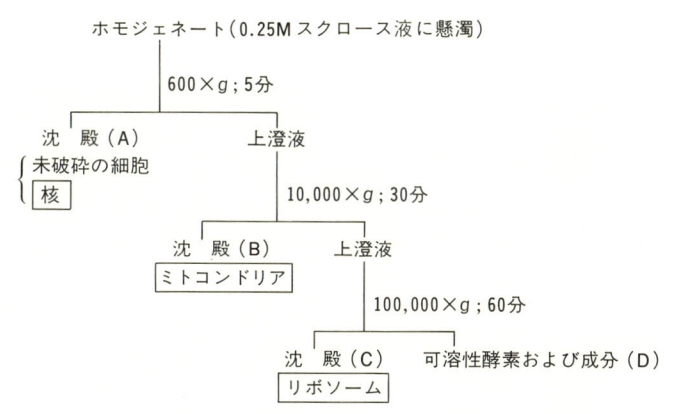

```
          ホモジネート(0.25Mスクロース液に懸濁)
                    │
              600×g；5分
           ┌────┴────┐
        沈 殿(A)      上澄液
      ┌未破砕の細胞       │
      │核           10,000×g；30分
                  ┌────┴────┐
               沈 殿(B)      上澄液
               ミトコンドリア       │
                         100,000×g；60分
                       ┌────┴────┐
                    沈 殿(C)   可溶性酵素および成分(D)
                    リボソーム
```

図 4-2　遠心力により細胞内の小器官を選り分ける(遠心分画法)
ただし，×g は重力の倍数の意。

4・3　細胞における代謝の分画

　超遠心分離機と電子顕微鏡の生命研究への導入は，細胞における生命の発現と構造との関係を一つひとつ明らかにしてきた。1940 年代後期に，遠心分画法によってミトコンドリアが純粋に分離され，それが細胞呼吸の中心であることが証明されて以来，ミトコンドリアの呼吸代謝，葉緑体の光合成，リボソームおよび粗面小胞体のタンパク質合成，ゴルジ体の各種機能などが，つぎつぎと解明され，細胞生命における小器官の役割が具体的に明らかにされてきた。

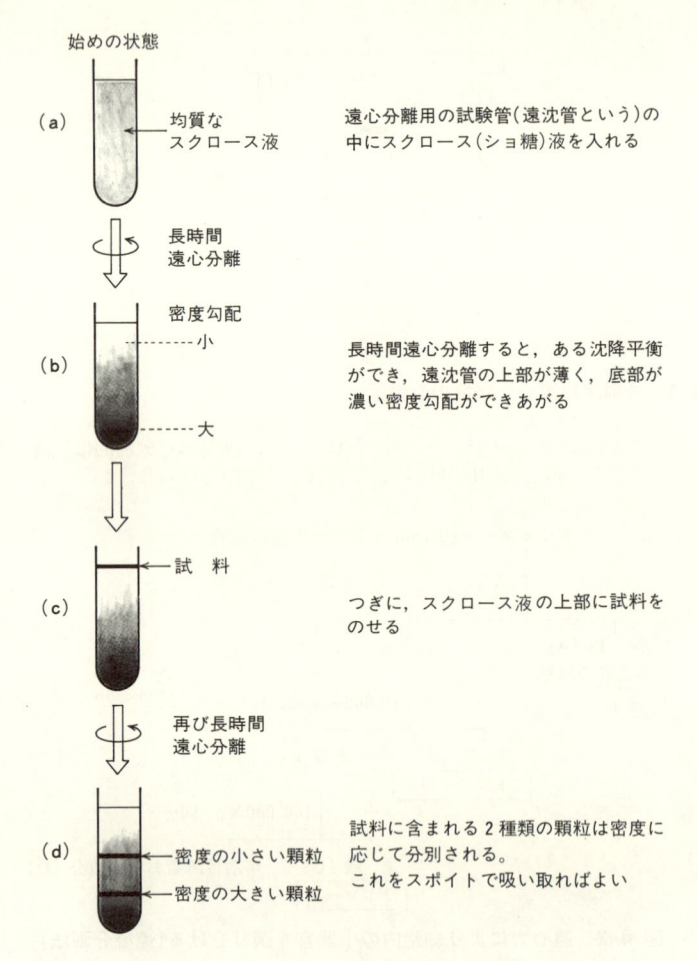

図 4-3　密度勾配をつかって細胞内の小器官や高分子を選り分ける（密度勾配遠心法）

近年ではさらに，小器官内の微細構造と機能との関係も，分子レベルで解析されつつある。

　これらの研究データの蓄積から，つぎのような重要な事実が明らかになった。

（1）小器官は，それぞれ特異な代謝を含んでいる。
（2）代謝を動かす酵素群は，小器官内の微細構造の中にそれぞれ位置づけられている。

(3) 細胞は，その生命反応を全体として果しているのではなく，各代謝ごとに，あるいは関連のある代謝系別に，構造体によって隔離されている。
(4) 細胞生命は，混然とした化学反応群から生まれてくるものではなくて，分画された代謝の総合化によって形成されている。つまり，細胞生命はきちんと分業している。

このように代謝が隔離されるしくみは，後で述べるように，機能分子の自己集合であったり，構造タンパク質に埋め込まれたり，あるいは膜に包まれたり，いろいろである。

では，このような代謝の分画化は細胞にとってどんな利益があるのだろうか。それは，まず(1)代謝(系)の特異性を保証することにある。代謝は，いわば連続的な物質変化の流れであるから，隔離によってそれぞれの流れが混ざり合わないようにすることができる。原核細胞では，代謝の分画化があまり進んでいないので，2つの代謝間に共通する中間物があるとそれを交点にどちらへも流れうる。たとえば乳酸菌のある種のように，培養条件によって代謝産物の量比が大きく変わる。しかし，真核細胞のように代謝分画が進んでいるものでは，共通の代謝中間物があっても小器官を分けることによって混流が避けられている。(2)代謝の特異性を保証することは，とりもなおさず代謝の速度を高め，効率化することになる。生物は進化とともに細胞のDNA含量を増大し，したがってそれに応じて遺伝情報の量も多くなり，それを受けて作動する代謝も複雑化してきた。これに対して，細胞容積も進化とともに増加するが，DNA量のそれには及んでいない。結果として，細胞内には膜構造が発達し，それによる代謝の分画化が進んだものと考えられる。膜はきわめて薄く，成形が自由で，またきわめて容易に融合する。したがって，膜は小さな空間において驚くほどに面積を広げることが可能である。

このように，構造物による代謝の隔離が進むと同時に，隔離されたこれらの代謝間の調整のためのしくみがつくられてくる。小器官のそれぞれが，ばらばらに働いていたのでは，細胞全体としての機能は失われ，決して生命とはならないであろう。細胞内での代謝間の調整は，DNA上の調節遺伝子の発現，酵素自身の中間代謝物との結合性(アロステリック酵素，後述)，あるいは中間代謝物の交流などによって果されている。高等生物が進化的に獲得したホルモンや神経もこの代謝調整に関与している。

つぎに，原核細胞と真核細胞における代謝系の分布を比較してみよう。原核細胞では，電子顕微鏡で観察できる小器官は，細胞膜，メソソーム，クロマト

ホア，あるいはチラコイド，それにリボソームと，真核細胞に比べてその分化の程度は低い．現在では，原核細胞の生命代謝の中心は細胞膜にあると考えられている．呼吸代謝，DNA，RNA とタンパク質の合成，細胞壁の合成，物質の選択的透過性など，生命の維持や増殖に関する代謝の大部分は，この細胞膜で行われている．メソソームはこれらのうちのある機能を分担し，クロマトホアやチラコイドは光合成と呼吸代謝を分担しているが，いずれも細胞膜から派生し，分化したものである．真核細胞では，これらの代謝は核，ミトコンドリア，葉緑体，小胞体，ゴルジ体，その他さまざまな小器官に分配され，分化が進んでいる．

また原核細胞では，電子顕微鏡レベル以下の分化もあまり進んでいないようである．したがって，真核細胞に比べて代謝系の特異性は低く，効率も悪いことはよく指摘されるところである．しかし逆にいうと，原核細胞の代謝系は，いわば融通性に富み，したがって真核細胞が生きられないような極限の環境下でも生存することができる高い適応力をもっている．これが，40億年という長い生命史を生き抜いてきた理由である．おそらく，将来においても原核生物が絶滅することはないだろう．

5

細胞はどんな物質からできているか

5・1 細胞は軽い元素でできている

　現在，地球上には分類学的に同定されている生物種は130万余りある。しかしこれらのルートを尋ねると，互いに共通の祖先をもち，40億年をさかのぼると，ついには1種の始原生物に到達することを系統樹は教えている（図13-24参照）。一方，生物は例外なく細胞からできており，DNA，RNA，タンパク質など，どれも共通の高分子物質を含んでいる。このように見てくると，現存する生物体は，1つの物質原理から成り立っていることがわかる。原始，地球上では，もっと違った物質からなる生命体が発生していたかもしれないが，それらはいずれも淘汰されてしまって，現在は生存していない。

　この章では，現生の細胞がどんな化学成分でつくられているかを見ることにし，つぎの章では，これらの化学物質が細胞内でどのように関係しながら生命という属性を生み出しているかについて考えることにする。

5・1・1 細胞をつくる元素

　生物は，この地球上で誕生し進化してきたのであるから，それをつくる元素は，当然原始地球の表面あるいは原始大気に存在していたものに限られているはずである。

　表5-1は，現存する生物の元素組成を示している。この表を見て，つぎのことがわかる。
（1）　生物の体は，主として水素（H），酵素（O），炭素（C），および窒素（N）からできており，これら4元素だけで99%以上を占めている。したがって，これらを第一元素（または多量元素）という。自然には，最も軽い水素（原子量1）から最も重いウラン（原子量238）まで，92種類の元素が存在する。これらの

表 5-1 生物体をつくる元素のいろいろ

	生物活性元素	割合(原子%)*
第一元素(多量元素)	水素(H), 酸素(O), 炭素(C), 窒素(N)の順	99以上
第二元素(少量元素)	カルシウム(Ca), 硫黄(S), リン(P), ナトリウム(Na), マグネシウム(Mg), カリウム(K)の順	0.25〜0.01
微量元素	鉄(Fe), モリブデン(Mo), 亜鉛(Zn), 銅(Cu), マンガン(Mn), コバルト(Co), ホウ素(B), ケイ素(Si), バナジウム(V), クロム(Cr), フッ素(F), セレン(Se), スズ(Sn), ヨウ素(I)	0.00001以下

＊ 原子％：100原子当りのその元素の原子数。

表 5-2 周期表における生物活性元素の位置

族 周期	I	II	III	IV	V	VI	VII	VIII
1	(H)							
2	Li	Be	(B)	(C)	(N)	(O)	(F)	
3	Na	Mg	Al	(Si)	P	S	Cl	
4	K	Ca	Sc	Ti	(V)	(Cr)	(Mn)	(Fe)(Co) Ni
	(Cu)	(Zn)	Ga	Ge	As	(Se)	Br	
5	Rb	Sr	Y	Zr	Nb	(Mo)	Tc	Ru Rh Pd
	Ag	Cd	In	(Sn)	Sb	Te	(I)	
6	Cs	Ba	La	Hf	Ta	W	Re	Os Ir Pt
	Au	Hg	Tl	Pb	Bi	Po	At	
7	Fr	Ra	Ac	Th	Pa	U		

第一元素・第二元素：周期1〜3（第一元素），周期3〜4（第二元素），微量元素：周期4以降

○：第一元素, □：第二元素, ◎：微量元素

中で，水素，炭素(原子量12)，窒素(原子量14)および酸素(原子量16)は，いずれも非常に軽い元素である(表5-2)。これは，これから解説するように，最初の生命体がつくられたときの原料が大気ガスであったからである。
(2) 生物体にはまた，カルシウム(Ca)，硫黄(S)，リン(P)，ナトリウム

(Na), マグネシウム(Mg), カリウム(K)の6元素が少量含まれる。これらの元素は, いずれも海水成分である。この群は第二元素(または少量元素)と呼ばれる。

(3) 生物体にはさらに, 微量の14元素が含まれる。これらの中で, 鉄(Fe), モリブデン(Mo), 亜鉛(Zn), 銅(Cu), マンガン(Mn), コバルト(Co)などは, ある範囲の生物種に分布しており, 生命系にとってたぶん必須な元素であると思われる。これに対して, ホウ素(B), ケイ素(Si), バナジウム(V), クロム(Cr), フッ素(F), セレン(Se), スズ(Sn), ヨウ素(I)などは, ある限られた生物種にだけ分布しており, あるものは必須であるとされるが, 確実ではない。この群のものは微量元素と呼ばれる。

5・1・2 難しい必須元素の決定

ある元素, とくに微量元素が, その生物にとって必須であるかどうかを決定することは, 実際には非常に難しい。それは, つぎのような理由に因る。まず(i), 生物細胞の細胞膜がもつ選択的透過性が厳密なものではないことがあげられる。水に溶けている元素であれば, 透過速度に差があるとしても, 必ず細胞内へ吸収される。したがって, 生物体を化学分析して知られた元素の種類をただちに必須元素とすることはできない。つぎに(ii), 必須元素を調べるために, 栄養素として加えられる有機あるいは無機試薬の中には, 不純物が含まれる。たとえ無機試薬といえども, 純度を100%にすることは, 現代の科学技術では不可能である。さらに(iii)植物では, 必須元素を調べるのに水耕栽培が行われる。その植物にとって必須と思われる元素を含んだ培養液や, それを除いた培養液をつくり, それに植物を栽培して成長を比較する。そして, 問題の元素を培養液から除いたとき, その成長が著しく劣る場合, その元素は必須であるとされる。この場合には, (ii)で述べた試薬の純度のほかに, 試薬を溶かす蒸留水の純度やガラス器具からの微量元素の溶出が問題となる。それに, 微量元素を定性・定量するための分析技術にも限界がある。

このように, 生物体の必須元素を決定する実験は, 科学技術全般の水準に負うところが多い。また, 必須元素といえども, それは生物に与える量が問題で, それが多すぎると毒性を示すものがある。たとえば, 銅やコバルトイオンは強い毒性をもつ。一方, 動物には栄養素として有機物を与えねばならないので, さらに難しい問題を含んでいる。

細胞に含まれる元素の量は, だいたいその細胞にとっての必要量を表わして

いる。したがって微量元素は，酵素とかホルモンなど，微量で代謝活性をもつ有機物質の成分をなすものが多い。鉄はヘモグロビンやチトクロムに，コバルトはビタミンB_{12}，ヨウ素は甲状腺ホルモンなどの活性に必須な元素である。これらの微量元素は，量的には微量であるが，細胞代謝にとっては重要な役割を果している。たとえば鉄の不足は貧血を，またヨウ素の欠乏は甲状腺の機能低下をひき起す。

5・2 細胞をつくる成分—水と無機・有機物質—

生命が存在しうる天体の絶対条件は，"液体としての水"が存在することである。この地球は"水びたしの惑星"と呼ばれるほどに液体としての水は豊かであり，また地球生命は海で生まれたから，細胞にはふんだんにその水が使われている。骨，毛，あるいは角のような特殊な部分を除けば，生きた細胞は重量の60～95％が水で占められている。われわれの体も，15％の水分を失うと死ぬといわれている。生命は多種多様な化学反応によって営まれているのであるが，水はこれらすべての化学反応の場，すなわち媒質(メジウム)をなしている。

現存生物を見ても，種子や胞子のように水分含量の少ないものは，細胞内の酵素反応はほとんど停止しており，休眠と呼ばれる状態にある。また研究室などで用いる細菌も，瞬間的に凍結，乾燥させると代謝が止まり，生かしたまま半永久的に保存することができる。しかし，これら休眠中の細胞も水分を得ると活発に代謝が動きだして種子や胞子は発芽を始め，凍結乾燥された細菌も増殖を開始する。このように，細胞の代謝活動は，媒質としての水分含量に直接依存している。

生きた細胞から水分を取り除いた残りの，いわゆる乾燥量の大部分は有機物質である。いま活発に分裂している細胞について見ると，表5-3に示すように，その大部分はタンパク質であり，脂質，核酸(DNAとRNA)，糖質などがこれに続く。細胞内には，ほかにアミノ酸，ヌクレオチド，糖など大きな分子の素材となる小さな分子も含まれ，プール(たまり)をつくっている。また無機物質は，有機物質と結合状態にあるもののほかに，単独でイオンとして存在するものも多い。主な

表5-3 活発に分裂している細胞の平均的分子組成

細胞物質	乾燥量の割合(%)
タンパク質	71
脂　　質	12
核　　酸	7
糖　　質	5
無機物その他	5
合　　計	100

ものをあげると，水素イオン（プロトン，H^+），ナトリウムイオン（Na^+），カリウムイオン（K^+），カルシウムイオン（Ca^{2+}），マグネシウムイオン（Mg^{2+}），塩素イオン（Cl^-），水酸イオン（OH^-），炭酸イオン（HCO_3^-），硫酸イオン（SO_4^{2-}），リン酸イオン（PO_4^{3-}）などである。

一方，細胞中の有機物質の割合は，生物種，組織，器官，あるいは生理状態によっても大きく変動する。たとえば休眠中の種子には，糖質や脂質がとくに多く含まれる。ちなみに，代謝の結果として細胞中にとくに多量に貯蔵された物質は後形質と呼ばれる。

5・3 細胞は元素を選ぶ

原始，地球に最初の生命体，始原細胞が生まれたのは海の中であった。ところが，海や地殻にはたくさんの元素が存在しているのに，現生の生物を見るとわずか二十数種類という，かなり限られた元素しか含まれていない（表 5-2 参照）。しかも表 5-4 に見るように，生物が含む元素の量は，宇宙，地殻，あるいは海水に含まれる量と著しく異なっている。たとえば，生物体の組織が含む

表 5-4 宇宙，地殻，および海水をつくる元素と細胞をつくる元素の割合比較[注]

元素	全元素中の割合(%)			
	生細胞	海水	地殻	宇宙
水素	63	66	3	91
酸素	25	33	47	0.1
炭素	11	0.001	0.04	0.05
窒素	1	微	微	0.02
カルシウム	0.4	0.01	4	微
硫黄	0.3	微	0.07	微
リン	0.2	微	0.07	微
ナトリウム	0.03	0.3	3	微
マグネシウム	0.02	0.03	2	0.002
カリウム	0.002	0.006	3	微
ヘリウム	0	微	微	9
アルミニウム	0	微	8	微
ケイ素	微	微	28	0.003
鉄	微	微	5	0.005

微：0.001％未満

（注）研究者により多少数値が異なり，特に生細胞に関する値は，研究者のみならず材料によっても大きく変動する。ここにあげた数値は，おおよその傾向を示すにすぎない。

炭素の量は，海水の炭素に比べて1万倍も多いのに，ナトリウム含量は海水の10分の1である。これらのことから，原始の海において始原細胞が生まれ，細胞進化が進むうちに，ある元素だけを選択的に吸収，蓄積し，成分化していったことがわかる。

では，元素の選択はどのようにして起きたのだろうか。そのしくみには，つぎのようなことが考えられる。

(1) ある限られた性質をもった元素だけが生命系に加わることができた。

(2) 原始の海洋において，始原細胞ができあがった際に素材となった有機物質は，主として大気中で合成されたものであった。後述するように，生命が誕生したころの原始海洋は有機物質に富み，まるでスープのようであったと考えられている。これらの有機物質は，大気中の簡単な気体成分から，太陽の紫外線などのエネルギーの下で合成され，海に蓄積した。生物体をつくる主要元素が，比較的軽いものからなるのはそのためである。

(3) 始原細胞の誕生につづいて細胞の構成成分に重要な影響を与えたのは，進化の途上における光合成の獲得である。光合成では，大気中の二酸化炭素と水から糖質が合成され，さらに窒素，硫黄，リンが加わって各種の有機物質へと変化していく。ここにも細胞物質が，主として炭素，水素，酸素など軽い元素からなる原因がある。

(4) 細胞進化の途上における，生物種特有の代謝系の獲得による。このことは，微量元素の必要性が，生物種によって違っていることからわかる。

(5) 細胞膜の選択吸収能力による。細胞膜は，細胞内の生理状態に応じた選択的透過性を示す。とくに，細胞膜に備わる担体輸送系は特定の物質だけを透過させ，ときには濃度勾配に逆らっても吸収，あるいは排出する。たとえば，海にすむ生物においては，細胞内のナトリウム濃度は海水よりも著しく低く，反対にカリウム濃度は高い。これは，細胞膜にあるナトリウム・カリウムポンプ($Na^+ \cdot K^+$-ATPアーゼ)と呼ばれる能動輸送系が働くためである。このことは，後で詳述する。

5·4 細胞は大きな分子からつくられている

5·4·1 デオキシリボ核酸(DNA)

細胞のすべての遺伝する形質は遺伝子によって決定されている。そして，それらの遺伝子は例外なくDNAであることは，すでに述べた。DNAは単一分子としては細胞内で最大の大きさをもっている。たとえば，大腸菌のDNAは

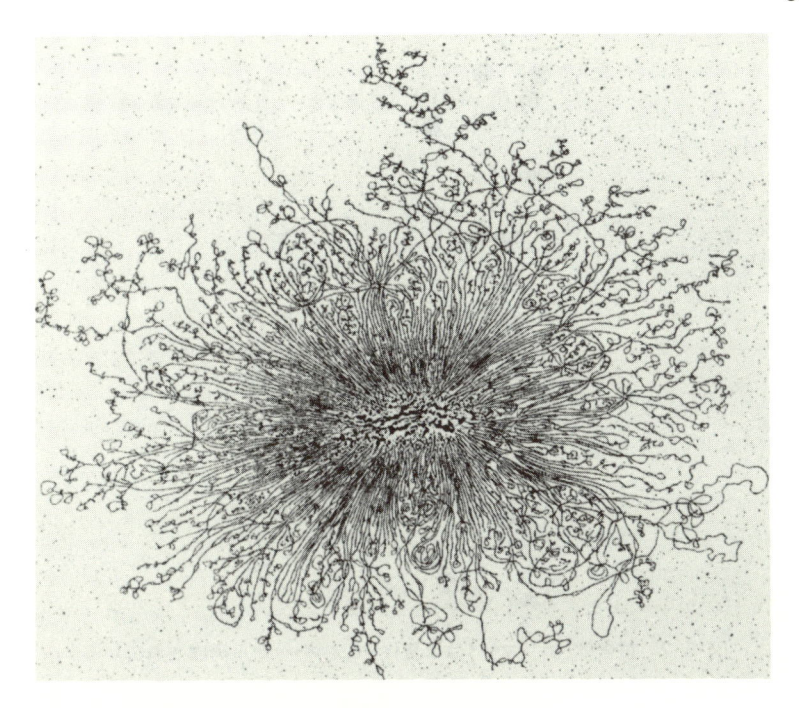

図 5-1　大腸菌 DNA の電子顕微鏡像(D. Freifelder)
　このDNAは連続した糸で，全体が1つの環を成す。黒く見える破片は細胞膜片である。DNAは細胞膜に結合している。

全長1mmで，それは菌長の300倍にもなり，分子量にして125億に相当する（図5-1）。ヒトの体細胞（2倍体）DNAは，46本の染色体に分れているが，これらをつなぐと全長1.8mになる。これは分子量に換算すると，1千億に当たる。細胞DNAは，このように巨大な分子であるから，それを完全な形で取り出すことはほとんど不可能である。

A．DNAの構造単位

　DNAに限らず，細胞内にある高分子物質は，すべて低分子単位（単量体またはモノマーという）が多数連なった重合体（またはポリマー）である（図5-2・a）。したがって，DNAを適当な酵素で穏やかに加水分解すると，4種類の単量体を生ずる（同図b）。これらの単量体は図5-3のように，（有機）塩基と五炭糖（ペントースともいう）のデオキシリボースとリン酸の各分子が，この順序で結合したものである。この基礎単位をヌクレオチドという。DNAをつくるヌクレオチドの4種類は，塩基の違いによっており，それらはアデニン（略号

(a)

(b)

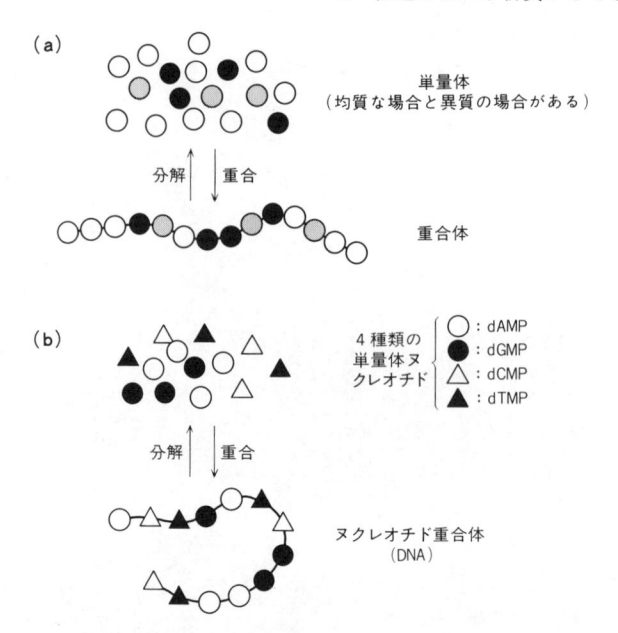

4種類の
単量体ヌ
クレオチド
○：dAMP
●：dGMP
△：dCMP
▲：dTMP

図 5-2　重合体(ポリマー)は単量体(モノマー)から構成されている

(a) DNA を構成するヌクレオチド

A：アデニン
G：グアニン
C：シトシン
T：チ ミ ン

(b) RNA を構成するヌクレオチド

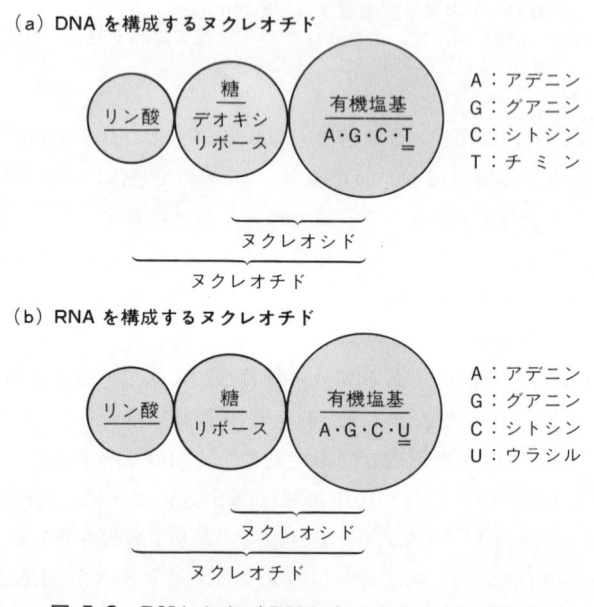

A：アデニン
G：グアニン
C：シトシン
U：ウラシル

図 5-3　DNA および RNA をつくるヌクレオチド

(a) 有機塩基
　i) プリン化合物

アデニン (RNA, DNA)　　　　グアニン (RNA, DNA)

　ii) ピリミジン化合物

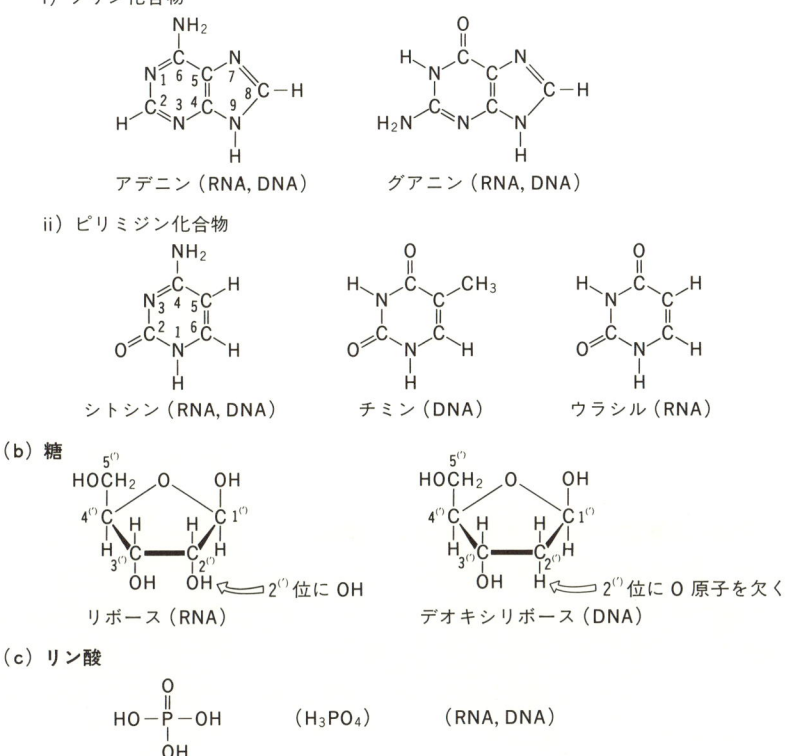

シトシン (RNA, DNA)　　　チミン (DNA)　　　ウラシル (RNA)

(b) 糖

リボース (RNA) ← 2(')位に OH　　　デオキシリボース (DNA) ← 2(')位に O 原子を欠く

(c) リン酸

(H₃PO₄)　　(RNA, DNA)

図 5-4　ヌクレオチドは塩基・糖・リン酸から成る

はA)，グアニン(G)，シトシン(C)，およびチミン(T)である．アデニンとグアニンは図 5-4 に示すように，プリン化合物に属し，シトシンとチミンは，プリンよりも小さいピリミジン化合物である．

　一方RNAも，DNAと同様に，4種類のヌクレオチドからできているが，その構成は少し違っている．すなわち，塩基はアデニン，グアニン，シトシン，およびウラシル(略号はU)で，五炭糖はリボースである．と同時に，分子量もDNAに比べてずっと小さい．

　細胞内でヌクレオチドが合成される様子を，デオキシアデニル酸(dAMP)を例に説明すると，図 5-5 に示すように，まず初めにアデニンとデオキシリボースが縮合(化学結合して1分子の H_2O が取れること)してデオキシヌクレ

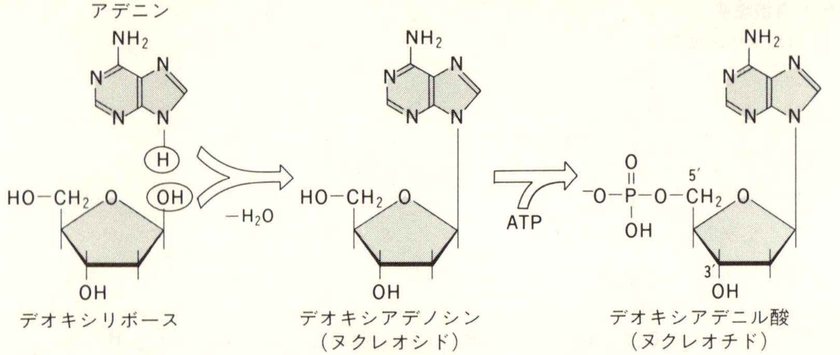

図 5-5 ヌクレオチドの生合成　　例，デオキシアデニル酸

オシド（塩基-糖，図 5-3 参照）となる。つづいて，これが ATP によってリン酸化され，dAMP となる。細胞内には，それぞれの反応を進める酵素が存在する。

B．DNA の構造―ポリヌクレオチドと 2 本鎖―

昔は，遺伝子はタンパク質であると信じられていた。しかしその後，遺伝子は DNA であることが判明したにもかかわらず，遺伝学者たちはその事実を受け入れることに困難を感じていた。その理由は，(i)J. ワトソンと F. クリックによって明らかにされた DNA の化学構造があまりにも単純であり，枝分かれのない長いポリマーであること，(ii)構成モノマーが A，G，C，および T の 4 つのタイプしかないことであった。だがその後の研究を通して，(i)DNA の遺伝情報がこれら 4 種のヌクレオチドの配列順序として含まれることや，(ii)この単純な構造こそが，誤りなく，しかも容易に複製できる原理であることがわかってきた。つぎにその構造を解説しよう。

（1） DNA はこれら 4 ヌクレオチドが多数連結した，いわゆるポリヌクレオチドである。その連結の様式は図 5-6 に示すように一定で，一方のデオキシリボースの 5′-C がリン酸を橋渡しにして，つぎのデオキシリボースの 3′-C と結合する。つまり，"5′-3′ 結合"の連続で，一つの方向性をもっている。これをポリヌクレオチドの極性という。この結合は，一方のデオキシリボースの 3′-OH とつぎの 5′ リン酸-OH とから，1 分子の H_2O が取れる，という縮合反応によって生まれる。

（2） DNA は，2 本のポリヌクレオチドの"ゆるい結合"によってできあがっている。それは，図 5-7 に見るように，互いに逆方向に走るポリヌクレオ

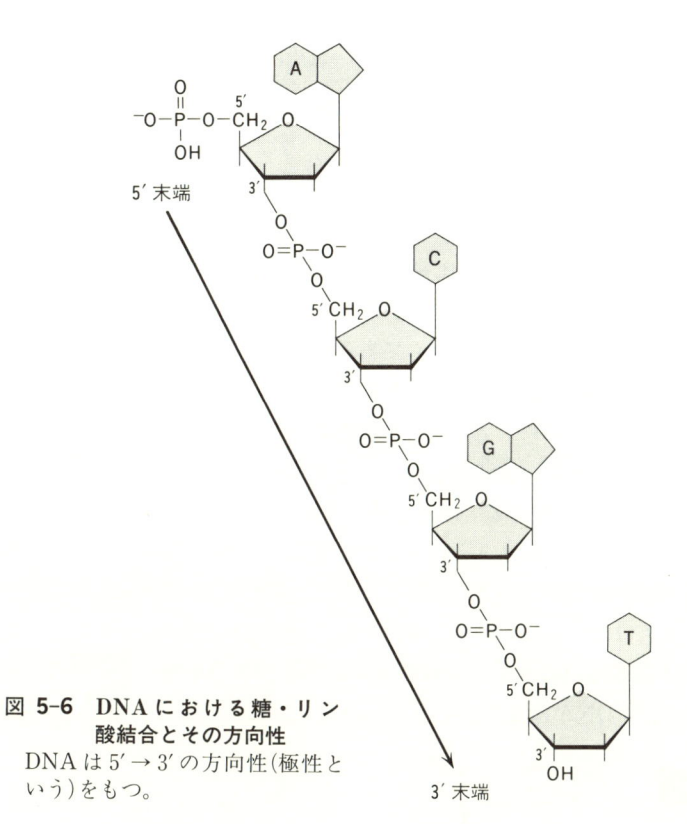

図 5-6 DNAにおける糖・リン酸結合とその方向性
DNAは 5′→3′ の方向性(極性という)をもつ。

図 5-7 DNAの2本鎖構造　矢印は極性を示す。

チドの塩基間で結び合う。この場合，結合しあう相手の塩基は厳密にきまっている。すなわち，アデニンとチミン(A-T 対)，グアニンとシトシン(G-C 対)の関係である。これを(相補的)塩基対という。結果として，DNA 中のアデニン量はチミン量に等しく，グアニン量はシトシン量に等しい。言い換えると，プリン量(A+G)はピリミジン量(C+T)に等しい。DNA の 2 本鎖がきれいに平行線を描くのは，大きなプリン分子(A あるいは G)が小さなピリミジン分子(C あるいは T)と対合しているからである(図 5-8)。

(3) DNA は 2 本鎖のらせん構造をとる(図 5-9)。2 本のポリヌクレオチドでは，塩基を互いに内側におき，糖-リン酸は一定の歩みで，右巻きのらせんをつくっている。それは，塩基対をステップにしたらせん段階と同じ構造である。この構造は，1953 年ワトソンとクリックによって明らかにされ，B 型構造と呼んでいる。ここで右巻きとは，上から下に目を落していくとき，らせんが時計の針の方向に回転していく構造をいう。英語で clockwise は右巻きの意であり，それは北半球における日時計の影の回る方向である。

ところが，高濃度の塩水中とか右巻きを戻すような力が働くと，図 5-10・b に見るように，DNA は左巻きとなり，ジグザグな形をとる。このような構

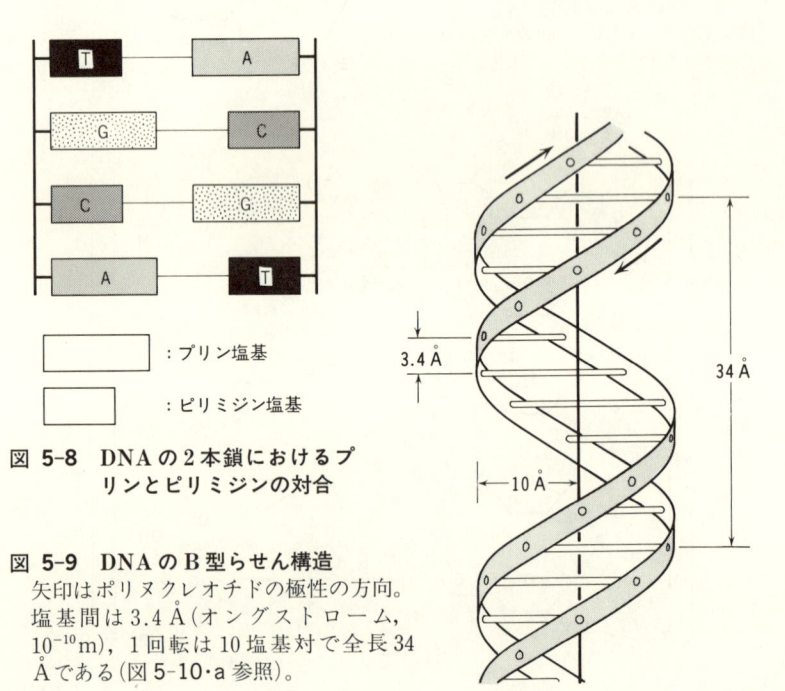

図 5-8 **DNA の 2 本鎖におけるプリンとピリミジンの対合**

図 5-9 **DNA の B 型らせん構造**
矢印はポリヌクレオチドの極性の方向。塩基間は 3.4 Å(オングストローム，10^{-10} m)，1 回転は 10 塩基対で全長 34 Å である(図 5-10・a 参照)。

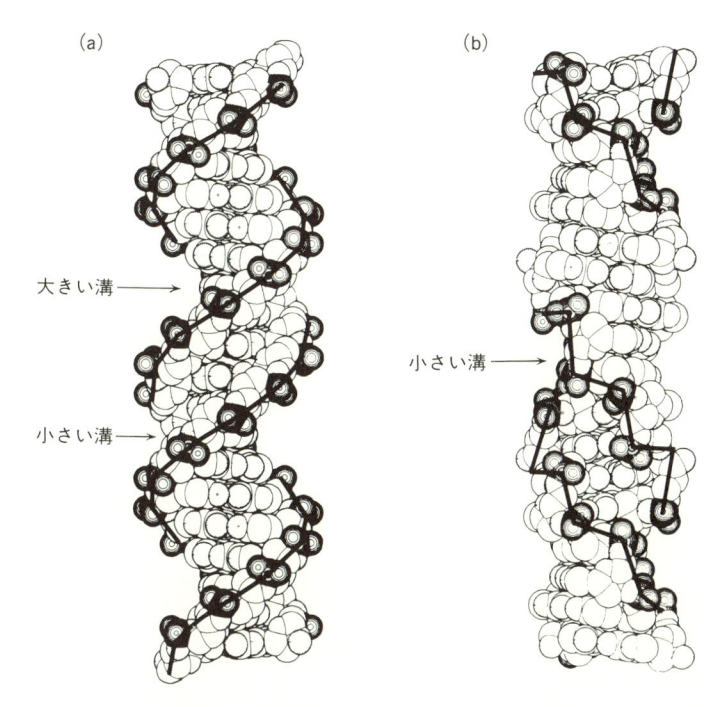

図 5-10　右巻き B 型 DNA(a)と左巻き Z 型 DNA(b)(A. Wang)
B 型では糖-リン酸主軸(太線)は滑らかに走る。一方 Z 型は主軸はジグザグ(zigzag)となる。

造は Z(zigzag の頭字)型という。DNA 構造は，本来絶対的に安定なものではない。B 型構造は，細胞内のような水分の多い環境下で一般的に見られるものである。

（4）　塩基対は水素結合によって結ばれている。それは図 5-11 に見るように，A-T 間は 2 か所，また G-C 間では 3 か所で水素結合ができている。したがって，DNA の 2 本鎖は，これら多数の水素結合によって安定している(図 5-9 参照)。水素結合は，水素を介して結びつく結合をいい，通常の水は H_2O 分子間の水素結合によって互いにつながっている。

（5）　化学結合には，強い結合力のものと弱い結合力のものとを区別することができる。たとえば C-H 間の結合は非常に強く(共有結合という)，これを切断するには高いエネルギーが要る。これに対して水素結合は弱い結合で，容易に切ることができる。たとえば，DNA 溶液を加熱するだけで水素結合が切れ，2 本鎖は分離する。じつは，DNA の生命系における巧妙な働きは，主と

図 5-11 アデニン・チミン間およびグアニン・シトシン間の水素結合
水素結合は点線で示してある。A=T, T=A は 2 本の水素結合, G≡C, C≡G は 3 本の水素結合。

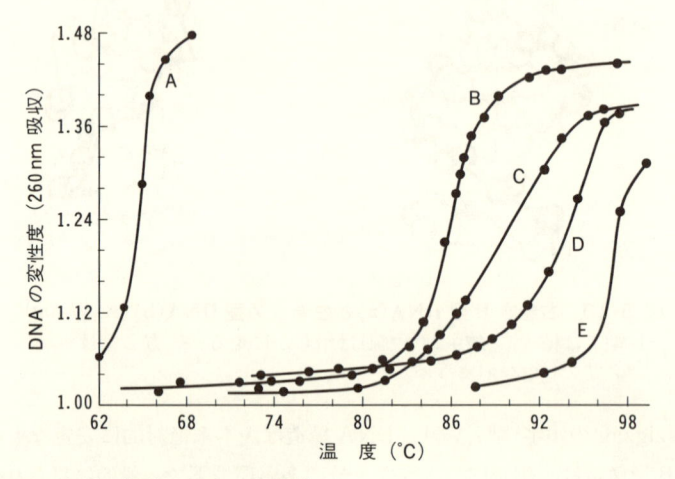

図 5-12 各種の細菌 DNA の熱変性
A：比較のための A・T 対だけからなる人工 DNA, B：肺炎菌 DNA(GC 含量 38%), C：大腸菌 DNA(52%), D：霊菌 DNA(58%), E：放線菌 DNA (66%)。

してこの水素結合の弱さに負っている。図 5-12 は, いろいろの細菌 DNA を加熱したときの 2 本鎖の分離の様子を示している。このグラフから, DNA は種類によって熱分離(熱変性という)の起りやすさには大きな差があることがわかる。それは, G・C 含量と関係がある。すなわち, G・C 含量が高いほど DNA の 2 本鎖は離れにくい。その理由は, G・C 対は A・T 対よりも水素結合の数が多いからである。このほかにも, G・C 含量は DNA のいろいろの性質を特徴づけている。

（6） DNA 溶液を加熱すると, 2 本鎖が分離することは上に述べた。つぎに,

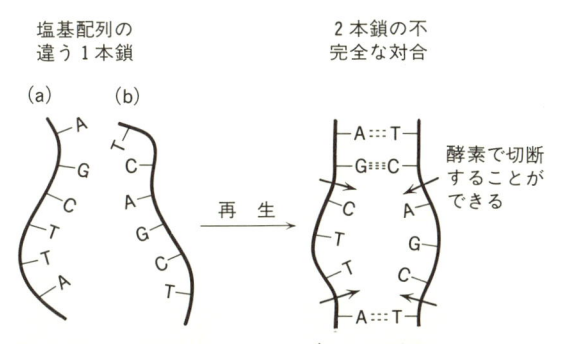

図 5-13 DNA のアニーリングによる識別
塩基配列の違う DNA 間では、完全な再生は起きない。

これを冷やしてやると再び塩基間に水素結合ができて，元どおりの2本鎖が再生する（アニーリングという。anneal は焼きなましの意）。そこで，このような DNA の特性を利用して，起原の異なる2つの DNA の塩基配列の異同を調べることができる。もし塩基配列が相互に違っているヌクレオチド鎖間では，完全な再生は起らない（図 5-13）。

（7） 細胞に含まれる DNA 分子にはいろいろの大きさがある，と同時に遺伝子のヌクレオチド配列の長さもいろいろである。まず生物の種の違いによって，核に含まれる染色体，すなわち DNA 分子の数が大きく異なる。そして，それぞれの DNA 分子の大きさにも差がある。また，DNA 小器官であるミトコンドリアや葉緑体の DNA 分子の大きさが，生物種によって異なる。またときには，プラスミドと呼ばれる非常に小さな DNA 分子が，ある種の生物細胞に含まれる。しかし，これらの DNA に共通していることは，自身で複製するのに必要な遺伝子の一組を含んでいる点である。このような自律的複製の可能な DNA 単位をレプリコン（replicate は複製するの意）という。そこで，タンパク質情報を含む遺伝子はだいたい 1000 ヌクレオチド長である（図 5-14・a）。なお，塩基配列は英文を読むように，左から右に向けて読んでいく（同図 b）。

C．DNA を加工する—遺伝子の単離と増殖—

今日バイオ（遺伝子工学）では，長い DNA から目的の遺伝子を切り出して殖やし，その塩基配列を決定したり，特性を同定することが盛んに行われている。たとえば人類における数百種を超える遺伝病について遺伝子が同定されている。一方，生物界に広く共通する遺伝子の塩基配列を比較して，それぞれの生物種の系統的由来を求めるという生物進化の研究にも，遺伝子の単離と増幅

(a)
核内DNA ｛ 遺伝子 A B C …… 染色体I
遺伝子 G H I …… 染色体II
遺伝子 K L …… 染色体III

葉緑体 DNA 遺伝子
N
O
P

ミトコンドリア DNA 遺伝子
R
S

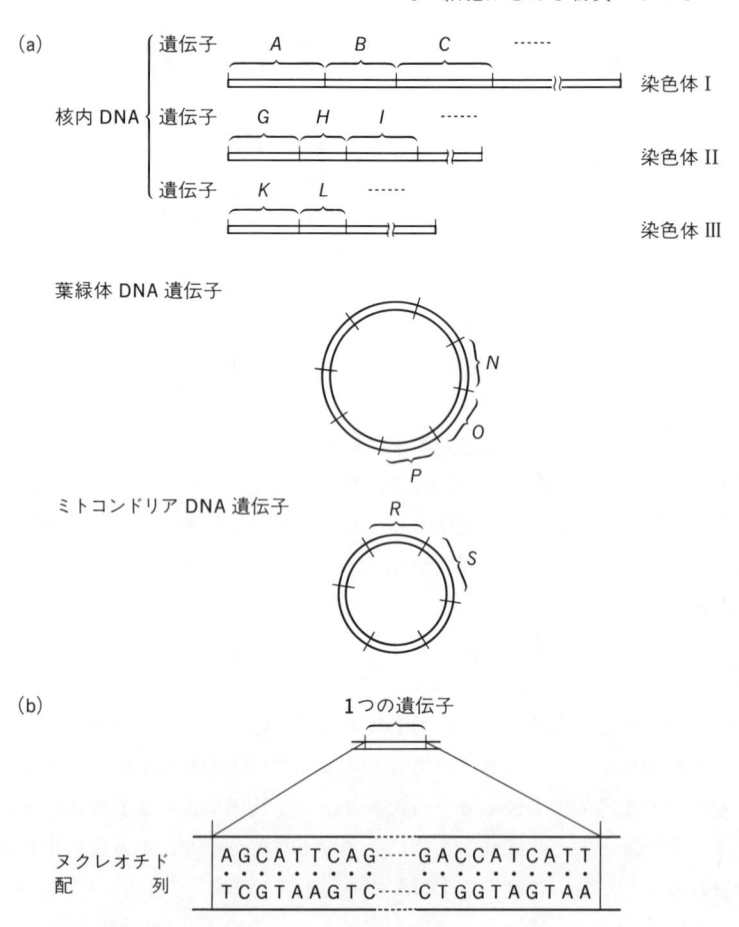

(b)
1つの遺伝子

ヌクレオチド配列
AGCATTCAG——GACCATCATT
TCGTAAGTC——CTGGTAGTAA

図 5-14　細胞に含まれる DNA と遺伝子の種類
(a)核 DNA は線状で大きい。葉緑体とミトコンドリアの DNA は環状で小さい。(b)遺伝子の特徴(遺伝情報)は 4 種の塩基の配列順序で決まる。タンパク質遺伝子は，約 1000 ヌクレオチド長である。

の作業は必須なものである。つぎには，それに関する基本操作のいくつかを解説する。

1. DNA 鎖の切断と結合—ハサミ酵素とノリ酵素—

元来細胞には，DN(A)アーゼと名づけられた DNA 分解酵素が含まれる。この中で制限酵素(エンドヌクレアーゼ)と呼ばれるものは，DNA 分子内部のある特定のヌクレオチド結合を切断するから，目的の遺伝子を切り出すハサミ酵素として有用である。制限酵素はもともと，細胞内に侵入した異種の DNA

表 5-5 制限酵素とその切断部位

制限酵素が認識する塩基配列の一般形（回文配列）
―A B C┊C′B′A′―
―A′B′C′┊C B A―
　　　　↑
　　　対称軸

微生物種	酵素名	認識・切断部位
II型酵素		
大腸菌 RY13 株	EcoRI	↓ ―G┊A A T T C― ―C T T A A┊G― 　　　　　　↑
B. amyloliquefaciens H 株	BamHI	↓ ―G┊G A T C C― ―C C T A G┊G― 　　　　　　↑
St. albus G 株	SalI	↓ ―G┊T C G A C― ―C A G C T┊G― 　　　　　　↑
I型酵素		
Br. albidum	BalI	↓ ―T G G┊C C A― ―A C C┊G G T― 　　　↑

1) 太点線は回文配列の対称軸。
2) 識別する塩基数は 4―6 個の配列である。
3) 2本鎖の切断が対称軸にある場合（フラッシュエンド）をI型，相互に異なる場合（コヘッシブエンド）をII型という。II型の方が実用的である。

を分解，無害化する自己防衛のためのものである。"制限（restrict は規制するの意）"の名もそれにちなんでいる。

表 5-5 に示すように，制限酵素は DNA 中の特定の塩基配列を識別し，その両鎖中のある糖―リン酸結合に切れ目を入れ（表中の↑印），DNA の 2 本鎖断片をつくる。今日までに，1000 種を超える制限酵素が利用されているが，それらはすべて細菌類から分離されたものである。同表の例からわかるように，制限酵素が認識する DNA 部位は，前後どちらから読んでも同じ塩基配列の，いわゆる回文配列（パリンドロームともいう）である。

制限酵素の働きで重要な点は，DNA 上の切断点が生物種によってごく限られていることである。したがって，制限酵素によって DNA がばらばらに分解されることはなく，数百から数千個の塩基の配列をもった断片がつくられる。たとえば図 5-15 は，ラムダ（λ）ファージ（細菌ウイルスの 1 種）DNA の制限酵素の EcoRI および BamHI による切断点を示している。ともに 5 か所に切

(a)

```
EcoRI  |0_____|100 (%)
              43.9 (%)       | 9.6 | 11.4 | 15.0 | 11.9 |8.2|

BamHI  |0_____|100
         10.6(%) |   34.7   | 11.2 | 12.8 | 14.5 | 16.2 |
```

(b)

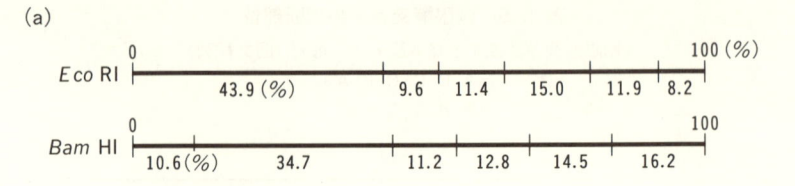

EcoRI ←―制限酵素―→ BamHI

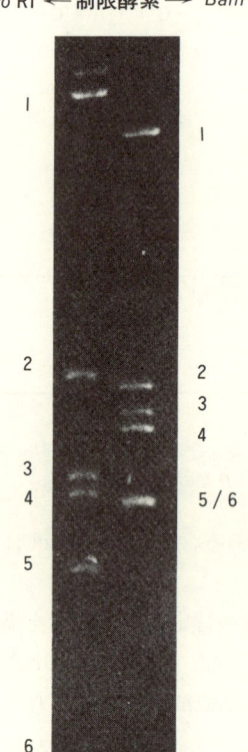

図 5-15 ラムダファージ DNA の制限酵素の切断点(D. Anderson ら)
(a)数値は全長に対する断片の大きさを％で示してある。(b)DNA 断片を電気泳動にかけると，最も大きい1から最も小さい6まで，その大きさの順にしたがって分けられる。

れ目が入る。これらの切断点の位置は，DNAの種類と用いた制限酵素に特異的である。これは制限(酵素)地図(あるいは切断地図)と呼ばれ，DNAの特色を表わすのによく用いられる。

さてつぎに，これらのDNA断片の中に目的とする遺伝子が含まれるかどうかを見る。それには，その遺伝子が突然変異して機能しなくなった変異細胞が必要である。すなわち，DNA断片を含む溶液に変異細胞を浸してDNA断片

を取り込ませ，寒天培地に播いて，問題の形質が発現した正常なコロニーを探すのである。もし見つかれば，そのコロニー細胞には目的の遺伝子が含まれるはずである。いろいろの制限酵素を使って，余分の塩基配列を切り捨てることによって純遺伝子を取り出すことができる。

一方，2つのDNA断片を結合させる，いわばノリ酵素があり，リガーゼと呼ばれる。これは，2つのDNA片における糖(3′末端OH)とリン酸(5′末端の$-H_2PO_4$)の間を脱水縮合するものである。色紙細工(遺伝子工学)には，これらハサミ酵素とノリ酵素の両方が必要である。

2. 遺伝子クローニング

目的の遺伝子を増殖させることをクローニングという。そのためには，DNA複製に必要な一群の遺伝子を含むDNA微小片(プラスミドという)に目的の遺伝子を挿入し，それを細胞中で増殖させる。とくに増殖能力の非常に高いプラスミドが好んで用いられ，ベクターと呼ばれる。そこで図 5-16 には，制限酵素 EcoRI を用いて切り出した遺伝子のクローニングの例が示してある。この場合，タンパク質合成が阻害される条件で，小さなプラスミドをベクターとして用いると，細胞当りの遺伝子コピーを数千倍に殖やすことができる。遺伝子増殖が高いと，それだけ遺伝子産物も多く生産されるから，実用目的にかなっているわけである。

3. 遺伝子を大量に増殖させる PCR 法

PCR は polymerase chain reaction の頭字語である。これは純化されたDNAポリメラーゼと化学的に合成されたDNAの短いヌクレオチド鎖(プライマー，後述)を用いて，生細胞なしで特定のDNA配列のクローニングを行う方法である。これはDNA複製を高速で行わせることができ，2〜3時間で10億倍に殖やすことができる。この反応では，2本鎖DNAを95℃に加熱して1本鎖に変性させる(図 5-12 参照)ので，好熱性細菌から分離した特殊なDNAポリメラーゼを用いるのがポイントである。今日では自動反応装置が市販されている。PCR法の原理を図 5-17 に示す。まずサイクル1では，2本鎖DNAの目的遺伝子を取り出し，これを熱変性させて，1本鎖DNAにプライマーを結合させる。このときプライマーは反応開始の発火点の役目をする。DNAポリメラーゼは，このプライマーを起点とし，鋳型に相補するDNA合成を行い2本鎖をつくる。サイクル2では，これをそのまま加熱変性させて1本鎖をつくり，再びプライマー，DNAポリメラーゼの存在下で2本鎖は4倍に殖える。このようにしてサイクルを繰返すと，2本鎖DNAは，2, 4, 8, 16,

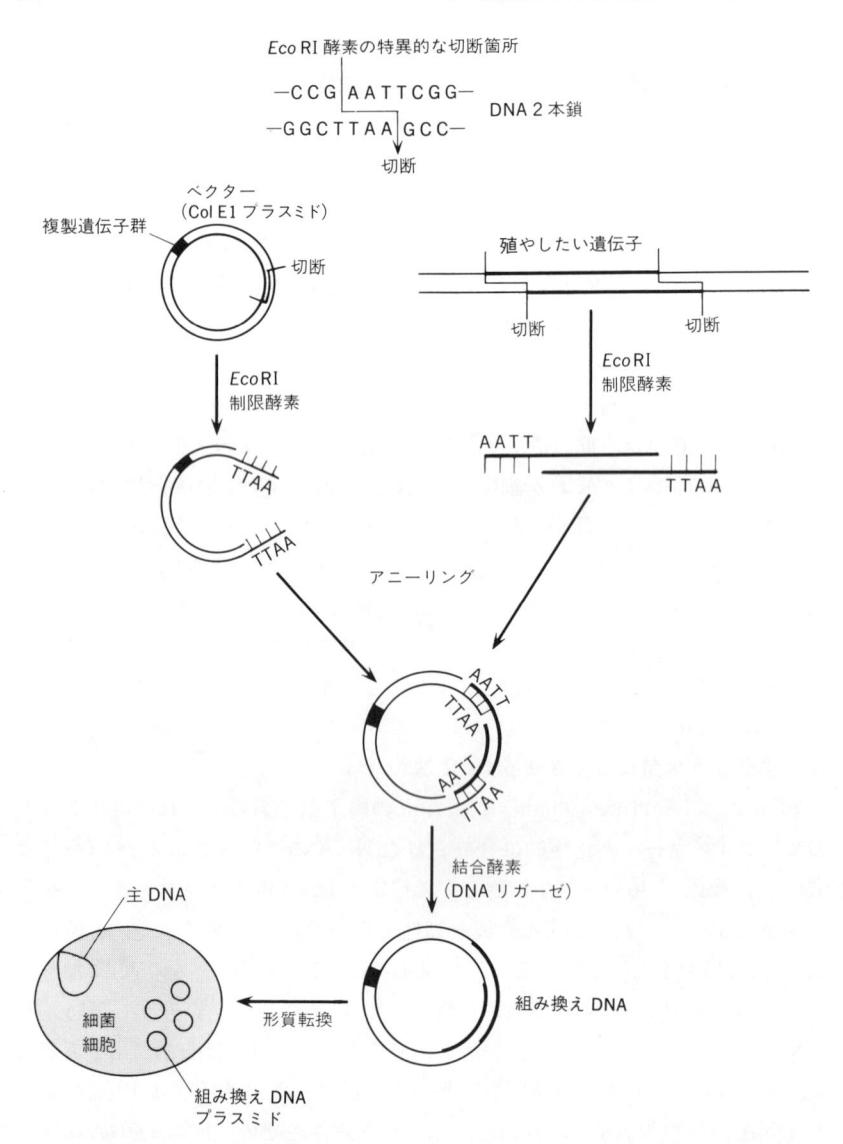

図 5-16 DNA 組み換え操作—クローニング—
制限酵素 *Eco*RI の作用については表 5-5 参照。プラスミドは自律的に増殖し，多数のコピーをつくる。また，大腸菌の形質転換には濃い塩化カルシウムの存在が必要である。

2本鎖DNA
　　↑　　目的領域　↑
1本鎖DNAとプライマー
とのハイブリッド形成　　サイクル1

DNAポリメラーゼによる
プライマー鎖の伸長　↓

加熱変性後、ハイブリッド↓
の再形成　　　　　サイクル2

DNAポリメラーゼによる
プライマー鎖の伸長　↓

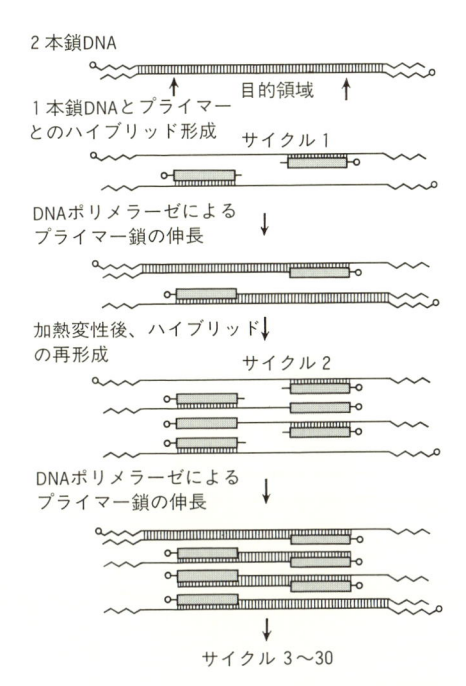

↓
サイクル3〜30

図 5-17　PCR法によるDNAの高速複製

32……倍と殖えていく。先のDNAクローニング法を用いると数日間もかかるDNA量の合成も，PCR法を用いるならばわずか1〜2時間で達成できるし，さらに1本鎖DNAから出発することも可能である。

D．mRNAからDNAをつくる―cDNAの作成―

　真核生物，とくに高等生物のDNAは非常に長い。それに合わせて遺伝子数もまた莫大である。このようなDNA中から目的とする遺伝子1個を探し出すことは，ほとんど不可能に近い。そこで，これらの生物の遺伝子クローニングには，mRNAからDNAを人工合成する方法がとられる。後章で詳論するように，生細胞におけるタンパク質合成は，DNAからmRNAへ（転写），mRNAからタンパク質へ（翻訳）と，2段階の情報伝達を通して完了する。そこで転写は，酵素RNAポリメラーゼによって触媒される。ところが面白いことに，発癌性RNAウイルスの1群であるレトロウイルス粒子は，mRNAを"逆転写"してDNAを合成する酵素（逆転写酵素という）を含んでいる。この逆転写酵素を利用すると図5-18に示すように，試験管内でmRNAからDNAを合成することができる。このようにつくり出されたDNAは，とくに

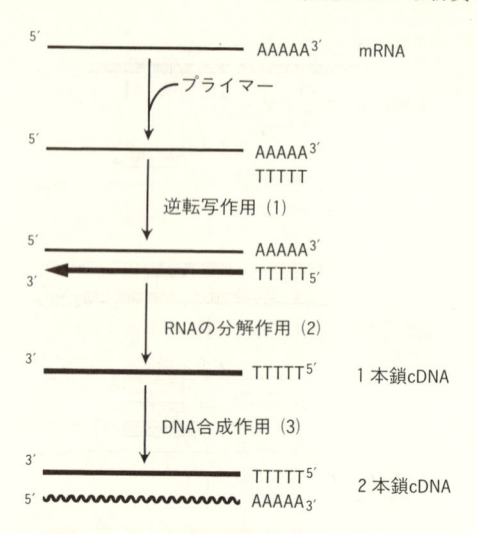

図 5-18 逆転写酵素を用いて cDNA を合成する過程
逆転写酵素は(i)RNA → 1本鎖 DNA 反応, (ii)RNA 分解反応, および (iii)1本鎖 DNA → 2本鎖 DNA 反応の3つを行う多機能酵素である。

cDNA 〔c は complementary(相補性の意)の頭字〕と呼んでいる。目的の遺伝子を得るのにこのような処法が用いられるのは，真核生物では遺伝子数こそ多いが，実際に活動状態にある遺伝子数はごく限られており，したがって転写物の mRNA の種類は少ないからである。試験管内で mRNA を翻訳させて目的のタンパク質が検出できたならば，その mRNA を分離し，逆転写して該当する遺伝子をつくり出すことが広く行われている。

以上述べてきたように，遺伝子の構造やその複製の原理があまりにも単純であるところから，今日遺伝子はさまざまに加工され，生命のしくみばかりでなく，農作物や家畜の改良にも応用されつつある。そこで，これらの DNA 処理を総じて遺伝子操作という。

5・4・2 リボ核酸(RNA)

DNA は，その遺伝情報を直接タンパク質に伝えることはなく，mRNA がその仲介役として働く。この DNA → mRNA → タンパク質の情報伝達は，生命機構の大原則であり，セントラルドグマ(central dogma, 中心的教義の意)と呼ばれている。

さて RNA は DNA と同様に，加水分解すると4種類のヌクレオチドを生ず

るポリヌクレオチドである。しかしDNAと違って、ヌクレオチド塩基はアデニン(A)、グアニン(G)、シトシン(C)、およびウラシル(U)であり、糖はリボースである(図 5-4 参照)。それに、いま一つDNAと大きく異なる点は、RNAは通常1本鎖として細胞に含まれることである。

RNAのポリヌクレオチド構造は、DNAと同様に、糖-リン酸鎖は $5'-3'$ 結合によってできあがっている。先の図 5-4 で見たように、リボースにはリン酸が結合しうるOH基が $5'$ 位と $3'$ 位のほか $2'$ 位にも存在するのに、生細胞中のRNAに $5'-2'$ 結合のものは含まれていない。もし試験管内で化学的にリボースとリン酸を結合させたならば、$5'-3'$ 結合と $5'-2'$ 結合の両方を生成する。太古生命を生んだ化学進化においても、この両結合は自然に生成したであろうに、生命進化の過程で $5'-3'$ 結合だけがどのように選択されてきたか。今日も謎である。

細胞の中では、遺伝子ごとに異なるRNAが転写されている。これらはその機能から、図 5-19 に示すように3つに大別できるが、いずれもタンパク質合成の中で活躍する。まず第1群はmRNAで、DNAの遺伝情報をタンパク質に伝えるべく翻訳をする。第2群はトランスファーRNA(tRNA、tはtransferの頭字)で、タンパク質合成においてアミノ酸を運搬する。この場合、1種類のtRNAは1種類のアミノ酸しか運ばないから、細胞内には少なくともタンパク質を構成するアミノ酸数(20種)だけのtRNA種が存在するはずであ

(a) **RNAの種類**
  1. メッセンジャーRNA (mRNA) 群 ——— DNA情報をタンパク質に伝える
  2. トランスファーRNA (tRNA) 群 ——— アミノ酸を運搬する
  3. リボソームRNA (rRNA) 群 ——— リボソームを構成する

(b)

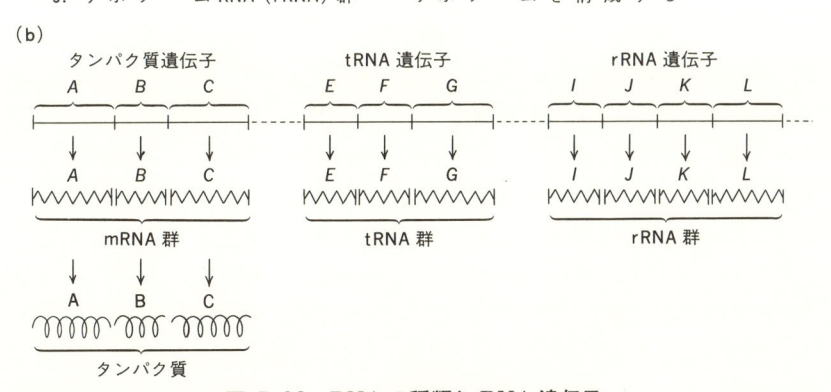

図 **5-19** RNAの種類とRNA遺伝子

る。しかし実際には，その数倍の tRNA 種が含まれる。第3群はリボソームRNA(rRNA，r は ribosomal の頭字)で，タンパク質合成の場であるリボソーム粒子の構成成分をなしている(図 3-10 参照)。これら RNA 種のタンパク質合成における役割については，後の章で説明する。

5·4·3　タンパク質

　細胞成分の大部分はタンパク質が占める。タンパク質が生命を担う物質であることは，すでに19世紀の初めに認識されており，ギリシア語で"第一人者"を意味するプロティオスからプロティン(protein)と名づけられていた。日本語のタンパク(蛋白)質は，ドイツ語のアイバイス〔Eiweiss，卵(蛋)白〕の翻訳である。

　DNA が細胞代謝を統率する，いわば王であるのに対して，タンパク質は王の命を受けて働く労働者である。タンパク質は細胞の形状や微細な構造を決定するばかりでなく，分子認識や反応触媒として機能する。DNA は細胞をつくるのに必要な情報を含むが，細胞代謝への直接関与はしていない。たとえば，ヘモグロビン遺伝子は酸素を直接運ばない。DNA と RNA は，相互に化学構造のきわめてよく似ているヌクレオチド鎖である。これに対してタンパク質は 20 種類の個性を異にするアミノ酸の連鎖であり，その配列の違いが多様なタンパク質の化学的特性をつくり出している。すなわち，多彩な化学反応を特異的に触媒できる原理はここにあるのである。最近 RNA の触媒作用が発見され，研究が進んでいるが，その特異性の単純さは，タンパク質に比すべくもない。

　タンパク質におけるアミノ酸間の結合は，ペプチド結合と呼ばれる単純な1様式である。したがって，タンパク質は多重ペプチドという意でポリペプチドとも称される(図 5-20 参照)。このような多種類なアミノ酸の多重の配列はタンパク質の立体構造を非常に複雑なものにしており，その分析は最近ようやく X 線回折法とコンピュータ・グラフィックを組み合せながら，具体化しつつある。逆にいえば，このようなタンパク質の分子構造の複雑さが，細胞生命における多様な機能を編み出す要因となっているのである。

　典型的なタンパク質は，分子量が1万5000から7万の範囲にある。いまアミノ酸の平均分子量を 110 とすると，その数は 135 から 635 の範囲に相当する。後述するように，タンパク質のアミノ酸配列は現在自動器械によって容易に決定できるので，DNA の塩基配列とタンパク質のアミノ酸配列との関係は

A. タンパク質の構成単位としてのアミノ酸

　タンパク質を加水分解すると，一般には20種類のアミノ酸を生成する。このとき，生ずる各アミノ酸の"量"はタンパク質によって大きく変わるが，アミノ酸の"種類"はタンパク質が変わってもほとんど変わらない。タンパク質の種類は，アミノ酸の配列順序によって一義的に決まっている。

　アミノ酸はその名のごとく，共通にアミノ基($-NH_2$)と酸基(カルボキシル基，$-COOH$)をもっている。そして，タンパク質アミノ酸は図 5-20 に示すように，アミノ基とカルボキシル基が同一炭素に結合しているので$α$-アミノ酸と総称される。アミノ酸の種類は表 5-6 に示すように，側鎖(図のR基)の構造の違いによって区別される。ただし，アミノ酸のうちプロリンはイミノ酸(イミノ基，$=NH$)で，唯一他と区別される。この特異な構造のためプロリンは，ポリペプチドをよじらせ，その立体構造に劇的な変化を与える。

　アミノ酸は，グリシンを除いて，同じ分子式をもっていても，その光学的性質の違いから2つに分けられる。これらは右手型(D型)と左手型(L型)で，両者の立体構造は決して重ね合せることができない"対掌"の関係にある。アミノ酸を化学合成するとD型とL型が等量生成する。しかし，細胞のタンパク質を構成するアミノ酸はL型に限られている。この理由は現在も解かれていない。ただし，ある種の微生物が生産する抗生物質(例，ペニシリン)や細菌の細胞壁(ペプチドグリカン，図 3-2 参照)には例外的にD-アミノ酸が含まれる。ちなみに，グルコース，デオキシリボース，リボースなどの生命をつくり出す糖はD糖である。そして，この糖の一定したD型構造が，多糖，DNA，RNAのポリマーに規則的な立体構造を与えている。

B. タンパク質の一次構造―アミノ酸の配列―

　タンパク質におけるアミノ酸のつながり方には一定のルールがある。それは図 5-20 に示すように，前(左)方のアミノ酸のカルボキシル基と後(右)方のア

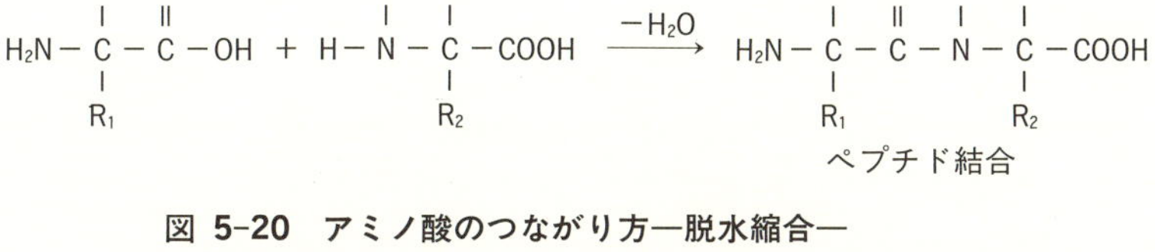

$$H_2N-\underset{R_1}{\underset{|}{C}}\underset{|}{\overset{H}{|}}-\overset{O}{\overset{\|}{C}}-OH + H-\underset{}{\overset{H}{|}}N-\underset{R_2}{\underset{|}{C}}\underset{|}{\overset{H}{|}}-COOH \xrightarrow{-H_2O} \underset{\text{N末端}}{H_2N}-\underset{R_1}{\underset{|}{C}}\underset{|}{\overset{H}{|}}-\overset{O}{\overset{\|}{C}}-\underset{}{\overset{H}{|}}N-\underset{R_2}{\underset{|}{C}}\underset{|}{\overset{H}{|}}-\underset{\text{C末端}}{COOH}$$

ペプチド結合

図 5-20　アミノ酸のつながり方―脱水縮合―
　ペプチド結合の形成ごとに1分子のH_2Oが放出される。

表 5-6 タンパク質に含まれるアミノ酸 20 種

分類		アミノ酸の和名	略号	$H_2N-\overset{R}{\underset{|}{C}H}-COOH$ における R 側鎖
中性アミノ酸	脂肪族アミノ酸	グリシン	Gly	—H
		アラニン	Ala	—CH_3
		バリン	Val	—CH$\langle{}^{CH_3}_{CH_3}$
		ロイシン	Leu	—CH_2—CH$\langle{}^{CH_3}_{CH_3}$
		イソロイシン	Ile	—CH$\langle{}^{CH_3}_{CH_2-CH_3}$
		セリン	Ser	—CH_2—OH
		トレオニン	Thr	—CH—CH_3 OH
	含硫アミノ酸	システイン	Cys	—CH_2—SH
		メチオニン	Met	—CH_2—CH_2—S—CH_3
	芳香族アミノ酸	フェニルアラニン	Phe	—CH_2—C$_6$H$_5$
		チロシン	Tyr	—CH_2—C$_6$H$_4$—OH
		トリプトファン	Trp	—CH_2—(インドール基)
酸性アミノ酸		アスパラギン酸	Asp	—CH_2—COOH
		グルタミン酸	Glu	—CH_2—CH_2—COOH
アミド		アスパラギン	Asn	—CH_2—$\overset{O}{\overset{\|}{C}}$—$NH_2$
		グルタミン	Gln	—CH_2—CH_2—$\overset{O}{\overset{\|}{C}}$—$NH_2$
塩基性アミノ酸		リジン	Lys	—CH_2—CH_2—CH_2—CH_2—NH_2
		アルギニン	Arg	—CH_2—CH_2—CH_2—NH—C$\langle{}^{NH_2}_{NH}$

		ヒスチジン	His	—CH_2—C=N
				      ‖ CH
				     HC—NH

イミノ酸		プロリン （全分子構造）	Pro	H_2C-CH_2 $H_2C\quad\quad CH-COOH$ $\underset{H}{N}$

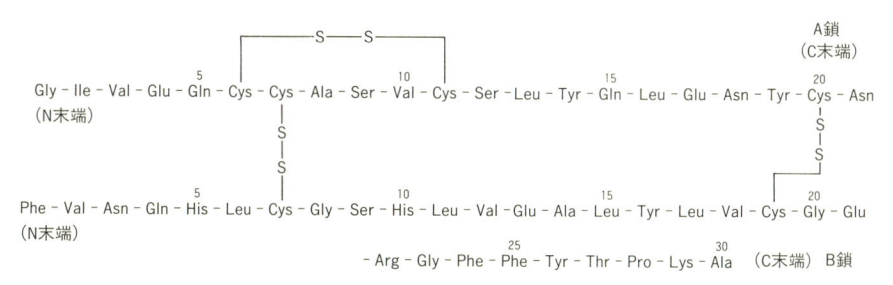

```
                    ┌─S─S─┐                                              A鎖
                    │     │                                             (C末端)
       Gly-Ile-Val-Glu-Gln-Cys-Cys-Ala-Ser-Val-Cys-Ser-Leu-Tyr-Gln-Leu-Glu-Asn-Tyr-Cys-Asn
       (N末端)           5         │          10              15                    20  S
                                  S                                                    │
                                  │                                                    S
                                  S                                                    │
                                  │                                              ┌─────┘
       Phe-Val-Asn-Gln-His-Leu-Cys-Gly-Ser-His-Leu-Val-Glu-Ala-Leu-Tyr-Leu-Val-Cys-Gly-Glu
       (N末端)           5              10              15                    20
                       -Arg-Gly-Phe-Phe-Tyr-Thr-Pro-Lys-Ala    (C末端)  B鎖
                                     25              30
```

図 5-21 ウシのインシュリンのアミノ酸配列
　ジスルフィド(S-S)結合したA鎖とB鎖から構成されている。

ミノ酸のアミノ基から1分子のH_2Oを放出，結合される（脱水縮合という）。この連結(-CO・NH-)をペプチド結合といい，タンパク質であることの目印となる。したがって，タンパク質をポリペプチドともいう。この結合様式からわかるように，ポリペプチドは英文と同様に左から右へ，すなわちアミノ基に始まりカルボキシル基に終わる。そして左端のアミノ基をN末端，右端のカルボキシル基をC末端と呼ぶ。図5-21には，最も単純なタンパク質であるウシのインシュリンのアミノ酸配列を例としてあげてある。

　ヒトの細胞には1万種類の酵素が働いているといわれるほどに，細胞内には多様なタンパク質が含まれる。また，生物種により含まれるタンパク質の種類は，それぞれ異なっている。それらは，(i)アミノ酸の配列順序と(ii)配列の長さによって特徴づけられる。どのタンパク質も20種のアミノ酸からなるにもかかわらず，アミノ酸配列が異なると，まったく違った機能をもつようになる。たとえば，ある配列をもつタンパク質は生命を活性化する酵素の働きをするのに対して，他の配列をもつタンパク質は，ヘビ毒に含まれる神経毒のように運動神経や知覚を麻痺させる作用をもつ。また多くの遺伝病において，機能性タンパク質中のアミノ酸1つが突然変異を起した結果として，人体機能になんらかの障害が現れている。このように，タンパク質のアミノ酸配列は，生命のしくみに対して決定的な意味をもつことが多い。

C．タンパク質の高次構造

　タンパク質におけるアミノ酸の直線的な配列を一次構造という。しかし生体の中でタンパク質がその機能を発揮するのは，一次構造においてではなく，そのアミノ酸配列からつくられる特異な立体構造においてである。したがって，一次構造のような直線的なポリペプチド鎖は，いわば仮空のものである。

　さて，ポリペプチド鎖が折れ曲がって立体化するには，つぎのような規則性

がある。
（1）ポリペプチド鎖は本来ジグザグであって，直線状ではない。
（2）ポリペプチド鎖は柔軟ではあるが，すべての結合が自由回転するほどに自在ではない。
（3）アミノ酸は側鎖をもっているので，ポリペプチド鎖は自由に折れ曲がることはできない。
（4）ポリペプチド鎖の荷電の間では，引き合ったり（⊕と⊖の間で），反発し合ったり，（⊖と⊖の間，⊕と⊕の間）する。
（5）水になじみやすい（親水性）アミノ酸は立体構造の表面に，また水になじみにくい（疎水性）アミノ酸は水を避けて内部に位置をとる傾向がある。
（6）二次構造の形成：図 5-22 に見るように，互いに離れたペプチド結合の ＝CO と ＝NH の間では水素結合が生まれ，弱い結びつきができる。その結果，図のような α らせんと呼ばれる構造や，図 5-23 のような β 構造と呼ばれる立体化が自発的に起る。とくに α らせん構造は，ポリペプチド鎖が好んで取る姿勢で，髪の毛や羊毛などは，α らせんが何本もからみ合って束をつくっている。それは，ワイヤーロープが鉄線をらせん状に束ねてつくられるの

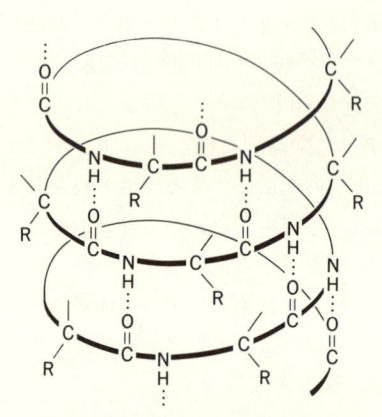

図 5-22 ポリペプチド鎖がつくる α らせん構造

規則的に -CO と -NH 間にできる水素結合（図中の…印）によってらせんがつくられる。このらせんは径 2.3 Å，1 回転で 3.6 アミノ酸，5.4 Å の歩みを生ずる。これらは，DNA らせんよりも硬い構造をつくる。

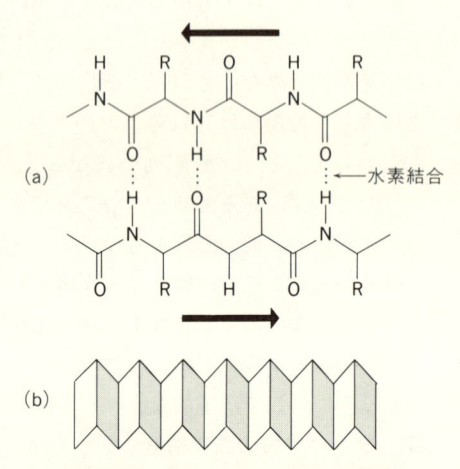

図 5-23 ポリペプチド鎖の β 構造

(a) ペプチド結合間にできる水素結合。同種間，異種間を問わずポリペプチド鎖には水素結合を生ずる。
(b) 多数の隣り合うポリペプチド鎖が水素結合すると，その平面はプリーツ状に折れ曲がる。

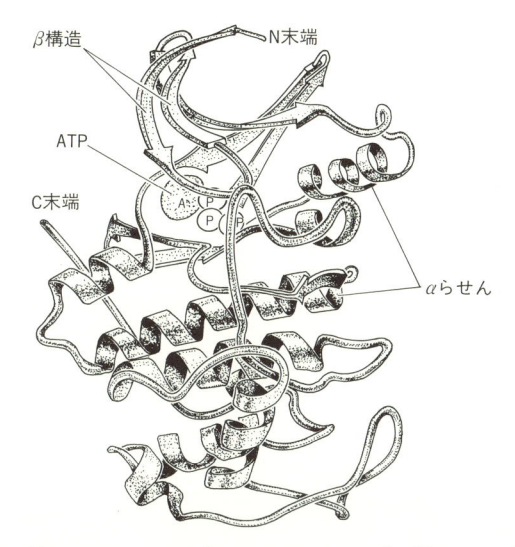

図 5-24　X線回折法により決定されたあるタンパク質キナーゼ(Cdk)の三次構造(B. Alberts *et al.*)
　　図中，らせんは α らせん構造を，また大きな矢印(⇒)は β 構造を表わす。

に似ている。β構造は，α らせんのポリペプチド鎖を強く引きのばすときにできる。水素結合は，1本のポリペプチド鎖の内部にできる場合もあれば，異なるポリペプチド鎖間でできる場合もある。後者の場合には，図 5-23・b に見るように，平らな板で凹凸にひだをつけたようになる。絹糸の主成分のフィブロインはこの構造をとる。

(7)　さらに大きくポリペプチド鎖を折り曲げる力は，システイン間にできる S-S 結合である(図 5-21 参照)。

(8)　三次構造の形成：少数のタンパク質は，純粋に α らせん，あるいは β 構造だけをとるが，一般には1分子のタンパク質中で両構造は部分的に混ざっている。単純に α らせんあるいは β 構造をとるものは繊維状タンパク質をつくり，細胞や組織の構造づくりに役立つ。そして，両構造が入り組んで密に折りたたまれているものは球状のタンパク質となり，酵素をつくる。図 5-24 は，X 線回折によって決定されたタンパク質キナーゼ(Cdk)の三次構造である。

D．タンパク質の変性と再生

　ほとんどのタンパク質は，固有の形状(コンホーメーションという)に，自然に折りたたまれる。しかし，ある溶媒で処理すると，そのタンパク質は折りた

たまれず，すなわち変性してポリペプチド鎖は曲がりやすくなり，同時に本来のコンホーメーションを失う。これは，その溶媒が正常な水素結合，疎水結合，あるいは S–S 結合を切断するからである。しかし加えた変性溶媒が取り除かれたならば，通常そのタンパク質は自然に再生し，元のコンホーメーションにもどる。これはタンパク質が，正常なコンホーメーションをとるのに必要な情報をアミノ酸配列そのものの中にもっていることを示している。たとえば，RNA 分解酵素のリボヌクレアーゼ A は 124 個のアミノ酸の配列からなり，そのうちの 8 個のシステインが S–S 結合をつくっている。いまこれを尿素で処理すると変性して，酵素活性を失うが，尿素を除くと直ちに再生し，活生がもどる。このようなタンパク質のコンホーメーションは，タンパク質合成の際にポリペプチド鎖が成長するはたから，順次できあがっていくと考えられる。しかし変性の仕方によっては，変性条件を取り除いても元にもどらない場合もある。このような場合には，いったん変性させると，再生時にもう別の結合が生まれ，完全に元どおりの三次構造にはもどれないのだろう。

5.4.4 タンパク質触媒—酵素—
A. 酵素とは

　細胞は化学工場である。中では 1 万にも及ぶ化学反応が起きている。酵素は，これらの反応を著しく促進させるタンパク質触媒である。化学実験室では，強酸，強アルカリ，高温，あるいは高圧を加えて化学反応を進めるが，このような激しい条件下では，酵素は当然活性を失い，細胞は生命を失う。生きた細胞内の酵素は，常温，常圧，中性というきわめて穏やかな条件の下でも，ものすごいスピードで物質の化学変化を進めることができる。その能力は，人工触媒のどれにも勝る。生命の巧妙さは，いつに酵素のこの働きの見事さに基因している。

　酵素はその構成から，大きくつぎの 2 つに分けられる。(i) 単純タンパク質酵素：タンパク質だけからなるもので，ペプシン（タンパク質水解酵素）やウレアーゼ（尿素水解酵素）がその例である。(ii) 複合タンパク質酵素：タンパク質のほかに分子量の小さい付属化合物を結合しているもので，呼吸代謝に働くチトクロムやカタラーゼはその例である。これらの酵素は，鉄-ポルフィリンを付属化合物として結びつけている。このような付属化合物は補欠分子族といい，本体のタンパク質部分はアポ酵素という。そして，両者が結合した完全な酵素は，ホロ酵素と呼ばれる（図 5-25）。

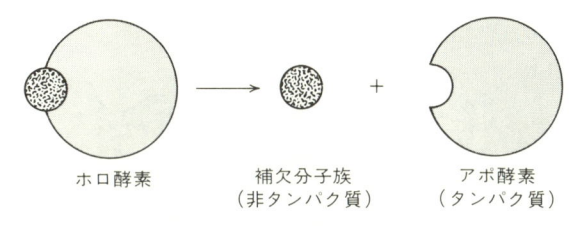

図 5-25　複合酵素の組み立て

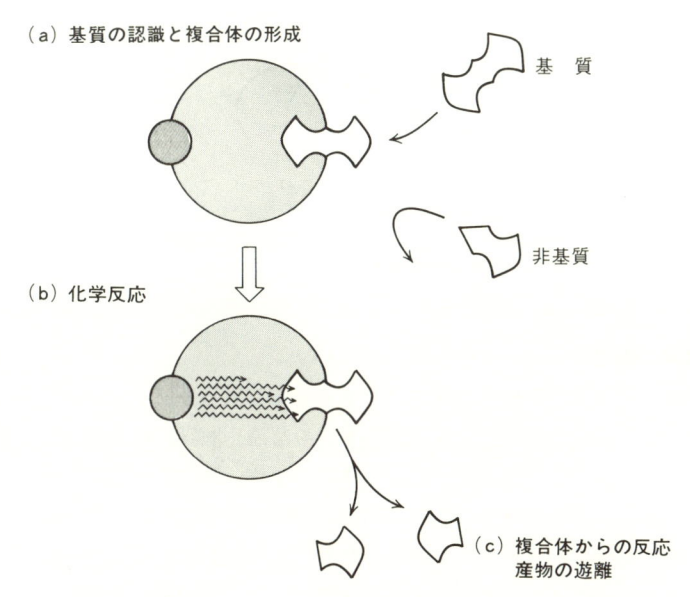

ホロ酵素　→　補欠分子族（非タンパク質）　＋　アポ酵素（タンパク質）

(a) 基質の認識と複合体の形成

基質

非基質

(b) 化学反応

(c) 複合体からの反応産物の遊離

図 5-26　酵素のもつ2つの機能—基質特異性と反応特異性—

　酵素は2つの基本的な機能をもっている。まず一つは，酵素が作用する相手の物質（基質という）を見分ける働きで，基質の特徴的な化学構造を識別する。これは非常に厳密なもので，このような酵素の性質を基質特異性という〔図5-26, (a)〕。いま一つは，基質分子の一定の構造に対して特異な化学反応を加える，触媒としての働きで，これも非常に厳密なものである。このような酵素の性質は反応特異性と呼ばれる〔同図(b)〕。
　単純タンパク質酵素は，これら(a)と(b)の働きを単一のタンパク質で行うが，複合タンパク質酵素は，原理的には(a)はアポ酵素が行い，(b)には補欠分子族の参加が必要である。補欠分子族にはビタミン誘導体が多い。なお酵素が水に溶けたとき，補欠分子族がアポ酵素から解離するようなものを補酵素と

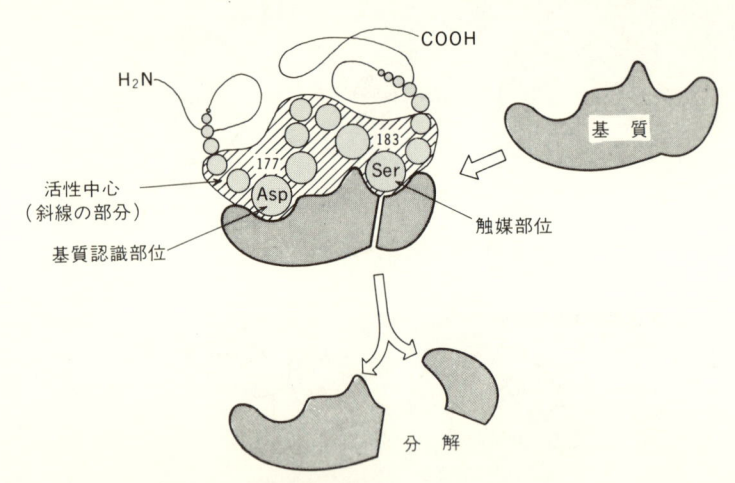

図 5-27　トリプシンにおける活性中心
N末端から177番目のアスパラギン酸(Asp)が基質認識の，また183番目のセリン(Ser)が触媒反応の中心的役割を果す。

いう。

B．酵素の活性中心

　酵素は，その機能を長いポリペプチド鎖全体で果しているのではない。ポリペプチド鎖の特定の部分で，反応する基質の認識や触媒作用を行っている。このような部分は活性中心と呼ばれ，それはごく狭い領域である。しかし，それ以外の領域も，活性中心域の機能を高める補助的な役目を果していると考えられている。図5-27はトリプシンの活性中心とその働きを示している。

　後の章において詳論するが，タンパク質のアミノ酸配列はDNA進化にともなって変化している。しかし，活性中心域のアミノ酸配列は，まったく進化しないか，あるいはほとんど進化しない。それは，もし活性中心が変異し，アミノ酸配列が変わると，その生物は"生存"できないからである。したがって，現生している生物のタンパク質を見る限りでは，活性中心のアミノ酸配列は長い生命史を通して，よく保存されている。

C．酵素が働く条件

　タンパク質の三次構造は堅牢なものではないから，小さな条件変化によって微妙に構造を変える。酵素の場合，その構造変化は活性の変化となって現れてくる。

（1）**最適温度**　　一般の化学反応は，温度が高くなると分子運動が盛んになるので速く進む。ところが，酵素はタンパク質であるから高温におくと構造変

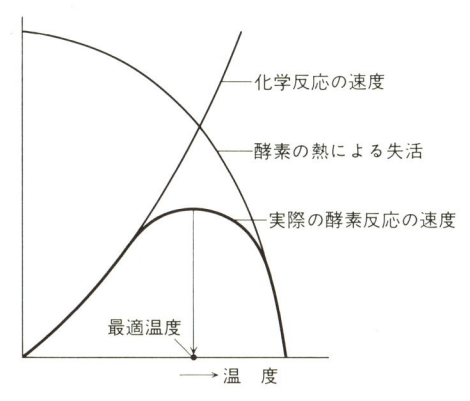

図 5-28 酵素が最もよく働く温度—最適温度—

化(熱変性)を起し，ついには失活してしまう(図 5-28)。しかしあまり低温でも活性が低下する。これらの事実からわかるように，酵素反応には最高の活性を示す，いわゆる最適温度がある。この最適温度は，面白いことに，同じ細胞内にあっても酵素の種類によって異なり，一様ではない。一般には，それは 40～50℃ の範囲にある。これは，生物が好んですんでいる温度よりもかなり高い。一方，温泉などにすむ好熱性細菌のある種は，90℃ 以上の高温下で増殖することができる。そして，これらの細菌がもっている酵素の最適温度は，ふつうの細菌のそれよりも相当に高い。またこれとは対照的に，北極や南極地方の土中には，好冷性細菌がすんでいる。たとえば南極大陸では，1 年を通して −60～0℃ の土中でこれらの細菌は生育している。

(2) **最適 pH**　酵素の活性は，水素イオン濃度(pH)によっても大きく影響をうける。そこで，最も高い活性を与える pH 値を最適 pH という。一般の細胞内の酵素の最適 pH は 5～8 の間にあるが，ペプシンのように pH 2 で最もよく働く酵素もある。硫黄温泉には，好熱性でしかも好酸性の細菌類が生息している。その生育環境は，55～85℃ で pH 1～5.9 の極限にある。ところが，これらの細菌から酵素を取り出し，そのタンパク質構造を調べてみると，同類の通常酵素に比べて大きな違いは見出せない。好熱性タンパク質には，ごく部分的な修飾が起きているにすぎない。つまり，極限の環境にすむ生物の酵素は，最小限の構造変化によってその環境に適応しているようである。

(3) **アロステリック酵素**　元来タンパク質は，他の分子を結合するとコンホーメーションを変える。酵素の場合，そのコンホーメーションの変化は活性を変える。このような酵素はアロステリック酵素と呼ばれる。アロステリック

(allosteric) とは，構造変換を意味する言葉である。細胞代謝におけるアロステリック調節については，つぎの項で詳述する。

D. アロステリック調節

多くの酵素の活性は，温度やpHのような外的因子だけでなく，細胞内で生まれる因子によっても大いに変化をうける。すなわち，細胞代謝の産物が酵素の活性に影響を与え，それが代謝の調節にも役立っている。

いま細胞で，

$$A \xrightarrow{X} B \xrightarrow{Y} C \xrightarrow{Z} D \longrightarrow 成長$$

外部より

のような代謝が流れているとする。この細胞に外から最終産物のDを与えたならば，代謝はどうなるか。全体の流れは止まってしまう。では，このような

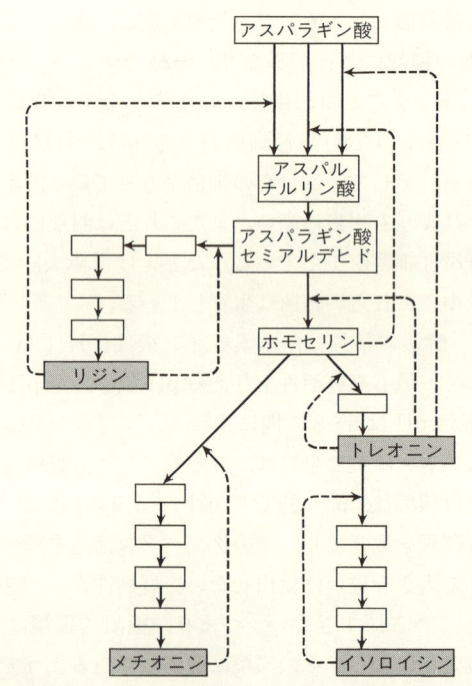

図 5-29 細菌細胞における4アミノ酸(リジン，メチオニン，トレオニン，およびイソロイシン)の合成におけるフィードバック阻害

図中の点線がフィードバック。最初の反応は，3つの異なる酵素〔アイソザイム(isozyme), iso- は同一の触媒反応にかかわるの意〕により進められる。

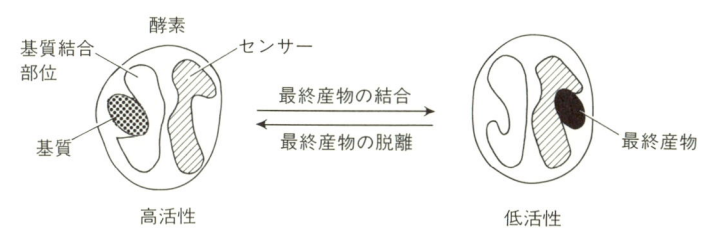

図 5-30　アロステリック酵素の活性調節のしくみ
　最終産物の結合の有無によって酵素の立体構造が変化し，基質の結合量が変わる。それにより，酵素の活性も増減する。

　代謝の無駄のない調節は，どのようにして起るか。それは，A → B 反応を触媒する酵素 X がアロステリック酵素だからである。つまり，D が第 1 酵素 X の活性を阻害するため，反応産物 B が枯渇し，以後の反応が進まないのである。一方，もし最終産物である D が成長に利用され，枯渇したならば，第 1 酵素 X の阻害は解け，代謝は動きだす。このようにして，細胞内の D の濃度はつねに一定に保たれる。この現象は負のフィードバックと呼ばれる。実際の細胞代謝では，フィードバック調節が各所で働いていて，全体の複雑な分流が調整されている。図 5-29 は，細菌におけるアミノ酸合成の調節系を示している。

　つぎに，アロステリック酵素における活性調節のしくみを説明する(図 5-30)。アロステリック酵素のタンパク質には，基質を結合する部位と代謝産物を結合する部位，すなわちセンサーがある。基質だけを結合したタンパク質のコンホーメーションは活性状態にあるが，センサーに代謝産物が結合するとそのコンホーメーションが変化して不活性の状態になり，反応を触媒しなくなる。そして，代謝産物がセンサーから離れると，元の活性状態にもどる。

5・4・5　脂　質
A．細胞における脂質

　細胞では，細胞膜をはじめとして小器官その他の内膜系の基本構造はすべて脂質によってつくられている。脂質はまた，動物では脂肪組織として，植物種子では貯蔵物質として細胞内に多く含まれている。

　"水と油"という言葉が「仲が悪い」ことの代名詞として使われるほどに，脂質は水になじまない。しかしエーテルやクロロホルムのような有機溶剤にはよく溶ける。これは脂質分子中に，疎水性の高い炭化水素鎖($CH_3 \cdot CH_2 \cdot CH_2$

……)が含まれるからである。このような疎水性分子も，アルコール基(-OH)，カルボキシル基のナトリウム塩(-COONa)，あるいはリン酸基($-O-PO_3^{3-}$)など，水になじみやすい基が含まれると，分子全体は親水性をもつようになる。

B．脂 肪 酸

脂肪酸は，いま述べた脂肪の水に対する"なじみにくさ"，すなわち疎水性をつくり出している基であり，それは図 5-31 に示すような長い疎水基の炭化水素鎖を含んでいる。そして，その末端にはカルボキシル基をつけている。この炭化水素鎖の中に二重結合をもつものを不飽和脂肪酸と呼び，また鎖中すべての炭素原子が水素で満たされているものを飽和脂肪酸という。

(a) 飽和脂肪酸

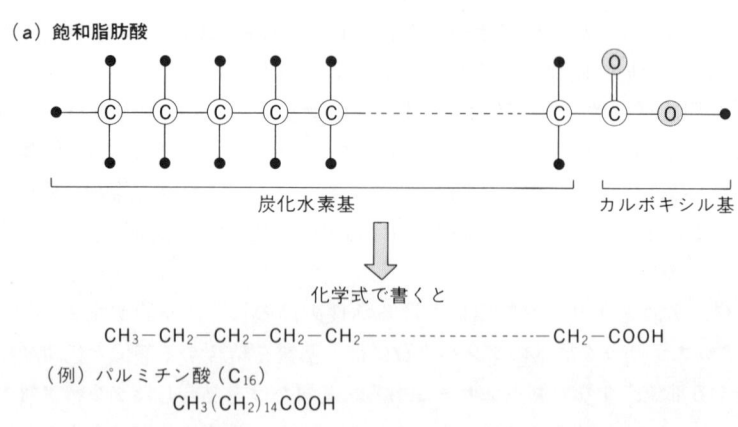

化学式で書くと

$CH_3-CH_2-CH_2-CH_2-CH_2-\cdots\cdots-CH_2-COOH$

(例) パルミチン酸（C_{16}）
　　　$CH_3(CH_2)_{14}COOH$

(b) 不飽和脂肪酸

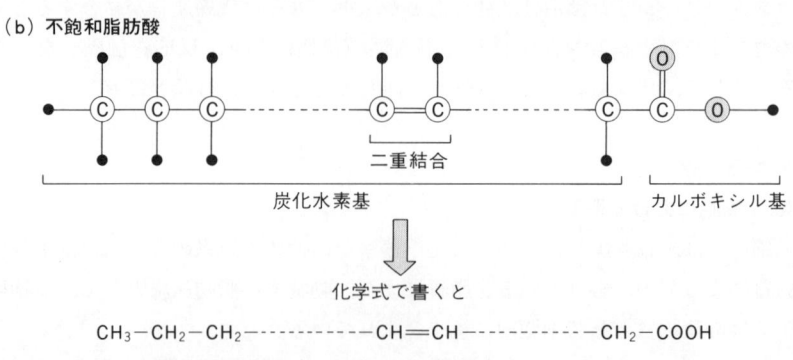

化学式で書くと

$CH_3-CH_2-CH_2-\cdots\cdots-CH=CH-\cdots\cdots-CH_2-COOH$

(例) オレイン酸（C_{18}：二重結合 1）
　　　$CH_3(CH_2)_7CH=CH(CH_2)_7COOH$

図 5-31　脂肪酸の構造

細胞が含む脂肪酸の炭素数は，一般に偶数である。これは，脂肪酸の合成や分解が C_2 単位（CH_3-CH_2-，アセチル基という）で起るからである（p.180 に説明）。

C. 脂肪（または中性脂肪）

脂肪を酵素リパーゼで加水分解すると，脂肪酸とグリセリン（グリセロールともいう）を生ずる。つまり，脂肪はグリセリンの脂肪酸エステルである（図 5-32）。ふつう，われわれが脂肪と呼ぶものは固体で，油と呼ぶものは液体である。しかし脂肪も油も，本質的には同じ物質で，そ

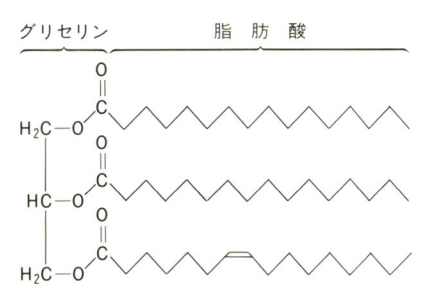

図 5-32 脂肪の構造

れは単に含まれる脂肪酸の炭素数と不飽和度の多少に起因しているにすぎない。つまり，パルミチン酸（C_{16}）やステアリン酸（C_{18}）のように，炭素数の多い飽和脂肪酸を多く含むものは固体となる。反対に植物油は不飽和脂肪酸の含有量が高く，常温で液体である。この植物油の不飽和脂肪酸に水素添加して飽和化すると，固体になる。このようにしてつくられたものが食品のマーガリンである。

脂肪に含まれる 3 つの脂肪酸の種類は，同種であったり，異種であったり，それは脂肪分子の種類によってさまざまである。また，それらの脂肪酸の炭素数は 4 個のもの〔ブチル（酪）酸〕から 30 個のもの（メリシン酸）まであるから，自然における脂肪の種類は非常に多い。さらに脂肪分子中の脂肪酸の種類は，細胞の生理状態に応じて動的に変化するから，生きた細胞における脂肪の有り様は非常に複雑で，現在でもその全容は十分理解されていない。たとえば，植物を低温で成育させると不飽和脂肪酸が増加し，高温で成育させると飽和脂肪酸が増加する。これは，原形質や膜系が低温で固化するのを防ぐための適応であると考えられる。

D. 複合脂質

分子の中にリン，硫黄，有機塩基，あるいは糖を含んでいる脂質を複合脂質という。複合脂質の特徴は，1 つの分子中に親水基と疎水基の両方を含んでいることである。これによって，複合脂質は脂肪とは違った分子機能を発揮する。脂肪が，主としてエネルギー源とか貯蔵物質という，わりあい静的な役割しかもっていないのに比べて，複合脂質は動的な生理活性を見せる。なかで

も，つぎに述べるリン脂質は生命にとって本質的な重要性をもっている。

E. リン脂質

　リン脂質とは，分子中にリン酸を含んだ脂質である。細胞にあっては，それは細胞膜をはじめとするすべての膜系の骨組みをなしている。リン脂質は，図 5-33 に見るように，構造的には脂肪に似ているが，グリセリンの3つの OH 基のうち1つは脂肪酸ではなく，親水性の高いリン酸側鎖となっている。

　リン脂質はこのように，1分子中に疎水性と親水性の強い基の両方を含むために，水中にあっては親水基は水の方を向き，疎水基は水を避けて互いに向い合うから，自然にリン脂質2分子層をつくる（図 6-8 参照）。じつは，このリン脂質2分子層が膜の基本形である。詳しくは6章で論ずる。

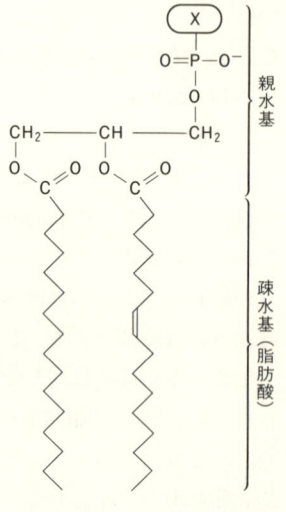

図 5-33　リン脂質の構造

5・4・6　糖　質

　グルコースなどの単糖から，それを構成単位とした多糖までを総じて糖質という。それらの分子は $C_n(H_2O)_m$ の一般式をもつので，炭素と水からなる化合物という意味で，古くから炭水化物，またときには含水炭素と呼ばれてきた。しかし現在では，もっと広い意味で定義され，この一般式に合わないものや窒素，リン，硫黄を含むものまで含めるようになったことと，さらにタンパク質や脂質と名称を統一して糖質と呼ぶのが一般である。"糖"とは甘味の意味である。単糖が2個，3個と重合したものを二糖，三糖と呼び，数個から十数個重合したものをオリゴ糖，そして多数重合したものを多糖という（図 5-34）。

　多糖は大きく分けて2つの役割をもつ。まず(i)でんぷんやグリコーゲンのようにエネルギー源となる貯蔵多糖である。つぎ(ii)は，セルロース(植物の細胞壁)，ペプチドグリカン(原核細胞の細胞壁)，グルコサミン(糖タンパク質)などのように細胞の表面構造をつくるものである。これらは，細胞の支持成分としてだけでなく，細胞相互やウイルスなど外的因子に対するセンサーの役目も果している。

(a) 単糖の例

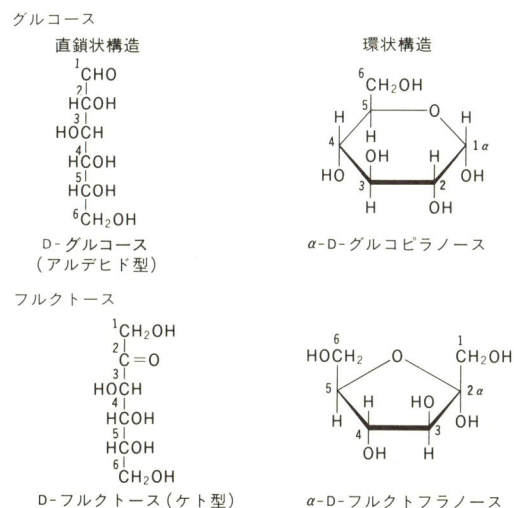

グルコース

直鎖状構造

^{1}CHO
|
H^{2}COH
|
HO^{3}CH
|
H^{4}COH
|
H^{5}COH
|
^{6}CH$_2$OH

D-グルコース
(アルデヒド型)

環状構造

α-D-グルコピラノース

フルクトース

^{1}CH$_2$OH
|
^{2}C=O
|
HO^{3}CH
|
H^{4}COH
|
H^{5}COH
|
^{6}CH$_2$OH

D-フルクトース（ケト型）

α-D-フルクトフラノース

(b) 二糖の例

マルトース

グルコース ─ α-1,4 結合 ─ グルコース

(c) 多糖の例

アミロース（うるちデンプン）：グルコースの α-1,4 結合

アミロペクチン（もちデンプン）：α-1,4 および 1,6 結合

セルロース：グルコースの β-1,4 結合

図 5-34 糖質の構造

6

細胞の構造形成

6・1　機能は構造から生まれる

「物質の機能が構造から生まれる」ことは，低分子から高分子，さらには細胞および個体レベルにおいても真理である。たとえば，ナトリウムとカリウムの細胞内における働きの違いは，それぞれの原子構造の差異に基因し，同じアルカリ金属でありながら，時には正反対の生理効果を及ぼしている。また，いろいろのアミノ酸の特異な機能は，それぞれの分子構造に由来する。タンパク質はDNAに比べてはるかに多様な働きをするが，それはポリペプチドがポリヌクレオチドよりも多様な構造をとるからである。

生命の起原は40億年前に起きた宇宙ドラマの一コマであった。また宇宙の起原は130億年ほど前にさかのぼるが，そこで起ったエネルギー塊から素粒子，そして原子から分子，さらに高分子へと進んだ物質の組織化が，原始地球に生命という属性を備えた物質系を完成した。ここにも，生命の起原が特殊な物質の構造的進化に起因した事実がある。

6・2　高分子の自己集合

細胞における多くの構造は高分子の自己集合を通して生まれる。原子と原子を結びつける化学結合には，共有結合のようにきわめて強いもののほかに，水素結合，ファンデルワールス結合，疎水結合，あるいはイオン結合のように弱いものがある。ポリペプチドやポリヌクレオチドの一次構造は共有結合によってつくられているのに対して，二次構造あるいは三次構造は弱い結合によってできあがっている。この場合，一つひとつの結合は弱いものであっても，その数が多いときには，全体としては非常に強固な構造となる。ポリペプチドは熱運動によってかなり自由に折れ曲がるが，そのうちに相互に作用し合う相手の

アミノ酸に接近すると，それらの間で弱い結合を生じながら，構造はしだいに安定なものとなっていく。それは，安定な構造をとった方が熱力学的に低エネルギーですむからである。したがって，これらの結合を切って自由運動するには，相当するエネルギーの供給を受けなければならない。

　弱い化学結合はまた，高分子どうしが集合する因子にもなっている。たとえばヘモグロビンは，図 6-1 に示すように，α，β 2 種のポリペプチド鎖の計 4 個によって構成されている。いま，その溶液に尿素を加えると集合体は解離し，酸素運搬の機能を失う。しかし，尿素を取り除くと集合し，その機能を再現するようになる。これらポリペプチド亜粒子の表面どうしの結合はきわめて特異的で，元と違った様式で集合することはない。生体高分子は，このようにエネルギーの供給なしで一定の相互配置をとりながら，自ら集合し，特異な機能をもつように形をととのえていく性質をもっている。これを自己集合と呼んでいる。しかし一方では，筋肉タンパク質の集合のように ATP の消費をともなう場合もある。

　細胞内における顕微鏡的構造も，結局は自己集合によって完成するはずである。細胞分裂においては，すべての高分子が生合成を通して倍加し，自己集合によって娘細胞の構造ができあがる。しかしこの構造形成には，(i)溶液状態

(a)

α 鎖　　α 鎖

β 鎖　　β 鎖

(b)

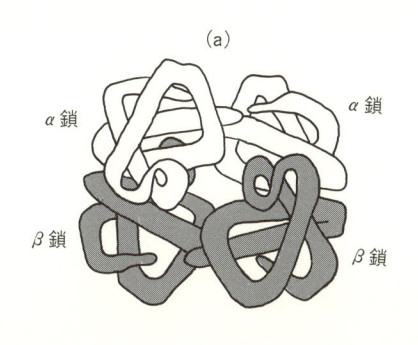

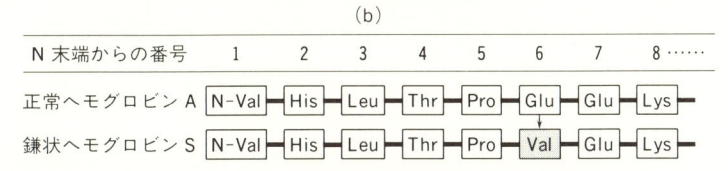

N 末端からの番号	1	2	3	4	5	6	7	8 ……
正常ヘモグロビン A	N-Val	His	Leu	Thr	Pro	Glu	Glu	Lys
鎌状ヘモグロビン S	N-Val	His	Leu	Thr	Pro	Val	Glu	Lys

図 6-1　ヒトのヘモグロビンと鎌状赤血球貧血症のヘモグロビン S
(a)ヒトのヘモグロビンは α 鎖と β 鎖の各 2 本から成る四量体である。
(b)正常なヘモグロビン A と鎌状赤血球のもつヘモグロビン S の β 鎖におけるアミノ酸配列の比較。

の中で高分子どうしが集合して形をつくりあげる場合と，(ii)集合には特異な鋳型，つまり種を必要とする場合とがある。つぎには，いくつかの例をあげながら，その集合のしくみを見ていこう。

A. 細菌リボソームの再形成

細菌のリボソームは 55 種のタンパク質と 3 種の rRNA から構成されている（図 3-10 参照）。いま，ばらばらにしたこれらの成分を適当な条件下の試験管内に保温しておくと，リボソームが再形成されてくる。しかもこの再生リボソームはタンパク質合成を行うことができる。再生の過程は，まずある種のタンパク質群が RNA に結合し，そこでできあがった複合体がついで他のタンパク質を認識，選択して，順次構造が完成するまで進んでいく。しかし，この自己集合が分子下レベルでどのように調整されるかについては，まだ未解決である。

B. タバコモザイクウイルス(TMV)の自己形成

TMV は図 6-2・a に示すように，細長い棒状ウイルスである。しかしこの構造は，2130 個のタンパク質（分子量 17,530）が RNA の 1 本鎖をらせん状に取り巻いてできている。この TMV 構造は，同図 b に見るように，タンパク質と RNA の自己集合によって再生される。これは RNA の塩基配列がタンパク質円盤を認識しているらしい。なお TMV では，RNA が遺伝子でタンパク質のアミノ酸配列を決定している。ここで注目すべき点は，これほどの高次な構造形成にもかかわらず，(i)エネルギー供給を必要としないことと(ii)種を必要としないこと，である。

C. 細菌べん毛の自己形成

ある種の細菌は，図 6-3・a に見るように，運動器官としての長いべん毛をもっている。細菌のべん毛は，フラジェリンと呼ばれる分子量数万の球状タンパク質（分子量は菌種により異なる）からできている。いま，べん毛を加熱してフラジェリンに分解した溶液を常温にまで冷やし，これにべん毛の小片を種として加えてやると，その種を鋳型にしてべん毛は成長していく。そのときフラジェリンは，同図 b に見るように，らせん状に積み重ねられていく。もし突然変異によって，フラジェリンのアミノ酸配列が変わると，べん毛の形状も変わる。

D. 複雑な構造形成

以上はタンパク質あるいはそれに RNA が加わった自己集合であった。これらは，溶液に溶けた高分子だけで最終構造を完成する例であるが，さらに，最

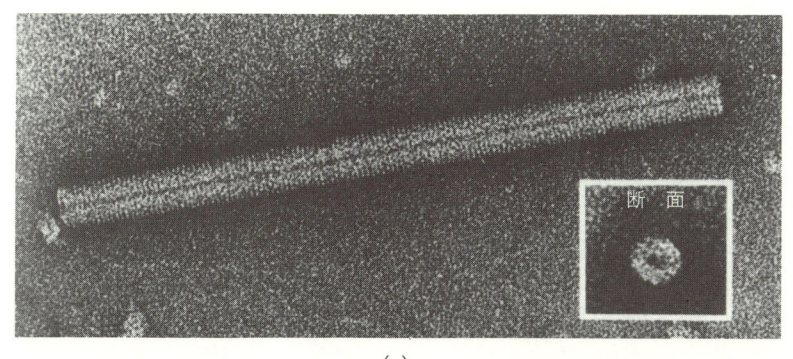

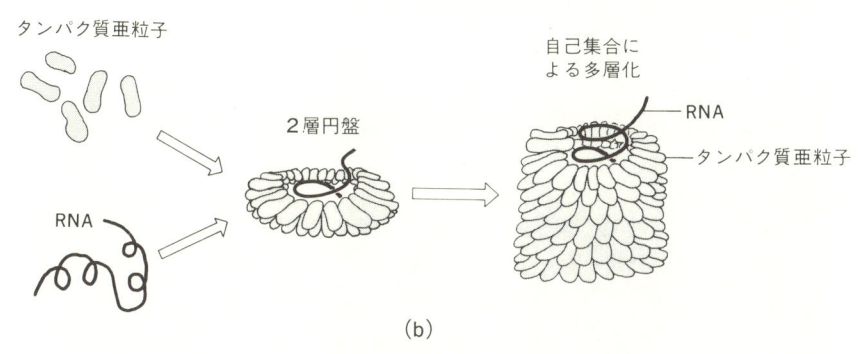

図 6-2 タバコモザイクウイルス(TMV)の自己形成
(a) TMV の電子顕微鏡像(R. Williams)。(b) RNA を芯にして，タンパク質亜粒子の 2 層円盤が積み上げられていく。これにはエネルギーの供給を必要としない。

終構造には含まれないアダプター(つなぎ)を加えることによって，より複雑な構造形成へと進む例も知られている。

　細胞小器官の多くは，すでに述べてきたように，膜系が主体である。したがって，これらの小器官の構造形成には，膜の自己形成が重要である。まだミトコンドリアや葉緑体のような複雑な構造の自己形成には成功していないが，将来の分子生物学は，構造と機能の関係解析とともに，このような複雑系の自己形成のしくみも解明していくはずである。ではつぎに膜の自己形成について説明する。

E．膜の自己形成

　細胞膜をはじめとして，細胞内の膜系は脂質とタンパク質の集合による基礎構造によってできあがっている。しかし詳しく見ると，それは生物種，組織細

(b) ベン毛の らせん構造

タンパク質亜粒子

(a)

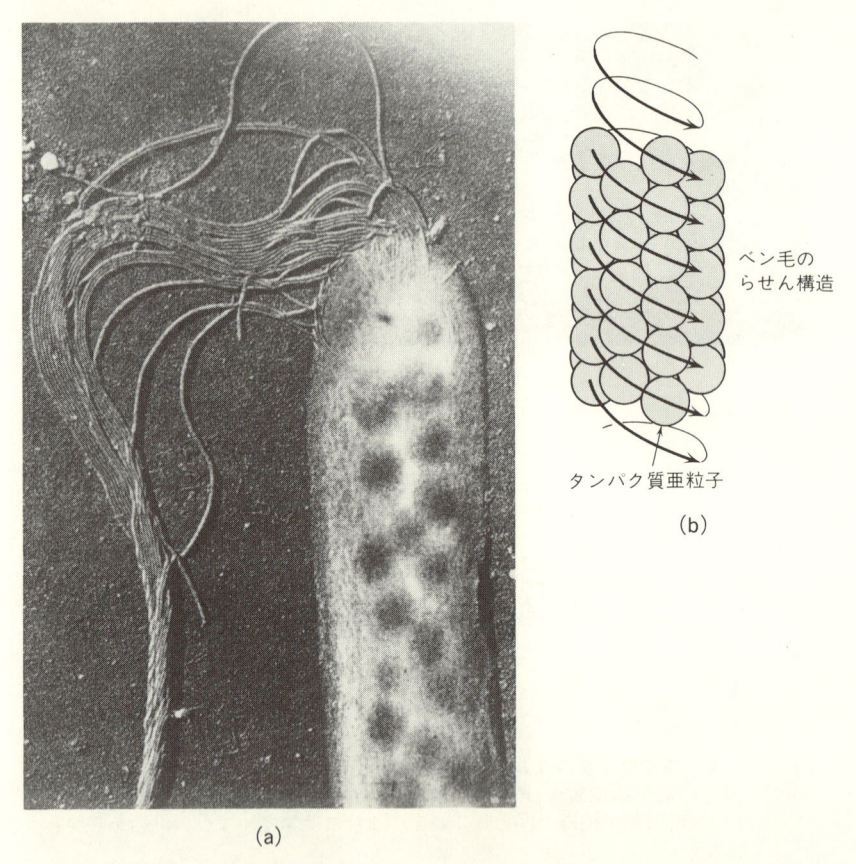

図 6-3 細菌べん毛の自己形成
(a)スピリウム菌のべん毛の電子顕微鏡像(A. Houwink)。多数のべん毛が束をつくっている。(b)フラジェリン亜粒子の自己集合(W. DeWitt)。

胞，あるいは内膜系に応じた分化をしており，それぞれが特異な構造と，したがって機能をもっている。またその構造と機能は，細胞の生理状態によっても変化する，という動的なものである。

図6-4・aは，赤血球の細胞膜，同図bは脂質から自然にできた人工膜の電子顕微鏡像である。ともに厚さの似た2層膜からできている。したがって，この構造は，脂質が本来もっている化学的特性から生まれたものであることがわかる。膜をつくっている脂質成分は，リン脂質である。リン脂質は，疎水性の脂肪酸部分と親水性のリン酸側鎖部分からなることは，すでに説明した。そこで，リン脂質分子を簡単に表わすために，親水部を頭部，疎水部を尾部と呼ん

(a)   (b)

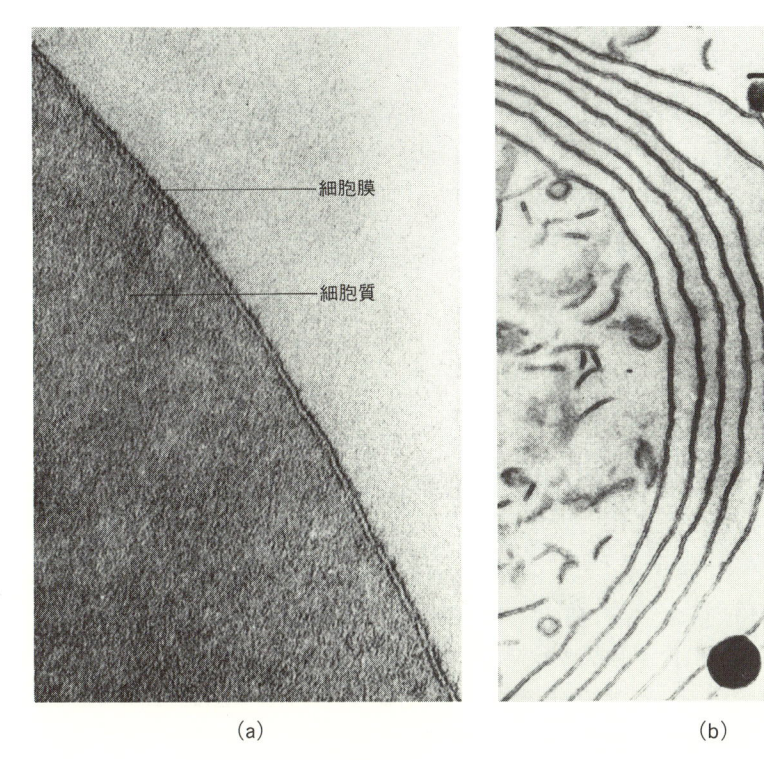

図 6-4　膜の2層構造
(a) 赤血球細胞膜の電子顕微鏡像（J. Robertson）。
(b) 脂質からつくられた人工膜の電子顕微鏡像（菅沼淳ら）。

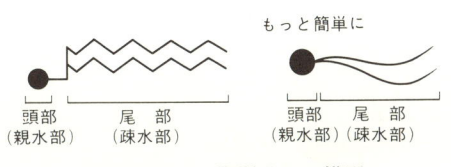

図 6-5　リン脂質分子の模型

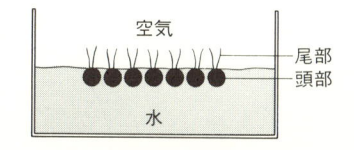

図 6-6　水面に広がってできたリン脂質の単分子層

で図 6-5 のような模型がよく使われる。

　いまリン脂質をクロロホルムとメタノールの混合液に溶かし，水面上に1滴落すと，リン脂質分子は水面上に広がって，単分子層をつくる（図 6-6）。この場合，リン脂質分子の頭部は水に突っ込み，尾部は水に反発して空気中に立つ。つまり，各分子の逆立ちの形が水面に1分子層をつくる。つぎに図 6-7 に示すように，リン脂質の溶液を水中に入れると，頭部は水の方へ，また尾部

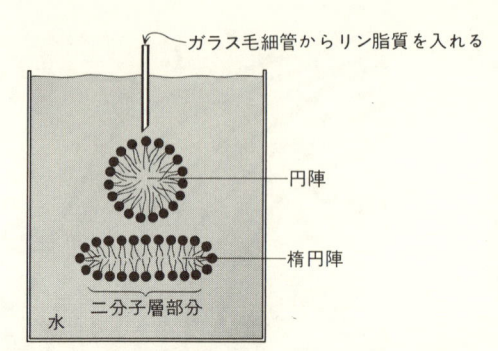

図 6-7 リン脂質分子の水中における分子集合
—ミセル—

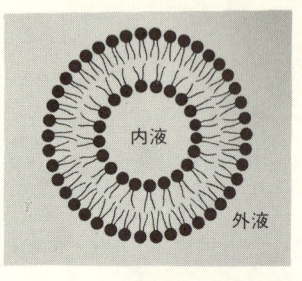

図 6-8 リン脂質2分子層膜で包まれた小球—リポソーム—

は水を避けて寄り合い，円陣をつくる。そして，リン脂質分子の集合全体が水に溶けるようになる。このような分子集合はミセルと呼ばれる。このミセルが楕円陣をつくるときには，2分子層膜が形成される。また，リン脂質2分子層が平面的に広がったとき，その末端にある疎水部は両端を閉じて，図6-8に示すような小球をつくる。これをリポソーム〔リポ(lipo-)は脂質の意〕と呼んでいる。ここでは，2分子層のうち外列(外葉)の分子は親水部を外液に向け，内列(内葉)の分子は親水部を内液に向けている。リポソームは，リン脂質と水との混合液を激しく振動するという簡単な操作でつくることもできる。こ

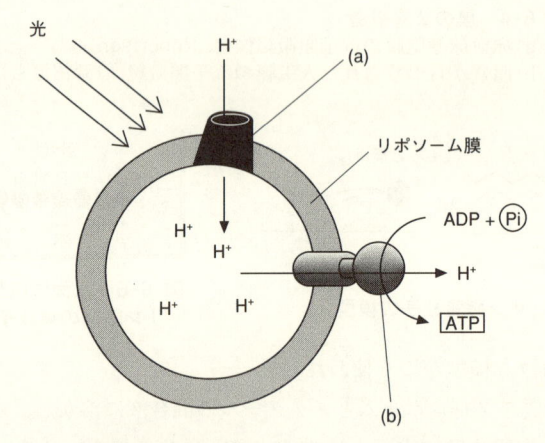

図 6-9 リポソーム膜にバクテリオロドプシンとATP合成酵素を埋め込んでつくった光-ATP合成系
(a)好塩性細菌から取り出したバクテリオロドプシン〔光を吸収するタンパク質で，プロトン(H^+)ポンプとして働く〕。(b)ウシのミトコンドリアから取り出したATP合成酵素(プロトン流によりATPを合成する)。

のとき，タンパク質や酵素を水に溶かしておけば，それらを膜内に組み入れることができる。また内液にも，いろいろの物質を溶け込ませることも可能である。たとえば図6-9は，リポソーム膜にバクテリオロドプシン(好塩性細菌の細胞膜に含まれる色素タンパク質，光プロトンポンプの機能をもつ)とATP合成酵素(ウシのミトコンドリアから)を埋め込んで作成した光-ATP合成系である。

このように人工的につくった膜が，細胞膜と物理的性質がきわめてよく似ていることを示したのが表6-1である。これらのことから，原始地球の海で初めて誕生した生命である始原細胞の細胞膜が，自然に，しかもきわめて容易に形成されたことがよくうなずける。生きた細胞の細胞膜は，骨格としてのリン脂質2分子層に，図6-9に示した例のように，いろいろの機能タンパク質が複雑に埋め込まれ，構築されているのである。図6-10は，葉緑体のチラコイド膜中に配置されているNADPHとATPの合成系を示している。これは，

表 6-1　リン脂質からつくった人工膜と生きた細胞膜との物理的性質の比較

	性　　　質	人工膜 (36°C)	生体膜 (20～25°C)
1.	電子顕微鏡像	2層膜構造	2層膜構造
2.	厚さ (nm)	6.0～7.5	6.0～10.0
3.	電気容量 (μファラド/cm^2)	0.4～1.0	0.5～1.3
4.	電気抵抗 (オーム/cm^2)	10^5	10^5
5.	表面張力 (ダイン/cm)	0.5～2.0	1.0
6.	水の透過性 (μm/秒)	92	0.4～400
7.	グリセリンの透過性 (μm/秒×10^2)	4.6	0.003～27

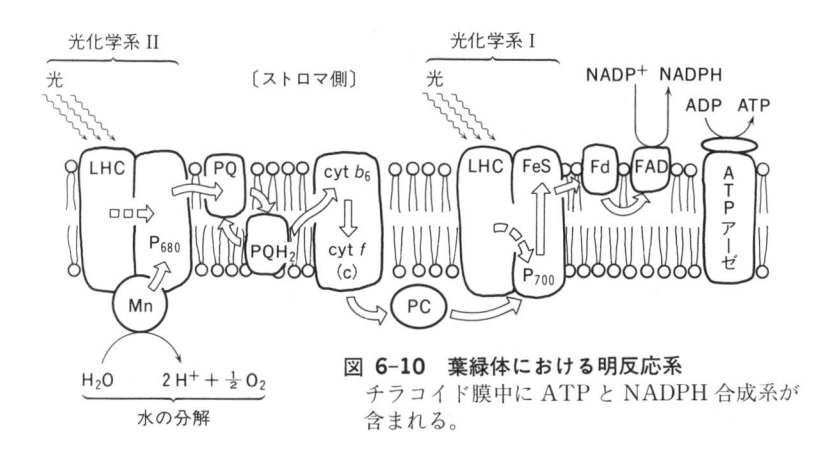

図 6-10　葉緑体における明反応系
チラコイド膜中にATPとNADPH合成系が含まれる。

後述する光合成代謝の明反応系において，各種の膜酵素が反応の流れに沿って並んでいることを示すモデル図である．

F. 細胞の融合

今日のバイオにおいて用いられている2大技術は，遺伝子操作と細胞融合である．細胞融合は2種の細胞を効率よく合一し，遺伝的にも混合して雑種細胞あるいはそれに由来する個体をつくり出す技術である．これは，すでに自然において，たとえば精子と卵の受精で行われているものであるが，バイオではこれを好みの形質をもった細胞間で融合させるのである．

膜は上で見てきたように，リン脂質2分子層を基礎構造としている．元来疎水性物質どうしはなじみやすく，よく溶け合うことができる．したがって，リポソームどうしも，ある処理を行うと融合して，より大きなリポソームをつくる．その技術としては，(i) あるウイルス（例，センダイウイルス）に仲介させたり，(ii) ある脂溶剤（例，ポリエチレングリコール）を加えたり，あるいは (iii) 細胞に電気ショックを与えたりする方法がある．

6・3 生きた細胞と酵素の有り様

6・3・1 酵素は細胞内でどのように配置されているか

かつての生化学者の中には，細胞を enzyme bag（酵素袋）と呼んで，細胞を単なる酵素の容器としか考えない人が多くいた．しかし新しい時代に入ると，細胞内の酵素をはじめとする高分子は，繊細な構造の中に立体的に位置づけられ，それらの機能の総合された活性として細胞生命が生まれている，とする理解が常識化してきた．

いま，生きた酵母をスクロース溶液に入れ保温する．ほどなくして泡を立て，盛んにアルコール発酵を始めるだろう．つぎに，この酵母を集めて砂を加え，乳鉢の中で細胞がなくなるまでよく磨りつぶしてから，スクロースを加える．長い時間保温すると，確かに発酵が始まるが，その泡立ちは先の生きた酵母の場合に比べて微々たるものである．これは，磨りつぶすことによって細胞構造が破壊され，"生きた"状態ではなくなったからである．生きた細胞では，小器官や細胞質基質において反応の流れに沿った形で三次元的に酵素や高分子が配備され，最も効率よく代謝が動くように調整されているのである．

ではつぎに，細胞内における酵素の存在様式を考えてみよう．図6-11(I)のような一つの代謝を考える．酵素Aは出発物質aをbに化学変化させ，ついで酵素Bは，そのbをcに化学変化させるというように，順に反応が連な

I. 代謝における反応列

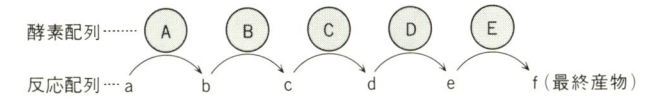

酵素配列……… A　B　C　D　E
反応配列……a　b　c　d　e　f（最終産物）

II. 細胞内の酵素のあり方

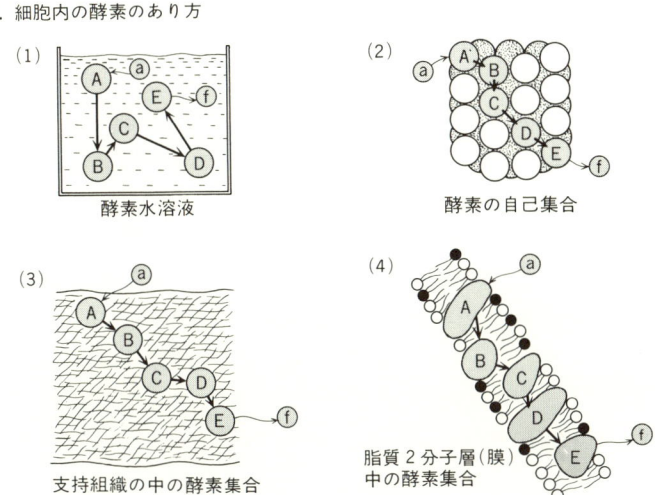

(1) 酵素水溶液
(2) 酵素の自己集合
(3) 支持組織の中の酵素集合
(4) 脂質2分子層（膜）中の酵素集合

図 6-11　生細胞における酵素の存在様式

っていく。そして最終産物 f を生む。

　細胞では，この代謝の流れが他の代謝の流れと混ざり合わないで，高い特異性と高速性が保たれているのはなぜだろうか。同図(II)において，(1)はこの代謝の酵素が水に溶けている場合である。A, B, C……の各酵素は，水中を自由に運動でき，移動することが可能である。このような場合には，基質 a が酵素 A によって化学変化をうけて b を生じたとしても，その b が酵素 B に出合うのは偶然であり，確率的でしかない。それは非常に低いだろう。同様に，酵素 B の産物 c が酵素 C と出合う確率はいっそう低くなる。そして反応の数が増すほどに，酵素と基質が特異的に出合う確率は，指数的に低下していくはずである。生細胞中でも，酵素類が細胞液に溶け，自由運動をする状態にあるならば，この例と同じことが起るに違いない。しかし実際には，細胞内の酵素は同図(II)の(2)，(3)，および(4)に示すように，ある固定された状態で，代謝反応に沿った配列をとっている，と考えられている。

　まず(2)の例は，代謝酵素が，反応の順序にしたがって自己集合している場

合である。基質aを結合した酵素Aは，反応産物bを直ちに，つぎの酵素Bに引き渡す。以下同様に，酵素はつぎつぎと反応産物を受け渡ししながら，最終産物fを生成する。この例は酵素に限らず，一つの大きな機能を営む高分子の自己集合体でも見られる。たとえば，タンパク質合成の場をなすリボソームがそれである。

つぎに例(3)は，たとえば細胞質基質とかミトコンドリアのマトリックスに見られるもので，代謝酵素が反応順に埋め込まれている場合である。発酵代謝が前者の，また呼吸代謝のクエン酸回路が後者の例である。

最後に例(4)は，(3)の変形ともいうべきものである。代謝酵素が，膜という支持組織の中に，反応順序にしたがって配置されている。この様式は，細胞内の構造分化においても，細胞進化上もっとも重要なものである。それは，細胞膜，ミトコンドリア，葉緑体，核膜，小胞体，ゴルジ体，その他の内膜系に見られる。それぞれの代謝および物質の輸送系，ホルモン，あるいは環境に対するセンサーなど，細胞にとって重要な機能のほとんどが，この様式の構造の中から生まれている。光合成におけるチラコイド膜の明反応系については，すでに図示した(図 6-10 参照)。

6・3・2 膜タンパク質の分化

膜はリン脂質2分子層を基礎とし，これに各種の機能タンパク質が埋め込まれている。したがって，膜の分化はそのまま含まれるタンパク質の分子種によって決まる，といってよい。元来リン脂質だけでつくった人工膜は，イオンや荷電をもった有機分子をまったく通さないが，生きた細胞膜は必要な物質を吸収し，不要な物質を排出する動態にある。これは，その膜中にそれぞれの物質を透過させるためのある輸送系(酵素およびチャンネル，後述)を含んでいるからである。

タンパク質が膜中でどのように位置づけられているかを直接観察するには，フリーズ・フラクチャー電子顕微鏡法が用いられる。これは図 6-12 に示すように，初めに膜を凍結しておいて，これを破砕，分割する。このとき，リン脂質2分子層のちょうど真ん中で割れる。これを電子顕微鏡下で観察すると，膜中に埋め込まれたタンパク質の粒子をとらえることができる。図 6-13 は，大腸菌細胞膜のフリーズ・フラクチャー像である。タンパク質が，ぎっしり詰まっているのがわかるだろう。これらのタンパク質は，それぞれの役割をもって細胞生命を発現するのに働いている。たとえば，この大腸菌のDNA複製に関

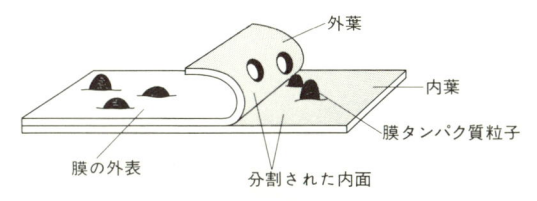

図 6-12 膜を凍結し分割する膜観察法―フリーズフラクチャー法―

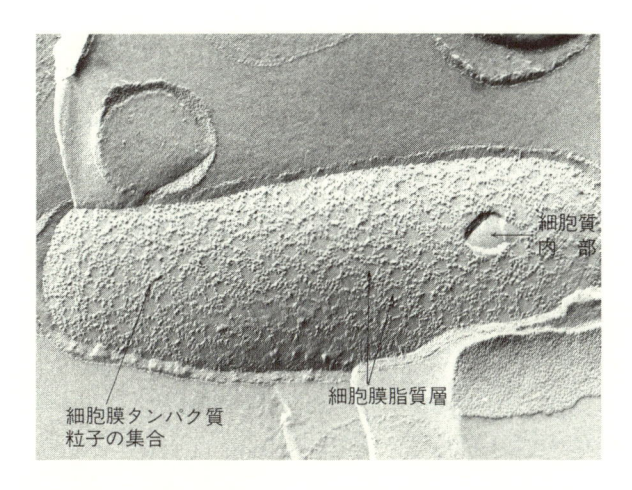

図 6-13 大腸菌細胞膜のフリーズフラクチャー像（中村運ら）
内葉面を示している。

与するある遺伝子が突然変異を起すと，大型のタンパク質粒子が消えるのが観察される。しかし，この変異菌に正常な遺伝子を入れてやると，そのタンパク質は再び現れてくる。

つぎは，膜タンパク質の存在状態を見てみよう。膜におけるタンパク質の割合は，神経の軸索をつつむミエリン鞘のような低いもの(25%以下)から，ミトコンドリアのクリステや葉緑体のチラコイドのように高いもの(75%以上)まで広い幅をもっている。一般の細胞膜では，タンパク質は約50%を占めている。膜中のタンパク質の分子は，図6-14に示すように，5つのタイプに分けることができる。ここで重要な点は，多くの膜タンパク質分子はリン脂質2分子層を貫通した状態で働いていることである(図中①と②)。そして，この膜を貫通するタンパク質の特色は，リン脂質と同様に，分子中に親水部と疎水部をもっていることである。そこで，タンパク質の疎水部とリン脂質の疎水部とは相互になじみ合い，また膜から露出したタンパク質の両端は親水性である。

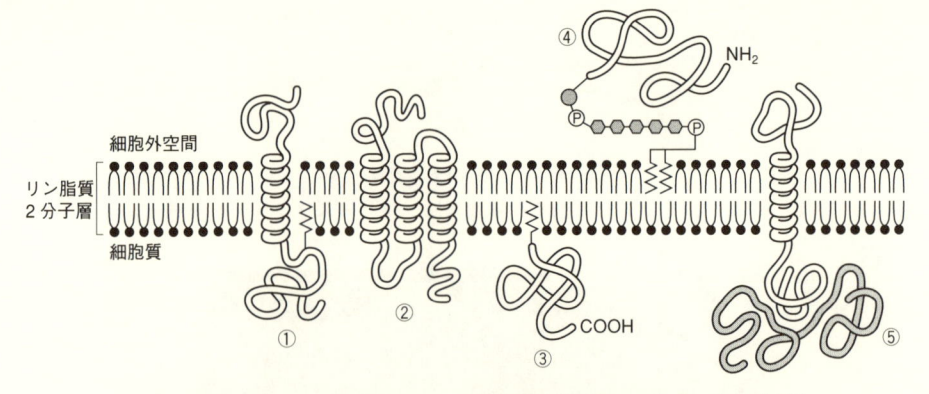

図 6-14 膜タンパク質の5つの存在様式（J. Deisenhofer ら，改変）

一方③と④のように，タンパク質の末端部だけがリン脂質層とつながっているものや，⑤のように貫通したタンパク質の露出部分が他種のタンパク質と弱く結合している例などが知られている。図中タンパク質のらせん部分は，すでに述べた α らせんを示している。また②は，1つのタンパク質分子が幾重にも折れ曲がって貫通する膜タンパク質を示し，α らせんを多く含んでいる。

6·4 染色体の成り立ち

6·4·1 細菌の染色体は DNA そのものである

大腸菌の染色体は，単一の環状をなす DNA である。その全長は 1300 μm にも及ぶ。図 6-15 に示すように，菌体長（約 3 μm，径約 1 μm）の数百倍に相当する。したがって，細胞内の DNA は非常に強く折りたたまれていることがわかる。この DNA の凝集域を核様体（核に似るの意）という。

大腸菌から，ありのままの DNA を純粋に取り出すことは至難の業である。先にあげた図 5-1 は，きわめて穏やかな方法で分離した DNA の電子顕微鏡像である。ここでまず(i) DNA が細胞膜（片）と結合している状態を見ることができる。そして(ii) DNA は非常にたくさんの輪をつくり，しかも(iii)それら

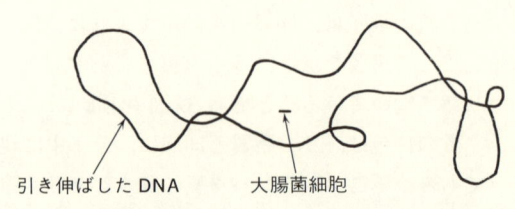

図 6-15 大腸菌の染色体（DNA）は体長の数百倍の長さをもつ

の輪はねじれ，いわゆるスーパーコイル（超らせん構造）をなしている。

原核および真核の細胞内には，このようなDNA鎖のスーパーコイルをつくったり，あるいはほどいたりして，鎖の形状を変える酵素が存在する。これらはトポイソメラーゼ(topoisomerase)と総称される。ここで，トポ(topo-)はトポロジー（立体形状）を意味し，イソメラーゼ(isomerase)はその多様な形状を進める異性化酵素をいう。その一つである大腸菌のジャイレースは，DNAのスーパーコイルの様式を変える，すなわちDNA鎖のたたみ方を決定する。

6・4・2　真核内の染色体はDNAとヒストンの複合体である

真核細胞にとって，DNAを折りたたむことはとくに重要な意味をもつ。その第1の理由は，真核DNAは非常に長いからである。たとえば，ヒトの体細胞の核(2n)には46本の染色体が含まれるが，それらのDNAをつなぎ合わせると全長1.8mにもなる。それを核内に納めるには，相当密に折りたたまなければならない。それはとくに，核分裂における染色体移動（染色体ダンスともいう）のときには，DNAが切れやすいからである。第2の理由は，DNAの折りたたまれ方は，それに含まれる遺伝子の活性と関係しているからである。

DNAはタンパク質と違って，元来自身で折れ曲がり複雑な立体構造をとることはできない。DNA鎖の凝縮にはタンパク質の助けが要る。そのタンパク質はヒストンと呼ばれる。ヒストンは，リジンやアルギニンのような塩基性アミノ酸を多く含むので，多くの⊕荷電をもっている。これに対して，DNAのリン酸基は⊖荷電をもっているので，真核内のDNAとヒストンは静電的に結合している。したがって，濃い塩溶液中では，DNAとヒストンは解離する（図6-16）。

多数のヒストン粒子は，図にあるようにDNA鎖を自体に巻きつけながら手繰っている。ここで，DNAとヒストンの複合体をヌクレオソームといい，ヌクレオソームの連なったビーズ糸をクロマチンという。いまクロマチンをDNA分解酵素〔DN(A)アーゼという〕で短時間処理すると，ヒストン粒子に一定の長さのDNAが結合した状態のヌクレオソームを単離することができる。ヌクレオソームの中心をなすヒストンは，8個のタンパク質(H2A，H2B，H3，H4の各2個)の集合体で，ヌクレオソームのDNAには，さらに1個のタンパク質(H1)が付着している。H1タンパク質は，ヌクレオソームを強く手繰り寄せ，染色体を太くコンパクトにしている。

クロマチンの構造は，細胞周期(後述，p.139)とともに大きく変わる。すな

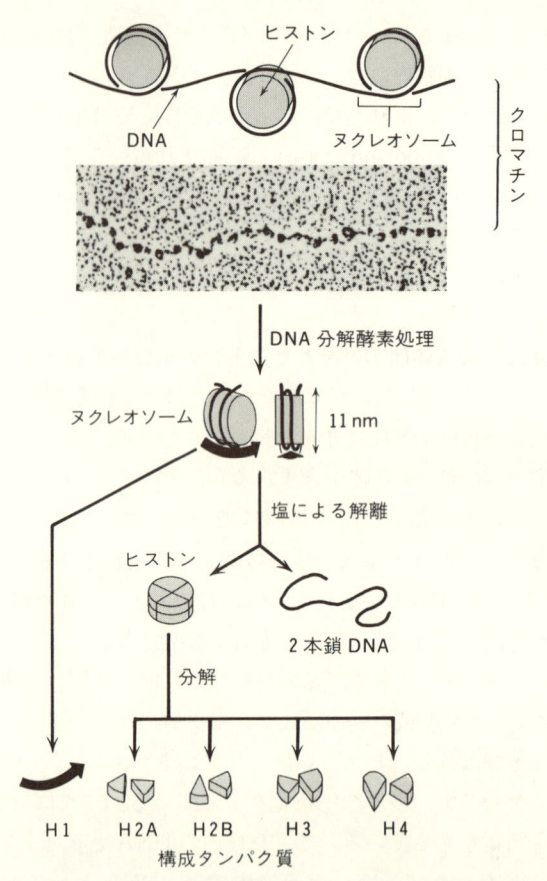

図 6-16　クロマチンは DNA とヒストンタンパク質に解離する（B. Alberts ら）

わち，有糸分裂の間期においては，クロマチンは核内全体に分散した状態で存在するが，DNA 複製を終えて前期に入ると，クロマチンはらせん状に強く手繰り寄せられて，元の長さの約 100 分の 1 となり，太いいわゆる染色体構造をつくる（図 6-17）．（染色体の語は，本来は有糸分裂前期に現れ，塩基性色素で濃く染まる太い構造体を指すものであった．しかし，その本体が DNA であることが明らかにされて以来，それは"遺伝情報の担い手"という広い意味で用いられている．）

　ヒストンタンパク質は分子進化的に非常に安定で，そのアミノ酸配列の生物種間の差異がきわめて少ないのが特徴である．たとえば H 4 タンパク質について見ると，ウシとダイズの間では，全 102 個のアミノ酸中わずか 2 個に違い

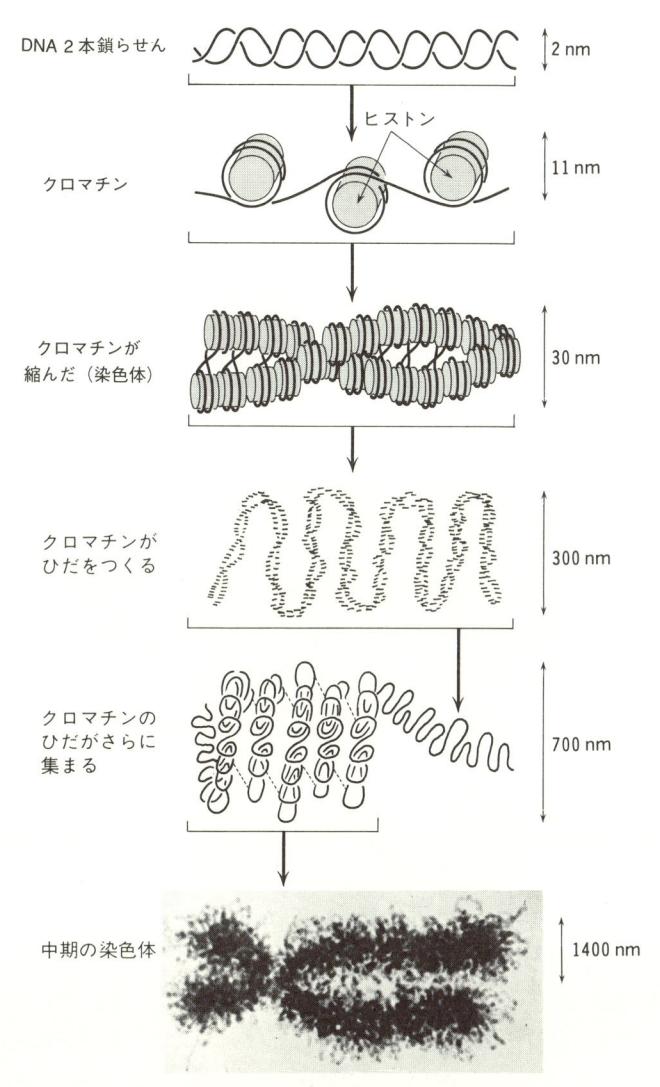

図中のラベル:
- DNA 2本鎖らせん　2 nm
- ヒストン
- クロマチン　11 nm
- クロマチンが縮んだ（染色体）　30 nm
- クロマチンがひだをつくる　300 nm
- クロマチンのひだがさらに集まる　700 nm
- 中期の染色体　1400 nm

図 6-17　DNA からクロマチン・棒状染色体への移行（B. Alberts ら，改変）

があるにすぎない。これは，動物と植物が系統的に分岐して以来，つまり過去10 億年間にヒストンはほとんど進化していないことを示している。これは言い換えると，細胞生命にとって最も重要な役割を果していることを物語っている。おそらく，ヒストン H 4 のアミノ酸配列が変異すると，その生物は生存力が低下し，淘汰されて集団から消えていくのだろう（図 13-12 参照）。

7

遺伝情報はどのように発現するか

7・1 遺伝子概念の発生と発展

「子はなぜ親に似るのだろう」という疑問は，太古から自然発生的に人々に植えつけられてきたと考えられる。そのとき，「親の性質を子に伝える"何かあるもの"が存在するに違いない」，という思いも同時に生まれていたことだろう。このように遺伝子の概念は，ごく素朴に社会に形成されていった。一方自然において，あるいは農耕や牧畜において，花は受粉によって種子をつくり，また動物では交尾を通して子が生まれることを人々は古くから経験的に知っていた。かくして育種の技術は，すでに9000年前から応用されていた。農作物も家畜も元をただせば，すべてが野生種であり，これらが繰返し品種改良されて今日に至っているのである。しかし"遺伝と変異に関する科学"としての遺伝学の語が生まれたのは，1906年のW.ベートソンの定義に始まったにすぎない。

オーストリアのG.メンデルは，親から子に遺伝する性質(形質という)を伝える物質をエレメント(element，要素の意)と呼び，これの子孫への伝わり方に法則性があることを1865年に発見した。これが有名なメンデルの遺伝法則である。のちに，オランダの遺伝学者W.ヨハンセンは，遺伝物質に対してジーン(gene)の名を与えたが(1909)，"遺伝子"はその邦訳である。中国ではこれは"起因子"と翻訳されている。じつは，これら両訳は，遺伝情報の発現のしくみから見て，ともに合理性をもっており，その理由については後述する。

メンデルは，遺伝子は変わることなく子孫に伝えられると考えたが，遺伝子はたえず起る突然変異によってその塩基配列を変えていく。メンデルが交雑実験に成功した最大の理由は，彼が野生型の対立形質としての変異型を使ったからである。すなわち，交配すべき親の一方を野生型(たとえば，エンドウの丸

種子：R)とし，他方を変異型(たとえば，しわ種子：r)として$R \times r$交配を行い，それぞれの形質の子孫への伝わり方を調べたのである．もし野生型と変異型の両形質が把握できなければ，遺伝学の研究は成立しない．さて，遺伝学の発展の第1段階は，このようなさまざまな形質を決定する遺伝子の，メンデル法則に基づく子孫への伝わり方の研究が主流であった．今日では，これを古典遺伝学と呼んで，これから論述していく分子遺伝学と区別している．

7・1・1 遺伝子の機能をさぐる道

古典遺伝学は，遺伝子のいわゆる"遺伝"のしくみの解明であったのに対して，新しい分子遺伝学は，遺伝子のいわゆる"(形質)発現"の解明が主流となっていった．その中で最も重要なものは，1つの遺伝子が1つの酵素合成を支配していることの発見であった．大腸菌は，数種類の無機塩と炭素源としてのグルコースを加えた人工培地の中で十分増殖することができる．それは，大腸菌が必要なアミノ酸やビタミン，ヌクレオチドなどの有機物質のすべてを，グルコースから自身で合成できることを意味している．図7-1は，その細胞がグルコースからアミノ酸のバリンを合成している代謝経路を示している．この場合，各反応は酵素($E_1 \sim E_4$)の触媒によって進められ，また酵素は，それぞれに対応する遺伝子($G_1 \sim G_4$)の支配下で合成されている．ところが，いま放射線を細胞に照射して，たとえば遺伝子G_3に突然変異を誘導して酵素デヒドラーゼの合成能を失わせると，α, β-デヒドロキシバレリン酸からα-オキソイソバレリン酸への反応が止まってしまう．もちろん，バリンはもはや合成できないことになる．以上をまとめると，つぎのようになる．

(1) ある遺伝子に突然変異が起ると，相当する必要な有機物質の合成ができなくなる．
(2) このような突然変異株では，その遺伝子支配下の酵素が合成されていない．

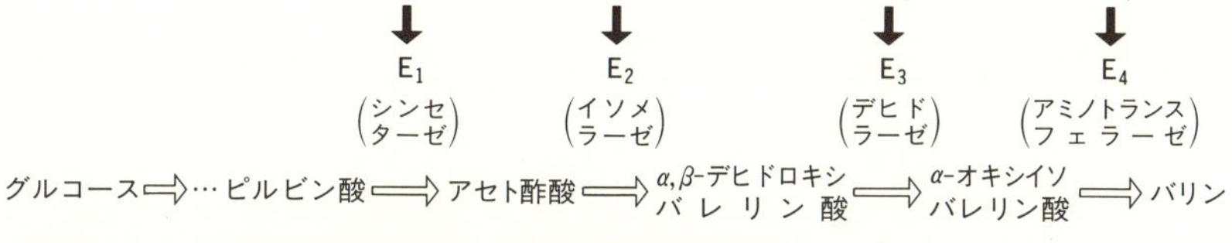

$$G_1 \quad G_2 \quad G_3 \quad G_4$$
$$\downarrow \quad \downarrow \quad \downarrow \quad \downarrow$$
$$E_1 \quad E_2 \quad E_3 \quad E_4$$
(シンセターゼ) (イソメラーゼ) (デヒドラーゼ) (アミノトランスフェラーゼ)

グルコース ⟹ ⋯ピルビン酸 ⟹ アセト酢酸 ⟹ α, β-デヒドロキシバレリン酸 ⟹ α-オキソイソバレリン酸 ⟹ バリン

図 7-1 バリンの生合成経路—遺伝子と酵素の関係—
化学反応は各酵素($E_1 \sim E_4$)によって進められ，また酵素は各遺伝子($G_1 \sim G_4$)の支配の下で合成される．

この事実から，1941年アメリカの分子遺伝学者G. ビードルたちは1遺伝子-1酵素説をうち立てた．じつは，このような遺伝子の突然変異による代謝遮断は人類にも多数起きており，今日遺伝病による代謝異常の例は数百種類知られている．なお今日の知識からいうと，多くの酵素は複数種のタンパク質の集合によってできあがっているので，1遺伝子-1酵素説は，むしろ1遺伝子-1ポリペプチド説と呼ばれている．

7・1・2 DNAが遺伝子であることの証明

かつては，「遺伝子はタンパク質である」というのが遺伝学者一般の認識であった．こういうなか，「遺伝子はDNAである」ことが，面白いことに細菌学における病原性の研究から証明された．それはつぎのようなものであった．

1928年，イギリスの細菌学者F. グリフィスが肺炎をひき起す細菌(学名 *Streptococcus pneumoniae*)の研究中，毒性をもつ菌(S型)を熱で殺し，この抽出液に毒性を失った突然変異菌(R型)を浸しておくと，R菌がS菌に変わることを見出した(図7-2)．その後1944年，アメリカの細菌学者O. エイブリーらは，このS菌に含まれ，R菌をS菌に変える因子がタンパク質分解酵素の処理によっては破壊されないのに，DNA分解酵素処理で完全に破壊されることを証明した．しかしこのDNA遺伝子説も，学界で十分な市民権をえたのは，それから10年近くも後になってからのことであった．かくして1953年ワトソンとクリックは，DNA構造を明らかにした(図5-9参照)．

先に述べたように，RNAはDNAとその構造が非常によく似ている．それ

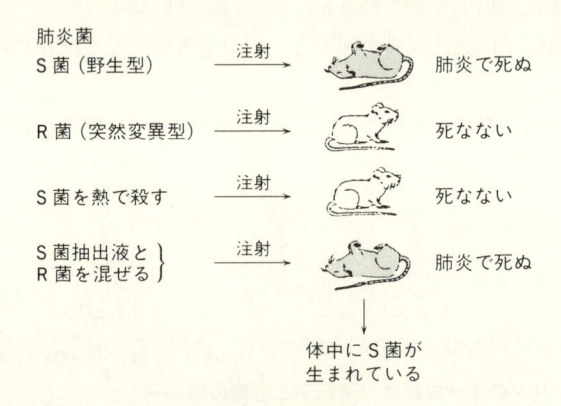

図 7-2 グリフィスの形質転換実験
S型菌の熱抽出液は，R型菌を遺伝的にS型に変える．

では,「RNAは遺伝子ではないか」という疑問が浮び上がってくるだろう。実際ウイルスの世界は,DNAを遺伝子とするもの(DNAウイルスという)と,RNAを遺伝子とするもの(RNAウイルス)とに分けられる。また中には,RNAウイルスでありながらDNAを合成することのできるウイルス(レトロウイルス群)も存在する。一方近年,RNA自体が酵素のように触媒機能をもつことが発見されて,タンパク質だけが酵素である,とはいえなくなってきた。さらにこの問題が生命の起原にまで発展し,最初の始原生命時代はタンパク質が遺伝子であった時代(タンパク質ワールドという)であり,ついでRNAが遺伝子であった時代(RNAワールド),そして現在のDNAが遺伝子である時代(DNAワールド)へと遺伝情報系は進化してきたのではないか,という大きな疑問がいま持ち上がっている。これらの問題は,後章で論述することにする。

いずれにしても,現生の生物界においてはDNAが遺伝物質であることに例外はない。(先に論じたように,ウイルスは生命の定義に合致せず,したがってウイルスは生物とはいえない。)そこで,DNAが遺伝物質として認められる理由は,それがつぎのような特性をもっているからである。

(1) 分子内に遺伝情報を含んでいる。

これは,DNA分子がヌクレオチド(塩基)配列からなり,その4塩基(A, G, C, T)の配列順序が情報価をもっているからである。たとえば,イロハ48文字で綴られた文章が一つの意味をもつ情報となりうるのと同じである。いま「ハイルベカラズ」の7文字の配列は"立入禁止"という情報を含んでいる。ただDNAでは,4文字しか用いられていないので,DNAの情報表現における1文字の重要性は非常に高いといえる。しかし,先に触れたように,RNAもタンパク質も分子中に遺伝情報を含んでいる。したがって,DNA, RNA, およびタンパク質を情報分子と呼んでいる。

(2) DNAの遺伝情報は,生殖を通して次代に伝えられる。

この原理は,細胞は分裂ごとに含まれるDNAの複製がなされるからである。複製とは,同じ塩基配列をもったDNA分子がもう1つできあがることをいう。DNA複製のしくみについては,次章において取り上げる。

(3) DNAは,他の情報分子に比べても,物理・化学的に安定している。

このことが,DNAの遺伝情報を安定させている原理である。DNAは,メンデルによって遺伝法則が発見された4年後,1869年にスイスの生化学者J. ミーシャーによって白血球の核から分離されていた。しかし,DNAがあまり

にも化学的に安定しているので、当時の生化学者はまったくこれに注意を向けなかった。それが、75年後になってエイブリーらによって「DNAは遺伝子である」ことが突き止められたのであった。

DNAはなぜ化学的に安定なのか。それはつぎのような理由による。

（1） DNAの背骨ともいうべき糖-リン酸結合や糖分子をつくる炭素間結合は、化学的にきわめて安定な共有結合で、高温・強酸性でもない限り切断されることはない。

（2） DNA糖は2′-デオキシリボース（2′位はH）で、遊離のOH基はない。これに対してRNA糖は、リボース（2′位はOH）である（図5-4参照）。3′-デオキシリボース-リン酸結合は、リボース-リン酸結合よりも安定で、たとえばpH 8においてRNAのリボース-リン酸結合はゆっくり切断され、分子崩壊が起るが、DNAのデオキシリボース-リン酸結合は、この条件下では切断は起らない。このpH 8という条件は、自然界においては極端なものではなく、現海水のpHはこれにほぼ近い。

（3） DNA塩基の化学変化は突然変異につながる。細胞内には、遊離の塩基と反応する物質が数多く含まれる。しかし2本鎖DNAでは、塩基間の水素結合が塩基の反応基を封じ、外部からの化学的攻撃に対して保護し合っている。

（4） DNAの2本鎖は、いずれの鎖も同じ遺伝情報を含んでいる。これは一見無駄なことのようであるが、(i)上の(3)で述べたようにDNAの安定を支えるとともに、(ii)一方の鎖が損傷を受けたとき他方の鎖を鋳型にして修復することができる。たとえば、放射線によりDNAが損傷を受けたとき、このようにしてDNAは修復され、突然変異率はごく低く抑えられている。

7・1・3 遺伝子とはなにか

古典遺伝学の時代、遺伝子は小さな粒子で、これがビーズのように連なって染色体上に配列している、と考えられていた。そして、この小粒子が遺伝子としての基本である(i)機能の単位、(ii)組み換えの単位、そして(iii)突然変異の単位の3つの働きを行う、とされた。ところが、ワトソンとクリックによってDNAは2本鎖構造をなす事実が明らかにされた。では、上の遺伝子としての3つの単位は、鎖上でどの領域を指すか。アメリカの分子遺伝学者S.ベンザーは、1957年細菌のウイルス（バクテリオファージ）DNAを用いて、問題の領域をヌクレオチドレベルで調べた。そして彼は、機能の単位領域をシストロン（cistron）、組み換え単位領域をリコン（recon）、また突然変異の単位領域をミ

ュートン(muton)と名づけた。そこで結論は，シストロンはほぼ1000ヌクレオチド，リコンは1ヌクレオチド，またミュートンは1ヌクレオチドであった。したがって，古典遺伝学で定義されていた遺伝子はシストロンに相当するとして，今日遺伝子とシストロンは同義に用いられている。これに対して，リコンとミュートンは遺伝子単位としては現在用いられなくなっている。

　1遺伝子はDNA上約1000ヌクレオチド長に相当することは上に述べた。しかしその後，"機能をもつヌクレオチド鎖"の同定が進むとともに，それには大小あることがわかってきた。そこで，1シストロンとしてのヌクレオチド鎖長は，ポリペプチド鎖合成を直接コードする領域を指す。しかし，前述のようにタンパク質に大小があるのに相応して，ヌクレオチド鎖長にも違いがある。

　遺伝子はその働きから，いろいろ区分される。
（ⅰ）　mRNA合成を通して，タンパク質合成をコードするもの(図5-19参照)。
（ⅱ）　rRNAの合成をコードするもの(図5-19参照)。
（ⅲ）　tRNAの合成をコードするもの(図5-19参照)。
これらの遺伝子は，RNAやタンパク質の一次構造を決定するところから，構造遺伝子と称され，単に遺伝子といえばこれを指す。
（ⅳ）　広い意味の遺伝子には，プロモーター，オペレーター，TATAボックスなど(図7-6参照)，構造遺伝子の働きの開始や調節に関与するが，物質の合成には直接関与しないものも加えられる。これらの遺伝子は，RNA合成酵素とか調節因子(いずれもタンパク質)を認識したり，あるいはそれらと結合したりするDNA上の特異点をなしている。このように，他の遺伝子の働きの調節に寄与する遺伝子は総じて調節遺伝子と呼ばれている。ただし，調節遺伝子には，調節因子の合成をコードする構造遺伝子も含まれることに注意を要する。

　ある物質の合成系とか，ある物質の分解系というように，細胞が示す一つの大きな機能には，多くの構造遺伝子と，それらの間の活性を調節する調節遺伝子が一組となって働いている。言い換えると，DNAには，このような機能単位の遺伝子集団がたくさん並んでいるわけである。そして，原核生物から真核生物へ進化するにつれて，DNA上の遺伝子組成もいっそう複雑化してきている。この問題は，後で再び取り上げることにする。

7・1・4 遺伝子発現—遺伝子型から表現型へ—

DNAの遺伝子としての情報は、ヌクレオチド(塩基)配列の中に含まれる。もっと平明にいうと、それぞれの遺伝子の特徴は、DNA上における塩基の配列順序によって決定されている。これが遺伝子型である。生細胞は、この遺伝子型を解読してもっと具体化、すなわち表現型として発現する一式のしくみをもっている。この過程は遺伝子発現と呼ばれる。

遺伝子発現では、まず(i)DNAの塩基配列を鋳型としてmRNAがコピーされる。この過程を転写という。つづいて(ii)、mRNAの塩基配列を鋳型として、これがアミノ酸配列、つまりポリペプチドに移し換えられる。この過程は翻訳である。そして(iii)、このポリペプチドが酵素タンパク質である場合には、さらに酵素反応を通して表現され、その産物は生体を構築して、われわれの目に見える表現型として現れる。

```
         (転写)           (翻訳)              (酵素反応)
  DNA  ⇌  mRNA  ——→  ポリペプチド  ------→  表現型
         (逆転写)                           (酵素)
```

クリックは1958年、このような遺伝子発現における一方向的な情報の伝達系を見て、これこそ生命のセントラルドグマ(中心的教理)であると強調した。しかしその後、mRNA→DNA反応、すなわち逆転写を触媒する酵素がレトロウイルスに発見され、また今日生命の起原学ではタンパク質ワールド→RNAワールド→DNAワールドのような遺伝子進化論が提出されて、クリックの説は意味を失った、といってよいだろう。

一方真核細胞では、DNAは核内にあり、タンパク質合成は細胞質で行われるので、DNAの遺伝情報を核から細胞質へ伝える物質が存在するはずであるとの認識から、いわゆるメッセンジャー(messenger, メッセージの運搬者)の探索が行われ、mRNAの存在が発見された。当初は、DNAの塩基配列が直接アミノ酸配列に翻訳される可能性が指摘されたが、そのような遺伝子発現系は見つかっていない。しかしながら、真核細胞よりも原始的な原核細胞では、DNAもタンパク質合成系もともに細胞質内に存在するにもかかわらず、やはり遺伝子発現はDNA→mRNA→タンパク質の流れに従って行われている。したがって、生命系におけるmRNAの出現は、DNAワールド以前にRNAワールドが存在したことに基づくのだろう。ただし、原核細胞の遺伝子発現では、真核細胞のように転写と翻訳が分離しておらず、両者が同時進行する、という特徴がある(図7-21参照)。

7・1・5 DNA は二役を演ずる

　DNA の転写は複製と似ているところがある。それは，DNA が"遺伝"と"発現"の両方を演じているからである。まず転写では，DNA 2 本鎖のうちの一方が鋳型となり，それにつぎつぎと来るヌクレオチドを塩基対合させて mRNA の 1 本鎖を成長させていく。したがって mRNA 合成時，DNA の塩基対は一時分離することになるが，mRNA の合成が終わると再び元の DNA 2 本鎖にもどる。DNA の転写は 1 つあるいは複数の遺伝子単位で起るから，そこで生まれる mRNA 分子は小さい。ただし，この転写は反復して行われるので，合成される mRNA 量は多いし，また 1 本の mRNA 上では繰返し翻訳が行われるので，1 遺伝子当りで生産されるタンパク質分子の総数は莫大なものとなる。たとえば，カイコの絹の主要タンパク質であるフィブロインは絹糸腺で合成されるが，単一遺伝子が mRNA の 10^4 分子を転写し，各 mRNA はフィブロインを 10^5 分子翻訳するので，合計 10^9 分子のフィブロインが全 4 日間で生産されることになる。このような mRNA の転写量は，その遺伝子に近い特殊な DNA 部位にある遺伝子調節タンパク質によってコントロールされている。この問題は後述する。

　DNA の複製は，mRNA の転写と同様に，DNA 配列のコピーの過程である。しかしそれは，DNA 両鎖の全長にわたって行われ，したがってその反応産物が 2 つの完全な DNA 2 本鎖である点が，転写とは大きく異なっている。もちろん，関係する酵素類も両者では異なる。このように DNA は，転写と複製の両方に対して，"鋳型"として機能している。DNA 複製のしくみについては，次章で扱う。

7・2　転　写

7・2・1　RNA ポリメラーゼとプロモーター

　活発に増殖している細胞は，水分を除けば大部分(約 70%)がタンパク質である。これらのタンパク質は，すくなくとも細胞の分裂ごとに新生されているから，遺伝子発現がいかにアクティブであるかがわかるだろう。このようにタンパク質合成は，細胞生命の維持，成長，生殖に必須の過程である。それは，まず数種の RNA の合成から始まるが，その主役は RNA ポリメラーゼである。

　RNA ポリメラーゼは原核，真核ともに 50 万ドルトン(dalton は質量の単位．既述)以上という巨大な質量をもっている。RNA ポリメラーゼが巨大で

あることの理由は，それがいくつかの機能を異にするタンパク質が自己集合して，転写の多段階を進める多能酵素だからである。たとえば大腸菌のRNAポリメラーゼは，4つの異なるタンパク質種，すなわち α, β, β′, および σ (シグマ) からなり，このうち α だけが2コピー含まれている。ここで σ 亜粒子は転写の開始に特異な機能を発揮している。それは，DNA上のプロモーター配列を見出し，RNAポリメラーゼをそこに結合させるべく導く。そして，RNAの約8ヌクレオチドの鎖が合成されたところで，σ はそこを離れる。転写の開始は，遺伝子発現のオン・オフ (on-off) を決定する最も重要なポイントである。原核細胞は単一のRNAポリメラーゼを含むのに対して，真核細胞は3種のRNAポリメラーゼ，すなわちI, II, およびIIIを含む。これらは構造的によく似ているので，原核から真核への進化の中で分化したものと思われる。しかし真核RNAポリメラーゼを構成するタンパク質種は大腸菌のそれより複雑で，10種以上のポリペプチド鎖からなる。また，プロモーターとの結合様式に多少の差異がある。そこで，真核RNAポリメラーゼIは大部分のrRNAをつくり，RNAポリメラーゼIIはmRNAの合成を行う。さらにRNAポリメラーゼIIIは，tRNAをはじめとして各種の小さなRNAをつくる。

　プロモーターは，DNA上でRNAポリメラーゼが結合する部位である，と定義でき，転写はここから始まる。転写の活性は，第一義的には，ここにRNAポリメラーゼが結合する頻度によって決まる。したがって，図7-3と7-4に示すように，−35配列，プリブナウボックス (−10) などの転写活性の調節のための配列が，直接それに関与している。〔本遺伝子の上流 (左側) には − (マイナス) 記号を付し，mRNA合成は始点 +1 から始まる。〕図7-3におい

```
        −40        −30        −20         −10              +1
a. CCAGGC TTTACA CTTTATGCTTCCGGCTCG TATGTT GTGTGG A ATTG
b. CTTTTT GATGCA ATTCGCTTTGCTTCTGAC TATAAT AGACAG G GTAA
c. GGCGGT GTTGAC ATAAATACCACTGGCGGT GATACT GAGCAC A TCAG
d. GTGCGT GACTAC TATTTTACCTCTGGCGGT GATAAT GGTTGC A TGTA
e. ATTGTT GTTGTT AACTTGTTTATTGCAGCT TATAAT GGTTAC A AATA
f. CGTAAC ACTTTA CAGCGGCGCGTCATTTGA TATGAT GCGCCC G CTT
       −35配列                            プリブナウ        mRNA
                                        ボックス         始点
```

図 7-3　大腸菌のいろいろの遺伝子におけるプロモーター (部分) 配列
　−35配列やプリブナウボックスは，RNAポリメラーゼが目的の遺伝子を感知し，DNA2本鎖をこじ開けるための信号となる (配列はすべて非解読配列で示してある)。

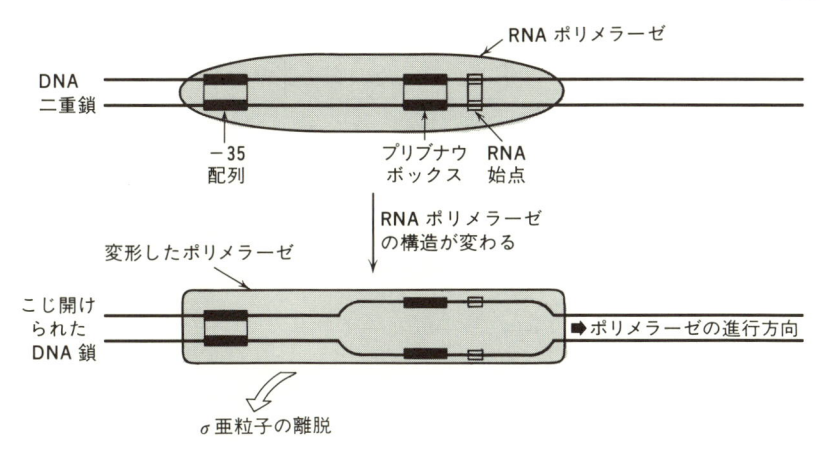

図 7-4　RNA ポリメラーゼの DNA への結合と mRNA 転写の開始
（D. Freifelder，改変）

て，大腸菌のa～f遺伝子間でプロモーター，とくに調節配列と始点に高い相同性があることは興味がある。RNA ポリメラーゼがプロモーターに結合すると(図7-4)，まず DNA 2 本鎖をこじ開け，解読配列に沿って転写を始める。なお図7-3には，約束により，非解読配列が示してある。それは，非解読配列は RNA 配列と一致するからである(ただし，非解読配列上の T は RNA では U に相当)。

　原理的に見ると，DNA の 2 本鎖はどちらの鎖からも RNA は合成できるから，結局 2 種類の異なる RNA ができるはずである。しかし現実には，DNA 鎖はどの領域においても，どちらか一方の鎖しか鋳型としては使われない。では，DNA 2 本鎖のうちどちらが解読されるか。それは遺伝子によって異なる。すなわち，RNA ポリメラーゼが，(i)DNA 鎖のどちら側の，(ii)どのプロモーターに結合するかによって決まる。ただし，(iii)その結合方向は，つねに 5′→3′ 向きである。図 7-5 に示すように，それが転写の方向を決める。したが

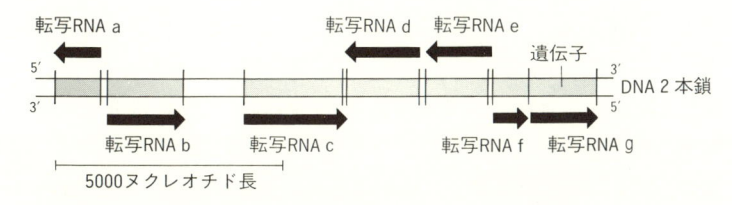

図 7-5　大腸菌 DNA のある領域における RNA 転写とその方向

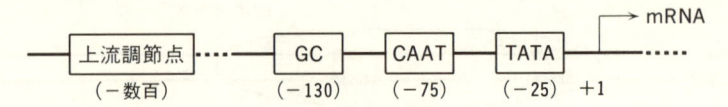

```
┌──────────┐     ┌────┐  ┌─────┐  ┌─────┐  →mRNA
│ 上流調節点 │·····│ GC │  │CAAT │  │TATA │
└──────────┘     └────┘  └─────┘  └─────┘  ┈┈┈┈
  (-数百)        (-130)   (-75)    (-25)  +1
```

図 7-6　真核 mRNA 転写のプロモーター領域
　mRNA 転写酵素は存在する 3 種のうちの RNA ポリメラーゼ II である。TA-TA ボックスはほとんどすべて，CAAT ボックスはある種の，GC ボックスはごくまれな遺伝子に見られる。上流調節点はふつうの遺伝子に見られるが，プロモーターといいうるかどうかは不明である。

って，遺伝子はたとえ隣り合っていても，その転写方向には"同"と"反"がある。

　RNA ポリメラーゼは，DNA 鎖上の終止信号となる塩基配列に達すると，RNA 合成を停止する。この終止配列は遺伝子によって異なっている。なかには，終止因子（タンパク質）の関与する場合もある。RNA 合成が終了すると，RNA ポリメラーゼや新生 RNA は DNA から離れる。

　一方真核プロモーターの構成は，原核プロモーターに比べてずっと複雑である。すなわち，(i)真核生物ではプロモーター自体が大きく，(ii)mRNA の合成始点(+1)の上流数百塩基のところに，調節機能をもつ配列がある。それは上流調節点と呼ばれる（図 7-6）。さらにそのほか，(iii)上流には TATA ボックス(-25)，CAAT ボックス(-75)，あるいは GC ボックス(-130)と名づけられた数個の塩基からなる配列があり，転写調節にあずかっている。そして，転写に働く因子はこれらの配列を感知するらしい。

　これらのほかにも，オペレーターの上流には，転写の活性に影響を及ぼす特殊な塩基配列の存在がいくつか知られている。たとえば，エンハンサー(enhance，増強する意)と名づけられた配列は，遺伝子の転写速度を高める機能をもつ。

7・2・2　RNA プロセシング

　RNA プロセシングとは，転写されたばかりの RNA 分子（未成熟 RNA）から機能的な RNA 分子（成熟 RNA）へ変換される一連の過程をいう。そこでは，長いヌクレオチド配列が切除される。「遺伝子に役に立たないヌクレオチド配列が含まれる」という事実の発見（1977 年）は，世界の研究者にとってまさに晴天の霹靂であった。これは，それ以前の細菌遺伝子についての研究では，遺伝子はタンパク質のアミノ酸配列を決定するのに必要な連続的なヌクレオチド配列からなり，これに疑いをさしはさむような理由はまったく知られて

表 7-1　ヒトの遺伝子に含まれるイントロン数

遺伝子	遺伝子のサイズ (×10³ヌクレオチド)	成熟mRNAのサイズ** (×10³ヌクレオチド)	イントロン数
β-グロビン	1.5	0.6	2
インシュリン	1.7	0.4	2
カタラーゼ	34	1.6	12
因子Ⅷ	186	9	25
ジストロフィン*	>2000	17	>250

*　この遺伝子の突然変異がDuchenne筋ジストロフィーを引き起す.
**　成熟mRNAのサイズはエキソンの大きさを示す.

いなかったからである。したがって，真核生物におけるタンパク質遺伝子の，原核遺伝子との最も大きな違いの一つは，真核遺伝子内には翻訳されない配列がいくつか含まれることである，といえる。そこで，遺伝子内における翻訳されない配列をイントロンという。これに対して翻訳される配列は，エキソンと呼ばれる。表7-1は，あるヒト遺伝子に含まれるイントロンの数を示している。イントロン数とそのサイズが，遺伝子によって大きく異なることがわかる。図7-7は，ニワトリのコラーゲン遺伝子の巨大なイントロンを示している。未成熟のmRNAのイントロンはプロセシングを通して切除され，残りのエキソンどうしが連結してはじめて翻訳されうる成熟mRNAとなる。このエキソンの継ぎ合せの過程は，RNAスプライシングという。そして，このスプライシングは核内で行われ，その後成熟mRNAは細胞質に出てタンパク質合成に参加する。なお，このRNAプロセシングとスプライシングの反応は，RNA自身の触媒作用に因っており，タンパク質酵素は関与していない。この問題は，後の章で論述する。

つぎは，rRNAとtRNAのプロセシングについて述べる。図7-8は，大腸菌におけるrRNAとtRNAの各遺伝子の一部を示している。この場合，細胞はtRNA^Trpから16S rRNAまでの全7遺伝子をまとめて転写し，のちに遺伝子をつなぐ不要な塩基配列(スペーサーという)を切除する。このようなRNA合成方法は，リボソームが16S，23S，および5S rRNAを1:1:1の割合で含むことに合わせた，きわめて合理的なものである。これらのRNAプロセシングにおける塩基配列の切除には，RN(A)アーゼ(RNA内のヌクレオチド結合を切断する酵素)が働く。これには非常に興味ある酵素が含まれる。たとえばtRNAのプロセシングに働くRNアーゼPは，86%のRNAと14%のタンパク質(重量比)からなり，RNAが触媒活性をもつ。タンパク質にその活

(a)

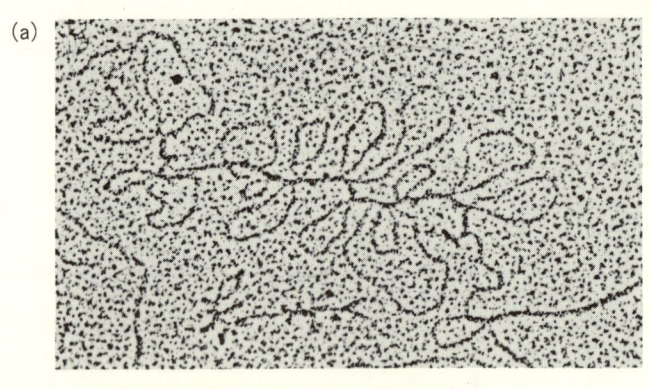

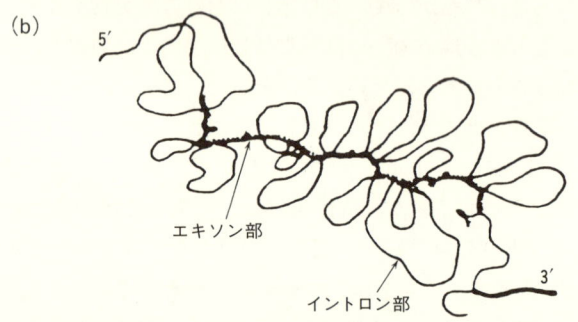

(b)
5′
エキソン部
イントロン部
3′

図 7-7 ニワトリのコラーゲン遺伝子におけるイントロン(H. Ohkubo *et al.*)
(a)電子顕微鏡像。(b)説明図。ループ部分はイントロン，太線部はDNA-RNA分子雑種(エキソン)。エキソン部に比べてイントロン部が大きいことに留意。

```
5′─── 16S ─□□─── 23S ───5S─□□─ 3′
         tRNA^Ile  tRNA^Ala    tRNA^Asp  tRNA^Trp
```

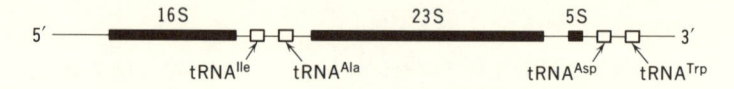

図 7-8 大腸菌における rRNA 遺伝子(一部)と tRNA 遺伝子(一部)
16 S, 23 S, 5 S rRNA については図 3-10 参照。tRNA^{Ile}, tRNA^{Ala}, tRNA^{Asp}, tRNA^{Trp} はそれぞれイソロイシン，アラニン，アスパラギン，トリプトファンを運搬する tRNA。太線は各遺伝子。遺伝子間の細線はスペーサーを表わし，スペーサー部分はプロセシングで切除される。

性はない。このように触媒活性をもつ RNA はリボザイム(ribozyme, リボ酵素)という。

　さて，真核遺伝子に限ってなぜイントロンが含まれるか。この問題は進化的に非常に興味がある。これに対する一つの重要な示唆は，イントロンが DNA 上の機能的配列を区切っている，というものである。つまり各エキソンは，か

つてはそれぞれが独立した遺伝子であったと考えられるのである。その根拠として免疫グロブリンなど多くのタンパク質では，アミノ酸配列がエキソン間で高い相同性をもっている事実があげられる。したがって，原核生物から真核生物へ，あるいは初期の真核生物の時代には，遺伝子活性を高めるために遺伝子重複が広く起ったらしい。事実，進化した真核生物ほどイントロンは多い。一方イントロンは，太古には原核生物にも存在していたが，進化の途中でいっせいに欠失した，とする説がある。しかし，この説の説得力は弱い。

7·2·3 真核 RNA と原核 RNA との違い

真核生物における基本的な転写のしくみや mRNA の構造は，原核生物のそれらと同じである。しかし，真核 mRNA の合成にはつぎのようないくつかの点において特徴がある。

（1） 大腸菌など原核生物では，RNA ポリメラーゼは 1 種類が含まれ，これで rRNA，mRNA，および tRNA を合成する。一方，真核内では 3 種類の RNA ポリメラーゼ（I，II，III）が働く（前述）。

（2） 真核 mRNA は合成後，5′ 側にキャップと呼ばれる G 塩基（7-メチルグアノシン）が付き，また反対の 3′ 側にはポリ A（AAA……A，～200 A の鎖）と呼ばれる長いリボンが修飾される。

（3） 真核の未成熟 mRNA にはイントロンが含まれる（前述）。

（4） 真核生物では，単遺伝子ごとに mRNA が転写される（モノシストロニック mRNA）が，原核生物では隣接する数個の関係遺伝子に共通する mRNA （ポリシストロニック mRNA）が合成される（後述）。

（5） 原核 mRNA 分子の半減期（寿命）は 2~3 分であるのに対して，真核 mRNA 分子の半減期は数時間~数日と長い。

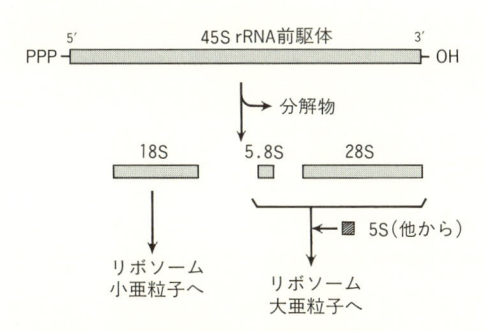

図 7-9　45 S rRNA 前駆体分子は 3 つの違った RNA へプロセスされる

(6) 真核内では、初め大きな 45 S 前駆体 rRNA が合成されるが、プロセシングを経て正常な 18 S, 5.8 S, および 28 S の 3 種の rRNA に分断される。なお、5 S rRNA 遺伝子は DNA 上離れた部位に存在する(図 7-9, 図 7-8 参照)。

7·2·4 翻 訳
A. コドン

DNA のもつ遺伝情報を mRNA に伝える、いわゆる転写は塩基配列から塩基配列への単純なコピーであった。ところが、mRNA の遺伝情報をタンパク質に伝える、いわゆる翻訳は塩基配列をアミノ酸配列に変換することである。英文を邦文に翻訳するのと同じで、ある決まったルールに基づく単語の読み替え、つまり辞書が必要である。

では細胞は、4 種の塩基〔A, G, C, T(U)〕を使って、タンパク質をつくっている 20 種のアミノ酸をどのように読み分けるのだろうか。

(1) 1 塩基と 1 アミノ酸の、1:1 対応はできない。塩基種が足りない。
(2) 2 塩基の組み合せは、4×4=16 種類ができるが、これでも 20 種のアミノ酸を読み分けることはできない。
(3) 3 塩基ずつの組み合せは、4×4×4=64 種類でき、20 種のアミノ酸には十分対応できる。

実際にもすべての生物細胞は、3 塩基の配列が 1 アミノ酸を指定し、タンパク質合成を行っている。そこで、"1 アミノ酸を指定する塩基配列"をコドンといい、それらの具体的な組み合せは表 7-2 に示してある。この表からは、つぎの諸点が注目される。

(1) コドンのうち、対応するアミノ酸をもたないものが 3 種(UAA, UAG, UGA)ある。これらはナンセンス(nonsense, 意味をもたないの意)コドンと呼ばれるが、実際にはタンパク質合成の終止点を示す重要な働きをしている。したがって、これらは終止コドンともいう。
(2) タンパク質合成の開始を教えるコドンは、一般的には AUG である。試験管内でタンパク質合成を行うときには、mRNA のどんなコドンからでも始まるが、生きた細胞では開始コドンは一定している。(ごくまれに GUG や UUG を使う例が知られている。)ところが、AUG コドンはメチオニンを指定する。つまり、タンパク質合成は、つねにメチオニンから始まっている。しかし、合成後にタンパク質の先端部が切断されるので、細胞内タンパク質の N

表 7-2　普遍的なコドン表

mRNA として表わしてある。タンパク質合成の開始コドンは AUG〔と GUG, UUG（ごくまれ）〕である。

1番目の塩基 (5′末端)	2番目の塩基	3番目の塩基 (3′末端)			
		U	C	A	G
U	U	Phe	Phe	Leu	Leu
	C	Ser	Ser	Ser	Ser
	A	Tyr	Tyr	Ⓝ	Ⓝ
	G	Cys	Cys	Ⓝ	Trp
C	U	Leu	Leu	Leu	Leu
	C	Pro	Pro	Pro	Pro
	A	His	His	Gln	Gln
	G	Arg	Arg	Arg	Arg
A	U	Ile	Ile	Ile	Met
	C	Thr	Thr	Thr	Thr
	A	Asn	Asn	Lys	Lys
	G	Ser	Ser	Arg	Arg
G	U	Val	Val	Val	Val
	C	Ala	Ala	Ala	Ala
	A	Asp	Asp	Glu	Glu
	G	Gly	Gly	Gly	Gly

Ⓝ：ナンセンスコドン

末端アミノ酸は，いろいろである。原核生物では，開始アミノ酸はホルミル化された(HCO-)メチオニン(fMet と略す)である。

では細胞は，開始コドンの AUG とタンパク質中のメチオニンを指定する AUG とを，どのように読み分けているのだろうか。そのしくみは，mRNA 上の翻訳開始シグナルの有無に因っている。

（3）ナンセンスコドンを除いても，残る 61 種のコドンは 20 種のアミノ酸に対して多すぎる。したがって，1種のアミノ酸に対して数種のコドンが対応する例が多くある。ロイシン(Leu)，セリン(Ser)，およびアルギニン(Arg)のコドンは 6 種類もある。このように，同じアミノ酸を指定する複数のコドンは同義コドンと呼ばれる。一方，トリプトファン(Trp)やメチオニン(Met)のコドンは 1 種類しかない。こんなふうに，コドンの分布は著しく不均等である。なぜだろうか。その答は図 7-10 に示されている。すなわち，アミノ酸に対応するコドン数の片寄りは，細胞タンパク質における使用頻度と直接相関してい

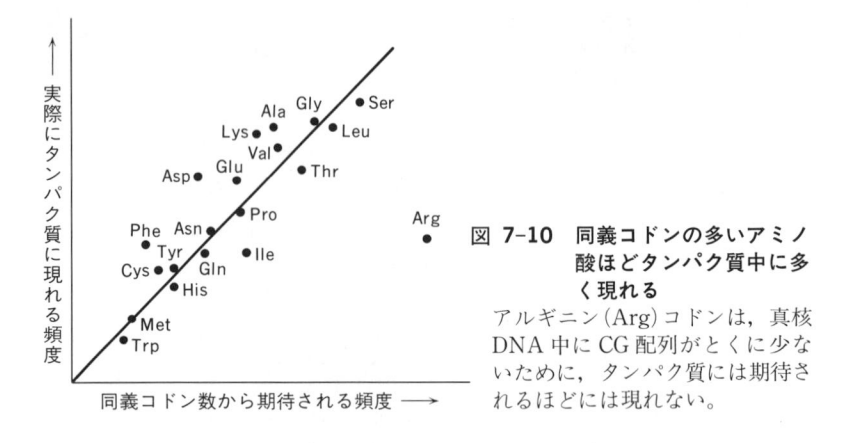

図 7-10 同義コドンの多いアミノ酸ほどタンパク質中に多く現れる

アルギニン(Arg)コドンは，真核 DNA 中に CG 配列がとくに少ないために，タンパク質には期待されるほどには現れない。

る。つまり，同義コドンの多いアミノ酸ほど，タンパク質中に多く現れるのである。

(4) 同義コドンには規則性が見られる。たとえば，グリシン(Gly)コドンの GGU, GGC, GGA, GGG のように，前2塩基は共通し，第3塩基だけが違っているものがある。じつは，グリシンは前2塩基だけを読み，第3塩基は遊んでいることを示している。実際，ミトコンドリアではこの仕方でタンパク質が合成されている(後述)。

(5) 1つのアミノ酸に対する同義コドンの中でも，細胞内では頻繁に使われるものと，あまり使われないものとがある。しかし，図 7-10 で見たように，同義コドンの数とタンパク質でのその使用頻度は"正"に相関している。

(6) 同義コドンの存在は，生物にとってどんな意味をもつのだろうか。それは，突然変異を最小限に抑えるのに役立っている。すなわち，DNA 上に突然変異が起き，塩基が変換しても，その効果はタンパク質のアミノ酸配列上には現れてこない。このような突然変異はサイレント突然変異(silent は無言の意)と呼ばれる。たとえば，グリシンコドンにおいては，第3塩基がどのように変異しようとも，グリシンの指定は変わらない。

(7) 突然変異によって，もし別のアミノ酸コドンに塩基変換したならば，タンパク質中の相当するアミノ酸は，変異型のアミノ酸に変わる。このような突然変異はミスセンス突然変異(missense は誤認識の意)と呼ばれる。しかし，塩基変換の結果ナンセンスコドンになってしまったならば，タンパク質合成はそこで止まる。これをナンセンス突然変異という(図 7-11)。

(8) コドンは，3塩基を一組として，mRNA 上を $5' \rightarrow 3'$ 方向に連続的に解

```
正常な DNA      ————————AAT————————
     ⇩
正常な mRNA    〜〜〜〜〜UAA〜〜〜〜〜
     ⇩
正常なタンパク質  ●〜〜〜〜Leu〜〜〜〜●
                      ⇩ ナンセンス突然変異
変異 DNA       ————————ATT————————
     ⇩
変異 mRNA     〜〜〜〜〜UUA〜〜〜〜〜
     ⇩
未完成タンパク質  ●〜〜〜〜●
```

図 7-11　ナンセンス突然変異

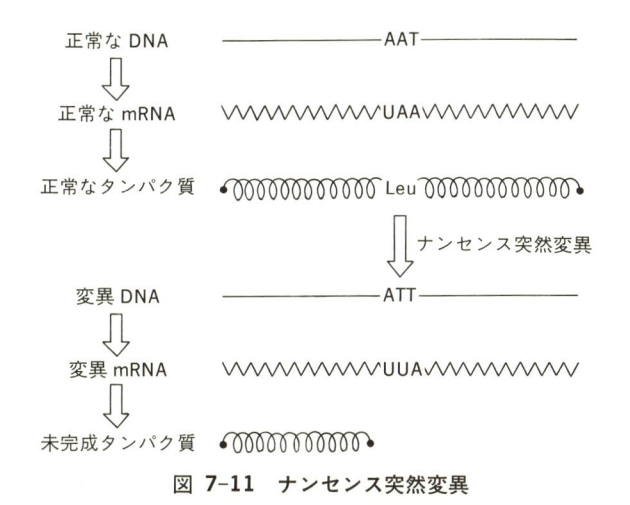

　読されていく。その読みに空白はない。したがって，コドンの読み始めが1塩基ずれると，以後はまったく違ったアミノ酸配列をもつタンパク質ができる。これをフレームシフト突然変異（frame は枠の意．shift は移動の意）という。このようにフレームシフトされたアミノ酸配列はふつう機能をもたない。しかしφX 174 ファージ（1本鎖 DNA をもつ細菌ウイルス）は，この方法で同一のヌクレオチド配列を用いて2種類のタンパク質を合成することが知られている。

　さて，表7-2 に示したコドンは普遍〔またはユニバーサル（universal）〕コードと呼ばれ，全生物界において用いられているものである。このことは，すべての生物種がある1つの共通祖先から進化してきたことを示す，最も強力な証拠であるとされている。ところが，1981年に驚くべき事実が発見された。

表 7-3　普遍的コドンとミトコンドリアコドンとの違い

コドン	普遍コード	ミトコンドリアのコード			
		哺乳類	ショウジョウバエ	酵母	植物
UGA	ナンセンス（終止）	Trp	Trp	Trp	ナンセンス（終止）
AUA	Ile	Met	Met	Met	Ile
CUA	Leu	Leu	Leu	Thr	Leu
AGA AGG	Arg	ナンセンス（終止）	Ser	Arg	Arg

☐：普遍コードと違っているもの．

すなわち，ヒトのミトコンドリア DNA の全 16,569 ヌクレオチドの配列が決定されたとき，この普遍コードに合わない例があることがわかった．表 7-3 に示すように，ミトコンドリアのタンパク質合成では，一部に別のコードが用いられている．ではこれをどう説明するか．これらは，普遍コードの変異型であり，おそらくミトコンドリアでは変異型タンパク質がそれなりに機能しているのだろう．しかし，これが核 DNA 下で行われているような大量のタンパク質合成で起ったならば，細胞は死ぬだろう．

B．翻訳の主役は tRNA である

tRNA の 2 つの重要な反応　tRNA は，翻訳において，mRNA 配列のヌクレオチド（塩基）とタンパク質配列のアミノ酸とをつなぎ合わせるアダプターである．したがって当然のことながら，すべての細胞は tRNA を含んでいる．tRNA はおよそ 80（73〜93）個の塩基の配列からなる，小さな RNA である．

さて，tRNA の第 1 の重要な反応は，分子の一方で mRNA のコドンと結合し，他方でそのコドンに合ったアミノ酸と結合することである．そこで，コドンと結合する tRNA の領域はアンチコドン〔アンチ（anti-）は対の意〕と呼ばれ，両者は水素結合を通して塩基対合する．一方アミノ酸結合域では，図 7-

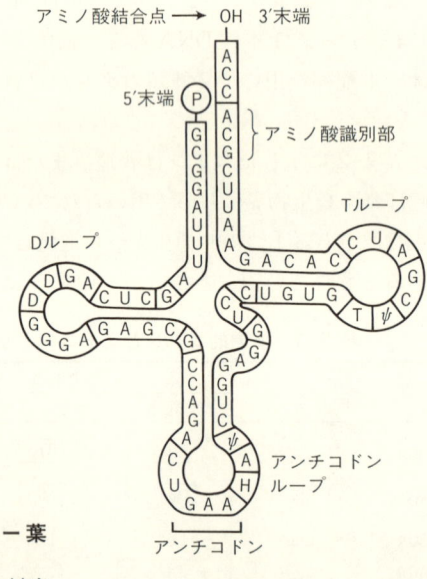

図 7-12　tRNA のクローバー葉構造とその役割
アンチコドンは mRNA 中の対応コドンと水素結合し，アミノ酸配列を決める．

12に示すように3′末端でアミノ酸と結合するとともに，認識領域で側鎖に応じて20種類のアミノ酸を識別する．したがって，tRNAの分子種が決まれば，結合するmRNA上のコドンとアミノ酸の種類が一義的に決まる．つまり，細胞にはtRNAはすくなくとも20分子種が含まれなければならないことになる．しかし実際には，原核細胞には約60種，真核細胞には120種余り含まれる．これは，1つのアミノ酸に対して複数のtRNA種が存在するからである．

第2のtRNAの重要反応は，下記の(i)アミノ酸の活性化と(ii)高エネルギーなアミノアシル-tRNAの生成である．

$$\text{第1段反応} \quad \overbrace{\underset{R}{\underset{|}{H_2N-\underset{|}{C}-\underset{}{\overset{O}{\underset{||}{C}}-O^-}}}}^{\text{アミノ酸}} + ATP \longrightarrow \overbrace{\underset{R}{\underset{|}{H_2N-\underset{|}{C}-\underset{}{\overset{O}{\underset{||}{C}}-O-\underset{\underset{O^-}{|}}{\overset{O}{\overset{||}{P}}}-リボース-アデニン}}}}^{\text{アミノアシル-AMP}} + 2P_i$$

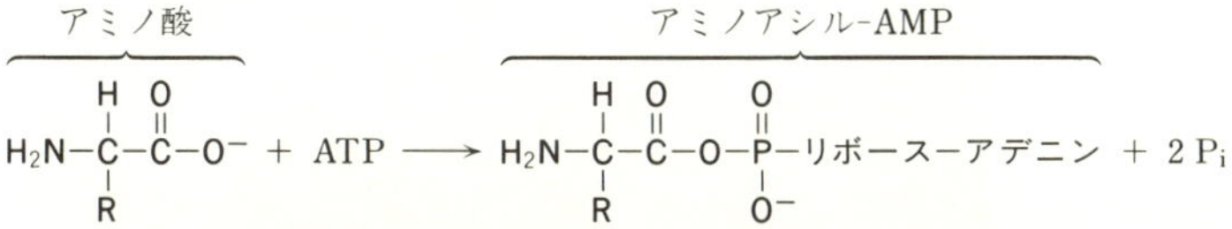

第2段反応　アミノアシル-AMP + tRNA ⟶ アミノアシル-tRNA + AMP

これらの反応を触媒する酵素はアミノアシルtRNAシンテターゼと呼ばれ，これが各アミノ酸とそれに適合するtRNAとを結合させる．したがって，アミノ酸ごとに異なるアミノアシルtRNAシンテターゼが存在する．そこで，翻訳過程の精度は，いつにこの酵素反応によって決まる，といえる．

tRNAの構造　核酸やタンパク質のようなポリマーは，合成が終わった後にモノマーの構造変化，すなわち(化学的)修飾を受けることはよく知られている．こういうなかで，際立った例はtRNAである．これまでに構造決定さ

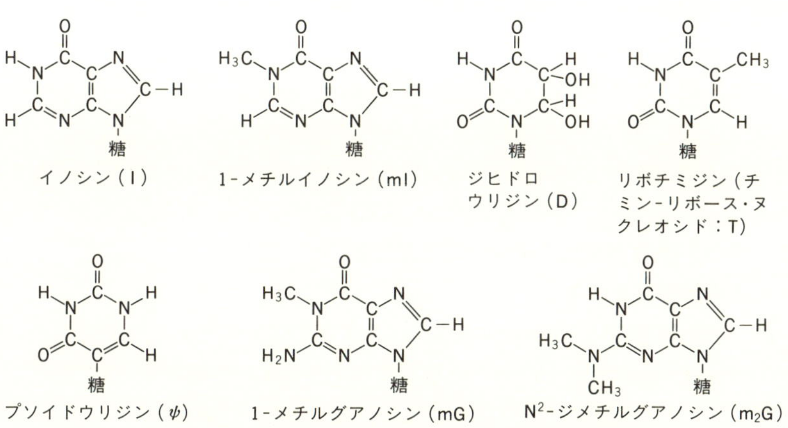

イノシン（I）　　1-メチルイノシン（mI）　　ジヒドロウリジン（D）　　リボチミジン（チミン-リボース・ヌクレオシド：T）

プソイドウリジン（ψ）　　1-メチルグアノシン（mG）　　N^2-ジメチルグアノシン（m_2G）

図 7-13　tRNAに見られる異常な塩基（微量塩基）

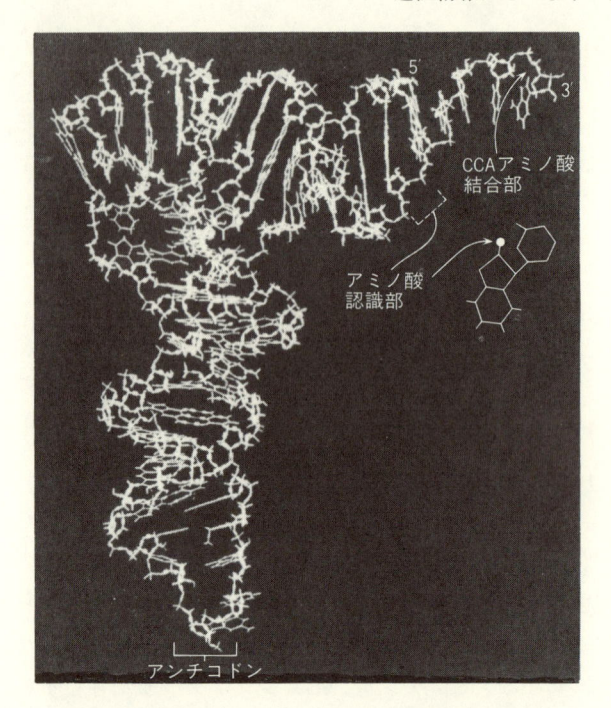

図 7-14　酵母 tRNA^{Phe} 分子の立体構造 (S. Kim)
L 型構造という。

れた tRNA 分子のすべてで，このような修飾が見られている。図 7-13 は，これらの異常な塩基の例である。これが tRNA 構造の第 1 の特色である。当然のことながらこれら修飾は，分子の生物活性にも影響し，それは mRNA のコドン認識にも及ぶ。

　tRNA 構造の第 2 の特色は，先の図 7-12 で見たように，分子内 2 本鎖ができていることである。この構造はクローバー一葉構造と呼ばれる。しかし，結晶分子の X 線回折によるその詳細は，図 7-14 に見るように"L 型"構造である。

C．タンパク質合成はリボソーム上で起る
1．原核細胞におけるしくみ
（1）　**翻訳装置 70 S 複合体の完成**　まず図 7-15 を見よう。細菌のタンパク質合成は，mRNA，tRNA^{fMet}（ホルミルメチオニンを結合），30 S リボソーム亜粒子，および GTP（グアノシン三リン酸）の 4 者が会合することから始まる。その後 50 S リボソーム亜粒子がこれに加わって，70 S 開始複合体が形成

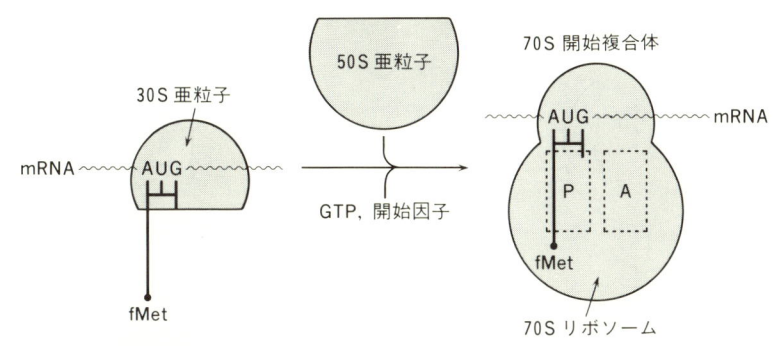

図 7-15 翻訳装置の 70 S 開始複合体の形成
AUG：開始コドン，fMet：ホルミルメチオニン，P および A 点：リボソーム上の tRNA 結合点．

される．ここで GTP はリボソーム粒子の結合エネルギー源となる．リボソーム上には，tRNA 結合点が 2 か所あって一方を P（ペプチジル）点，他方を A（アミノアシル）点という．まず P 点には，初発の tRNA^{fMet} が結合し，そのアンチコドンが mRNA 上の開始コドン AUG と水素結合する．ここで，mRNA の翻訳装置は完成する．

（2） **ペプチド結合の完成**　ひき続いて，A 点には mRNA の開始コドンに続く第 2 コドン，たとえば UUU（図中）と対合するアミノアシル tRNA（tRNA^{Phe}，表 7-2 参照）が結合する．ただし，この tRNA^{Phe} が A 点に入るには，（ペプチド）伸長因子の EF-Tu の助けが要る（図 7-16）．ここで，開始アミノ酸の fMet と第 2 アミノ酸の Phe（フェニルアラニン）との間にペプチド結合ができあがる．それには酵素ペプチジルトランスフェラーゼが触媒する．ただしこの酵素機能は，50 S リボソームをつくっている 23 S rRNA の特異な領域の触媒作用に因っており，タンパク質は関与していない．

（3） **リボソームの移動**　いったんペプチド結合が形成されると，P 点はアミノ酸を失った tRNA，A 点はニペプチジル（fMet-Phe-）tRNA が占めることになる．ここで 3 つの動きが起る．すなわち(i)アミノ酸を失った tRNA が P 点を去る．(ii)ペプチジル tRNA が A 点から P 点に移る．(iii)A 点につぎのコドンがくるように，リボソームは mRNA 上の 1 コドン（3 塩基）分だけ 5′→ 3′ 方向（mRNA 合成と同じ）に移動する．

（4） **翻訳の完了**　図 7-17 に示すように，タンパク質合成反応が終止コドンに達すると，翻訳過程は終わる．これは細胞質タンパク質の終結因子がそのコドンに結合し，ペプチジルトランスフェラーゼ活性を抑制するからである．

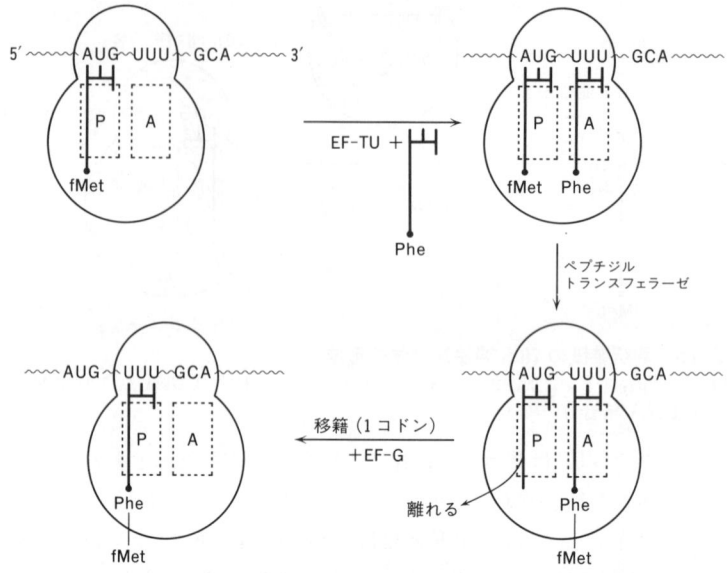

図 7-16 リボソーム上で起るタンパク質合成反応
AUG：開始コドン，UUU：フェニルアラニンのコドン，EF：伸長因子。

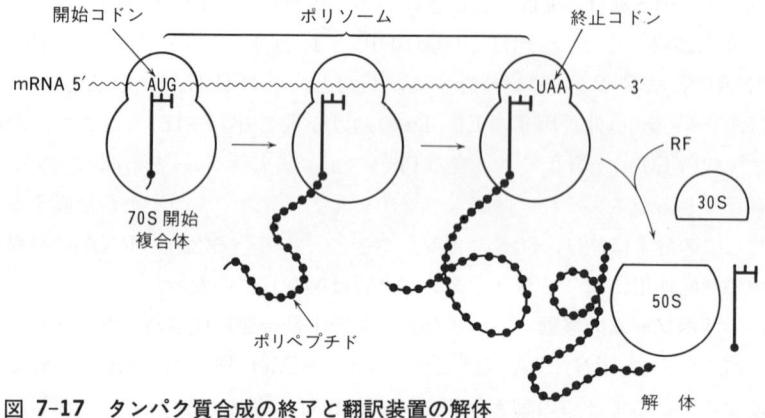

図 7-17 タンパク質合成の終了と翻訳装置の解体
ポリソーム：1本の mRNA 上に多数のリボソームが結合しているもの。実際のタンパク質合成は，連続的に行われる。RF：タンパク質解離因子。

かくして，翻訳系をつくったポリペプチド，tRNA，mRNA，および大小リボソーム亜粒子は解体し，タンパク質合成は新しいラウンドに入る。

細菌の場合，翻訳のステップは約20分の1秒であり，したがって400アミノ酸からなる平均的タンパク質の完成には約20秒を要することになる。一般

にタンパク質合成には，他のどの生合成過程よりも多くのエネルギーを必要とし，1個のペプチド結合をつくるのにすくなくとも4つの高エネルギーリン酸結合が費やされる。それは(i)アミノ酸の活性化(アミノアシルtRNAの生成)に2つ，そして(ii)リボソーム上で起る反応に2つが消費されるからである。

2. 真核細胞におけるしくみ

真核細胞では，代謝(系)を分画するためのさまざまな膜構造が発達しており，それは，代謝の独立性と高速の保持に大いに役立っていることはすでに述べた。核もそのような膜構造の一つである。核膜はリボソームを細胞質内に閉じ込めており，したがってDNAの転写産物であるmRNAを，その翻訳系から分けてしまっている。そのために，mRNAはスプライシングを終えた後，核膜孔を通り抜けて細胞質に出て，そこでリボソームと会合しなければならない(図7-18)。原核細胞と真核細胞の間における翻訳の基本的なしくみは同じであるが，この点に最も大きな差異がある。

さらに真核細胞の翻訳には，つぎの諸点にもマイナーな特徴がある。(i)真核細胞の翻訳系は，80 S開始複合体の形成から始まる(図3-10参照)。(ii)真核タンパク質の合成はメチオニン(Met)から始まる。原核タンパク質のような

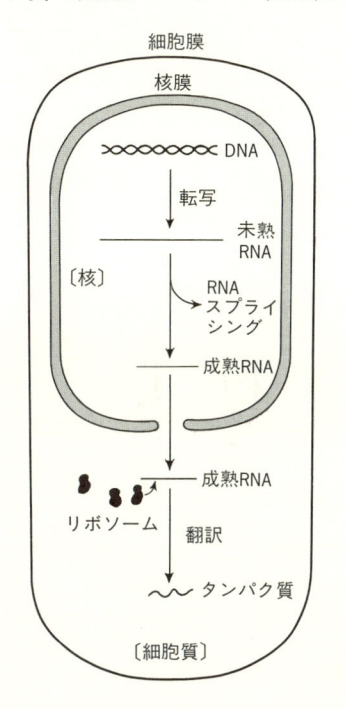

図 7-18　真核細胞における全タンパク質の合成系

mRNAはスプライシング後，核膜孔を通り抜けて細胞質に輸送される。

ホルミルメチオニン（fMet）ではない。しかし，ともに開始コドンは AUG である。

D．粗面小胞体とタンパク質合成

真核細胞においては膜系が発達し，代謝（系）を分画していることについてはすでに触れた。そこで，真核細胞の粗面小胞体は，原核細胞とは違った独特のタンパク質合成系をつくりあげている。

真核細胞から粗面小胞体を取り出すと，その全体構造は破壊されて図 7-19 に見るような，表面にリボソームを付着した小胞体として得られる。この小胞体を用いてタンパク質合成をさせると，合成されたポリペプチドは小胞内に蓄積されてくる。ホルモンや酵素を分泌する細胞では，小胞体がよく発達している。これらの分泌タンパク質は，粗面小胞体のリボソームで合成され，小胞体の内腔に入る。つぎにここで，オリゴ糖（少数の糖，前出）が付加されるなど，

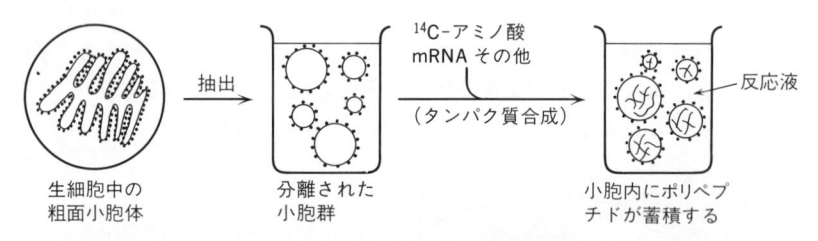

図 7-19　取り出した粗面小胞体でタンパク質合成を行う
粗面小胞体構造は壊れて，小胞体の集まりとなる。小胞体内には合成されたペプチド（放射能で標識）がたまる。

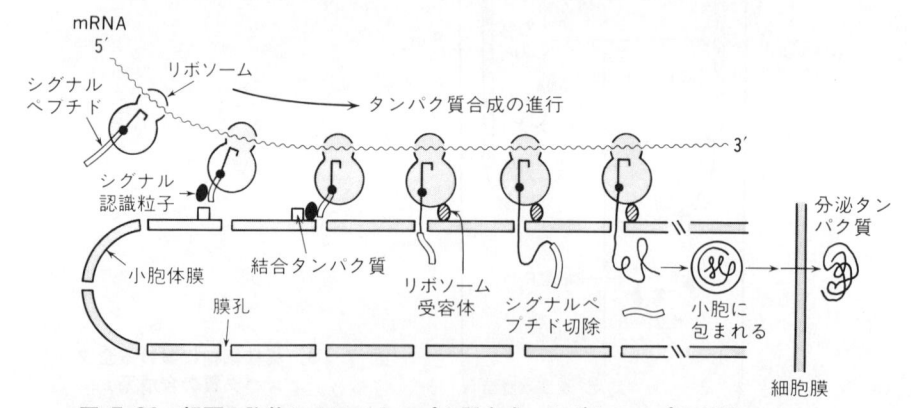

図 7-20　粗面小胞体におけるタンパク質合成—シグナルペプチド説—
分泌タンパク質は小胞体内腔を通り，ついでゴルジ体を経て細胞膜に達する。そこでエキソサイトーシスにより細胞外に分泌。

少し修飾をうけてから膜に包まれ、小胞となる。そしてさらに、他の小器官やゴルジ体の内腔、あるいは細胞膜に向けて輸送される。

さて、粗面小胞体のリボソーム上では、どんな過程を経てタンパク質が合成されていくか。これに関してはシグナルペプチド説がある。この仮説は図7-20に略図するように、リボソームが小胞体膜に接着するには、合成されたポリペプチドの先端に付く非常に疎水性の高い、つまりリン脂質を貫通しやすいアミノ酸配列がシグナルになる、とする。ポリペプチド合成が始まるときには、リボソームはまだ遊離の状態にあり、まずシグナルペプチドが合成される。このペプチドは、細胞質にある特異な核タンパク質粒子（シグナル認識粒子）と結合する。ついでその粒子は、小胞体表面にある結合タンパク質と接着する。リボソームは、つぎに膜孔の近くにある受容体に席を移し、そこで安定する。その後に、続いて合成されるポリペプチドは膜孔を通って、内腔に入っていく。最後に、シグナルペプチドは酵素により切除される。

いま試験管内で、いくつかの分泌性タンパク質を、単離のリボソームを用いて合成すると、いずれもフェニルアラニン、ロイシン、バリンなど、非常に疎水性の高いアミノ酸を20個余り配列したシグナルペプチドを付けたままのタンパク質が合成されてくる。生きた細胞で合成されているタンパク質には、決してこのようなシグナルペプチドは付いていない。

E. 原核細胞における転写と翻訳の同時進行

膜系の進化していない原核細胞では、DNAもリボソームも細胞質に露出している。だから転写や翻訳は、真核細胞のように膜の制約をうけることなく、むき出しのままで進行する。

DNAの転写によって生成したmRNAの5′末端は遊離しているので、そこの開始コドンにはリボソームが結合して70S開始複合体が形成され、5′→3′方向に翻訳が進んでいく。その転写と翻訳の連続的な進行の様子は、図7-21・aのように電子顕微鏡的にとらえることができる。同図bに示したように、1遺伝子(DNA)上のプロモーターには陸続としてRNAポリメラーゼが結合し、移動すると同時にmRNAが合成される。またそれぞれのmRNAには陸続としてリボソームが結合し、その移動に合わせてタンパク質が合成されていく。したがって、このような様式では、ある遺伝子について転写が開始されるやいなや、タンパク質は急速に大量生産されていくことになる。しかし、すでに述べたように、細菌のmRNA分子の半減期は真核mRNAに比してきわめて短い。実際、環境変化に対する細胞代謝の切り替えもじつに速い。おそ

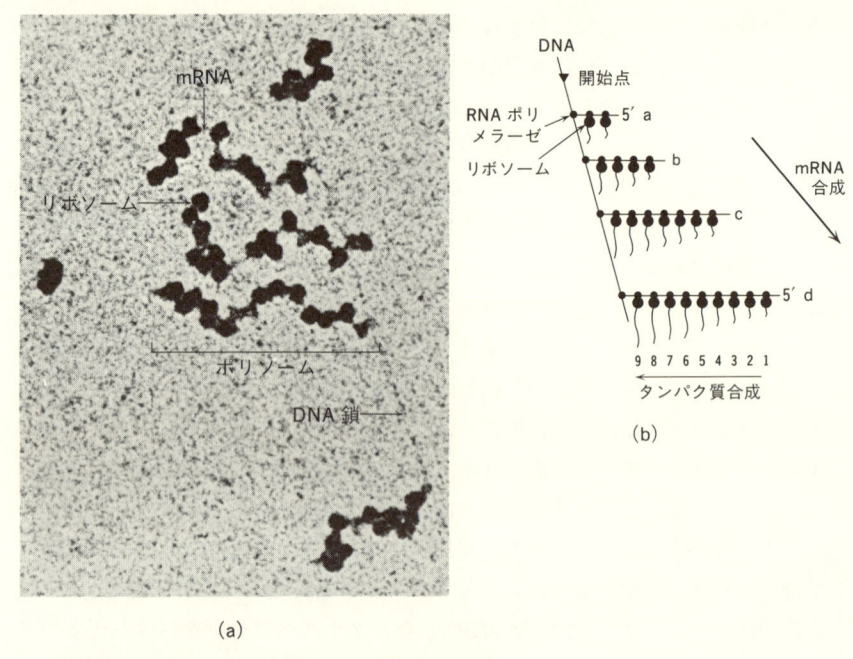

図 7-21 細菌細胞における転写と翻訳の同時進行
mRNA は初生のときからリボソームを結合し，タンパク質を合成する．伸長中の mRNA はポリソームをつくる．(a) O. Miller らによる電子顕微鏡像．(b) その図解．

らく，これが細菌の適応の迅速さの基礎になっているのだろう．

7・2・5 遺伝子発現の調節

この問題は，細菌について研究がよく進んでいる．そこで，まず細菌におけるしくみから説明しよう．

DNA 上の遺伝子はすべてが常時働いているわけではない．細胞においては，その分裂の周期に応じ，分化に応じ，あるいは環境条件に応じて，ある遺伝子は働き，他の遺伝子は休む．また1つの遺伝子についても，細胞の生理条件に応じて活性を変えていく．図 7-22 は，細菌の胞子が発芽して成長し，細胞分裂に至るほぼ 200 分の間に，遺伝子がいかに秩序よく働いているかを示す例である．この遺伝子発現の順序は決して狂うことはない．このような遺伝子の発現秩序のみごとさは，すべて調節機構に因っている．

細胞のタンパク質合成の速度は転写と翻訳の開始頻度に依存しており，それ

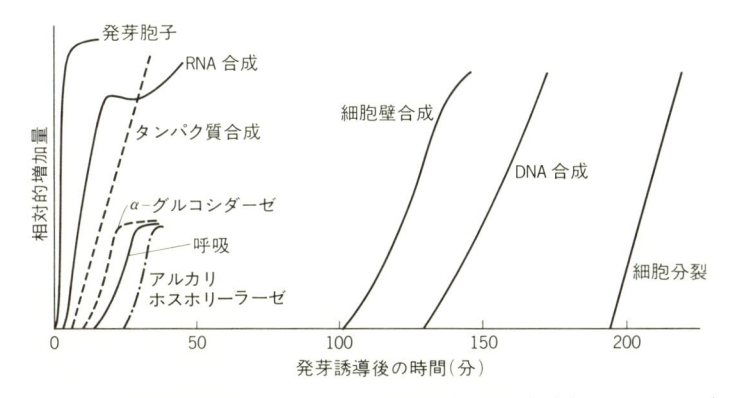

図 7-22　細菌胞子の発芽にともなう細胞物質の逐次合成 (H. Halverson)

が遺伝子の活性調節の基本様式となっている。一方，代謝の最終産物の生産量に応じたアロステリック酵素の活性変化(フィードバック阻害)がこれに加わるが，これについてはすでに説明した(p.78参照)。

　進化における自然淘汰は，その生物の生殖能力の効率が大きな要素となっている。たとえば，細胞分裂の周期が30分の細菌集団の中に，30秒だけ早く分裂する変異菌が生まれたならば，80日後には，その集団の99.5％は変異菌によって占められることになる。言い換えると，生きる能率がほんの少し他より優れているならば，広い自然界で長い時代を経た後には，その生物社会を支配できるようになるほどの有利さをもつ。そこで生きる能率とは「最少のエネルギーをもって最大の生存効果を得る」ための，細胞代謝の経済性をいう。

　細胞代謝では，複数種の酵素群が連係しながら，基質の化学変化の流れをつくっている。この場合，細菌ではある代謝の酵素群はいっせいに合成されたり，止まったりする。これは，細菌DNA上で関係遺伝子の全体にわたる大きなmRNA分子(ポリシストロニックmRNA)が合成され，その合成のオン・オフによって酵素合成が同調されているからである。このように同調的に活性化される遺伝子集団をオペロンという。

A．負の調節―大腸菌のラクトース代謝に関わるオペロンにおいて―

　大腸菌の野生型はラクトース(乳糖)を利用する能力をもっていない。ところが，ラクトースを唯一の炭素源とする培地に植えてやると，長い時間経過ののちこれを利用して成長するようになる。これは，

$$\text{ラクトース} \xrightarrow{\text{加水分解}} \text{グルコース} + \text{ガラクトース}$$

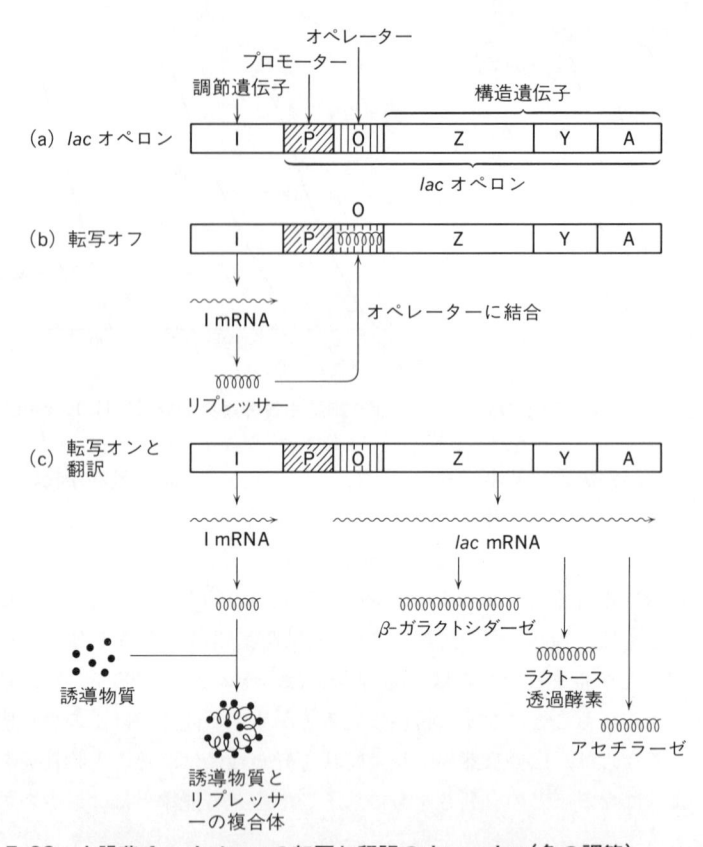

図 7-23 大腸菌 *lac* オペロンの転写と翻訳のオン・オフ(負の調節)
 I, *P*, *O*, *Z*, *Y*, *A* は *lac* 遺伝子群。mRNA 合成はプロモーター(*lacP*)から始まる。

のように，ラクトースを加水分解し，利用するための酵素が"適応的"に生産されてくるからである。いままで合成されていなかった酵素が，どのように適応的に合成されるようになるかについては，フランスの分子遺伝学者 F. ジャコブと J. モノが 1961 年オペロン説を提唱した。この説はその後多くの人々の改良を経て，そのしくみは図 7-23 のようであることが明らかになっている。すなわち，ラクトース発酵に関する遺伝子群(*lac* オペロンという)における β-ガラクトシダーゼ(ラクトースの水解酵素)，ラクトース透過酵素(ラクトースの細胞膜輸送の担体)，およびトランスアセチラーゼ(アセチル化酵素)の 3 酵素の合成オン・オフのしくみを示している。そこには，つぎのような過程が含まれる。

（1） *lacZ*，*lacY*，および *lacA* の各遺伝子にまたがる mRNA が転写される。

（2） mRNA の合成は，プロモーター(*lacP*)から始まる。これはオペレーター(*lacO*)に隣接し，機能的に直結している。

（3） オペレーターにリプレッサー(抑制タンパク質)が結合すると，mRNA の合成は起らない。

（4） ラクトースは mRNA の合成を誘導し，その結果として3酵素の合成へと導く。それは，誘導物質であるラクトースがリプレッサーに結びつくと，そのアロステリックタンパク質は高次構造を変えるために，オペレーターに結合できなくなるからである。この過程はデリプレッション(抑制解除)と呼ばれる。そして，このような"抑制"による遺伝子発現の制御を，負の調節という。この系で説明される遺伝子の例は多い。

では調節系の遺伝子に突然変異が起きたならば，"適応酵素"の合成はどうなるか。負の調節系では，(i)調節遺伝子の突然変異によって，リプレッサーが合成されなくなったり，あるいはリプレッサー構造が変化してオペレーターに結合できなくなったとき，または(ii)オペレーターに突然変異が起きて，リプレッサーを受け付けなくなったときには，mRNA や酵素群は常時合成されるはずである。事実，このような突然変異は多く知られている。そこで，負の制御が効かなくなった，このような酵素の常時合成を"構成的"発現といい，当酵素を"構成酵素"という。これは，適応的発現あるいは適応酵素に対する語である。図 7-24 は，大腸菌 *lac* オペロンのオペレーターにおける塩基配列と，そこに起る突然変異による構成的発現の例を示している。

ところでオペロン説には，3つの矛盾がある。まず第1は，細胞が誘導物質

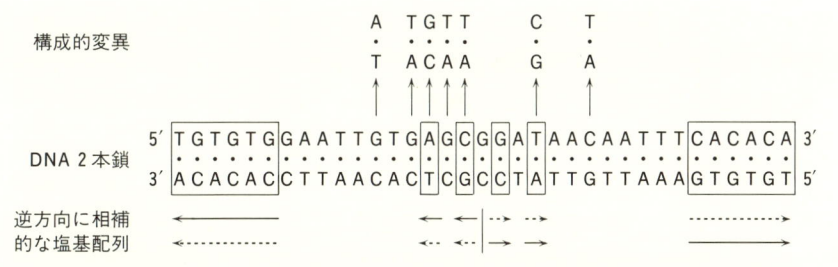

図 7-24 大腸菌 *lac* オペロンのオペレーターにおける塩基配列と構成的変異
　構成的変異が起きると，酵素群は定常的に合成されるようになる。それはリプレッサーが効かなくなるからである。

を吸収するには，細胞膜に存在する透過酵素の活性が必要である．では，透過酵素の合成を誘導するラクトースは，どのようにして細胞内に入っていくか，という問題である．第2は，リプレッサーに直接結合する誘導物質はラクトースではなく，その異性体のアロラクトースであり，その異性化には β-ガラクトシダーゼの働きが要る，という問題である．つまり，β-ガラクトシダーゼの合成を誘導するのに β-ガラクトシダーゼの働きが要るのである．これら2つの問題を解くのに，現在つぎのような説明がなされている．すなわち，細胞は非誘導状態においても，少量の *lac* mRNA，したがって少量の酵素が構成的に合成されている，と．言い換えると，リプレッサーのオペレーターへの結合は，それほどにゆるいと推定される．さて第3の問題は，*lac* オペロン内の酵素アセチラーゼに関するものである．大腸菌のラクトース代謝において，具体的には，アセチラーゼはどこにも関与していない．そこで最近の説明は，この遺伝子 *lacA* は，染色体上のどこかからここに漂着したのだろう，というものである．事実，後の進化の章で論ずるように，遺伝子はかなり自由に漂流しているようである．

B．正の調節—環状 AMP(cAMP)の働き—

　大腸菌では，ラクトースオペロンのほかに，ヒスチジン，トリプトファンなどのアミノ酸の合成系，あるいはガラクトースやアラビノースの糖分解系など多くの代謝遺伝子においてオペロンが見出されている．そして，遺伝子がオペロンをつくることが原核 DNA の特色ともなっている．しかしこれらのオペロンが，どれもリプレッサーが抑制因子となる負の調節系をもっているとは限らない．調節遺伝子の生産するタンパク質が転写を促進する，いわゆる正の調節を行うものも多い．つぎには，その例として大腸菌のラクトースオペロンを取り上げる．

　いま大腸菌を炭素源としてグルコースとラクトースの両方を含む培地に植えたならば，菌はどちらの糖を使うだろうか．それは，グルコースだけを利用する．理由は，グルコースの代謝産物がラクトースオペロンの発現を抑制するからである．これはラクトースに限らず，ガラクトース，アラビノースなど特殊な糖とグルコースが共存するときには，いつもグルコースはこのような抑制効果を示す．では，なぜ細菌はグルコースを好んで利用するのだろうか．おそらくそれは，細菌類が他糖よりもグルコースに富んだ環境の中で進化してきたためであろう．

　このグルコースの優先的利用の原因を知るための研究から，DNA 上におけ

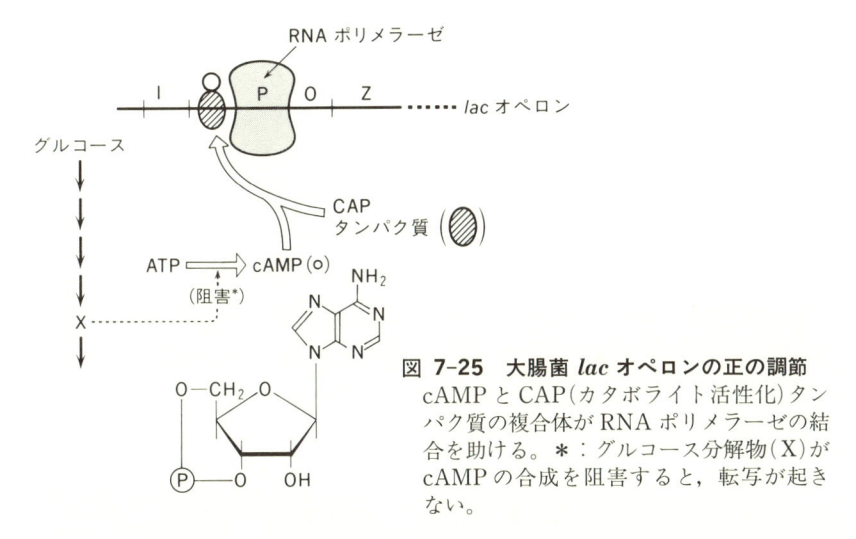

図 7-25　大腸菌 lac オペロンの正の調節
cAMP と CAP（カタボライト活性化）タンパク質の複合体が RNA ポリメラーゼの結合を助ける。＊：グルコース分解物（X）が cAMP の合成を阻害すると、転写が起きない。

る mRNA 転写の正の調節機構がしだいに明らかになってきた。その要点を示すと，図 7-25 のようである。すなわち，グルコースが分解されると代謝の中で生まれる物質は，ATP からの cAMP 合成を阻止する。すると lac mRNA 転写が誘導されない。cAMP は，生物界に広く分布しており，動物体ではホルモン作用に関与するなど，その働きは多様である。大腸菌のラクトースオペロンに対しては，cAMP は CAP〔カタボライト（遺伝子）活性化タンパク質〕と複合体をつくって，mRNA の合成を促進する。cAMP-CAP 複合体は，図に示すように，ラクトースオペロンのプロモーター（の上流）の塩基配列と会合して，RNA ポリメラーゼのプロモーターへの結合を助ける。おそらく DNA 構造を変えて，RNA ポリメラーゼが DNA 鎖に結合しやすくするのだろう。結局，以前にはラクトースオペロンは負の調節だけを受けると考えられていたが，mRNA 転写系は，一方では，つねに cAMP-CAP 複合体による正の調節も受けていることが明らかになった。

　オペロン説の提唱以来，転写レベルの調節系の研究だけが大いに発展した。しかし，タンパク質合成の調節には，mRNA ばかりでなく，tRNA，酵素，補助因子などの生産活性もまた関与しているはずである。翻訳系全体に関する調節モデルは，まだ発表されていない。

C．真核生物の場合

　つぎに，真核細胞におけるタンパク質合成系の調節について述べる。本来，代謝活性は細胞自身の生理条件のみならず，環境条件の変化にも敏感に応答す

るきわめて可変性に富んだものである。決して固定的ではない。またそのしくみは，生物進化を経て，じつに多様なものとなっている。ではつぎに，原核細胞と真核細胞で見出されている調節機構の違いを，いくつかあげてみよう。(i)原核遺伝子の多くはオペロンをつくっているが，真核遺伝子はそれぞれ独立している。これは，オペロン遺伝子が進化にともなって分散してきたことを示している。(ii)mRNA の半減期は，原核生物では短いのに対して，真核生物では非常に長い(前出)。(iii)真核 DNA はヒストンや非ヒストンタンパク質と結合しており，裸の DNA 領域は少ない。これらの結合タンパク質は，遺伝子発現に強く影響するはずである。(iv)真核生物では，とくに進化したものほど，いわば遊んでいる塩基配列が多い。高等動物では，実際に転写されている塩基配列は，数%程度と推定されている。(v)たいていの真核遺伝子はイントロンを含むが，原核遺伝子はイントロンを含まない(前出)。(vi)DNA 上の転写調節にかかわる塩基配列は，真核生物では原核生物に比べて著しく大きく，複雑である。(vii)細胞の膜系分化は，タンパク質合成の調節系にも強く影響しているはずである。代謝調節は，細胞生命を擁した全体系である。

遺伝子増幅と遺伝子ファミリー　新しい遺伝子は，古い遺伝子の重複と分散によって生まれる。それらは，新しい機能を生み出し，多様化させていく。このようなしくみのために，古い遺伝子は近縁のものどうしの間で，いわゆるファミリーを形成するとともに，同族的な機能集団化をしていく。しかし，このようなファミリーをつくる遺伝子の塩基配列は，相互に"同質"ではないことに留意すべきである。なぜならば，それぞれの遺伝子は独立に突然変異を累積していくからである。図 7-26 は，ウニのヒストン遺伝子が数千倍にも増幅してファミリーをつくっている様子を示している。また，たとえばアフリカツメガエルのある種(*Xenopus laevis*)では，rRNA 遺伝子(rDNA)が 500 回も増幅したファミリーをなしており，その受精卵が発生過程に入るときには，さらにファミリーは 4000 倍に増える。そして，その全量は，卵の核 DNA の 75% にも達する。これは，発生時大量のタンパク質合成を行うための備えである。

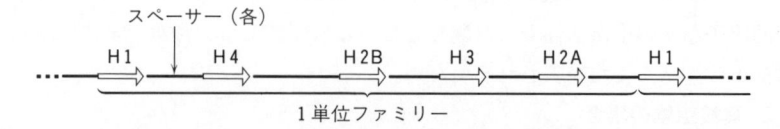

図 7-26　ウニのヒストン遺伝子がつくるファミリー
矢印は転写の方向。

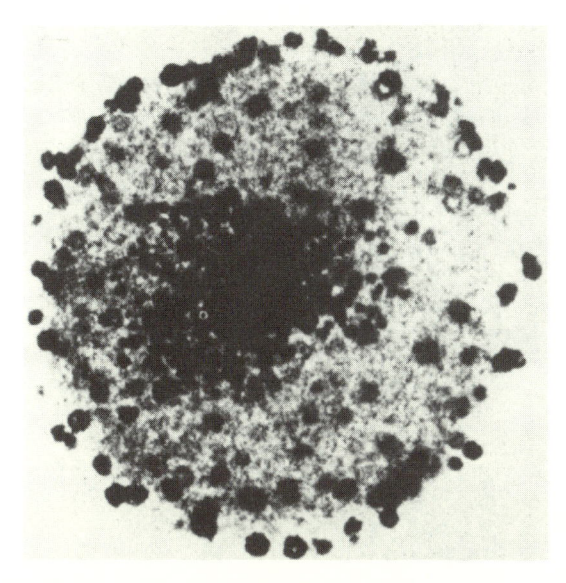

図 7-27　アフリカツメガエル卵の核内は rDNA から成る核小体で満たされている（D. Brown）

各 rDNA ファミリー単位は，主染色体から切り離されて環状となり，核内で蓄えられて核小体をつくる（図 7-27）。このような卵形成の際の rRNA 遺伝子の増幅は，両生類のみならず昆虫類，魚類，さらには原生動物の大核形成にも見られる。ちなみに，原生動物の細胞は生殖のための小核と，代謝のための大核とを含んでいる。

多糸染色体の形成とパフの出現　上には長い染色体の中で，必要な特定の遺伝子だけが重複し，数を増す例について述べたが，つぎは細胞分裂を行わない状態で染色体だけが繰返し複製し，分離しないでいる例を述べる。図 7-28 は，ショウジョウバエの唾液腺細胞で見られる巨大な染色体で，多糸染色体と呼ばれる。いま 1 本の染色体が 10 回複製を繰返すと 2^{10}，すなわち 1024 本の同質染色体が束をなすことになる。この染色体は光学顕微鏡下でもよく観察でき，図にあるように多数の暗色の膨らみのあるバンド（横縞）を区別することができる。このバンドはパフ（puff，膨らみの意）と呼ばれ，それは部分的に起る多数の DNA コピーの出現を示している。そして，このパフの位置は発生過程のある定まった時期に，ある定まった場所において現れることが知られている。

ランプブラシ染色体の形成　染色体のパフに似たものにランプブラシ染色

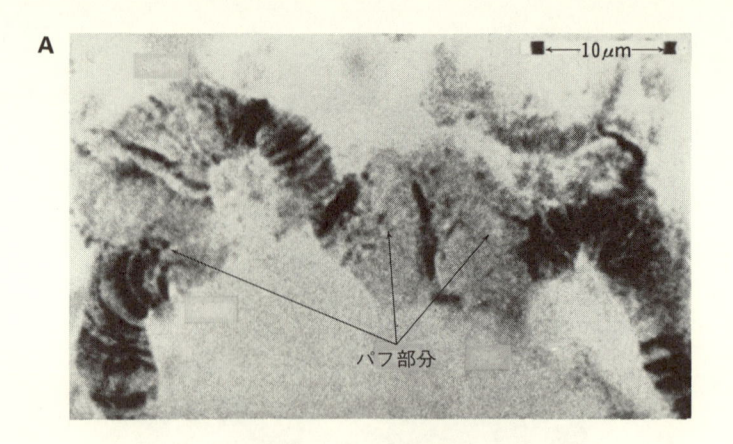

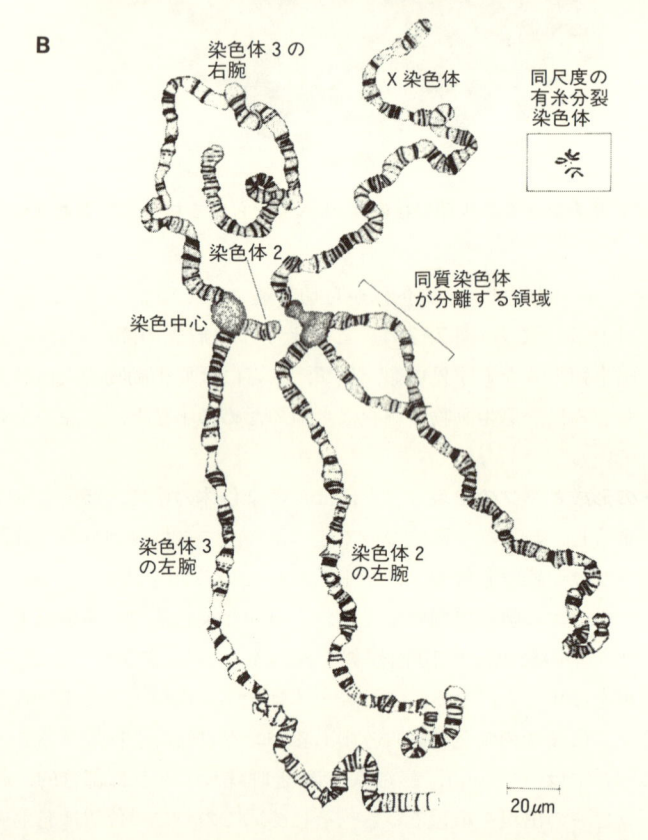

図 7-28 ショウジョウバエの唾液腺細胞に見られる多糸染色体
(A)パフ構造の電子顕微鏡像(今泉正)。(B)多糸染色体の全体像(T. Painter)。この巨大な染色体は光学顕微鏡で見える。多数のパフ構造が観察される。

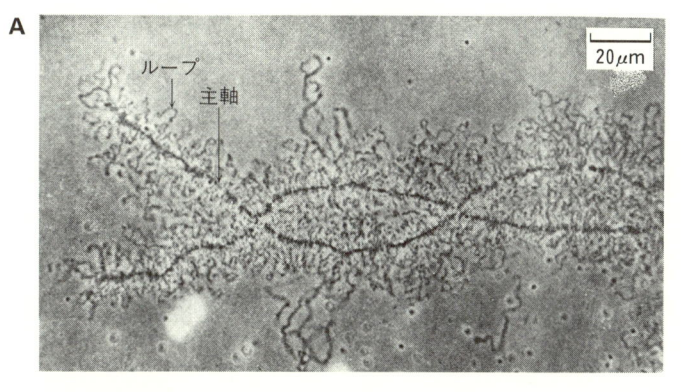

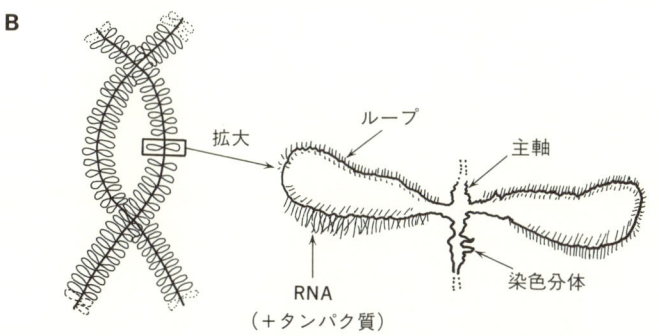

図 7-29 イモリ卵母細胞のランプブラシ染色体
(A)電子顕微鏡像(J. Gal)。(B)解説図。

体がある。多くの動物の卵母細胞における減数分裂の前期に形成されるもので、図 7-29 のようにあたかもランプのガラス筒を磨くブラシに似ている。これらのループは、パフと同様に、染色体の局所的な増幅によって生ずると考えられている。しかし、パフ構造もランプブラシ構造も、ともに盛んに転写が行われていることも確かめられている。

100万種の抗体をつくり出す遺伝子の再編成　遺伝子産物の必要量に合わせて、遺伝子発現は調節されている。その主たるしくみは、(i)その遺伝子数の増減と(ii)転写開始の頻度にある。ではつぎに、(iii)多様な抗体(免疫グロブリン、Igと略記)を臨機に生産する遺伝子の再編成について解説しよう。

われわれの体は、病原体や毒素による「疫から免れる」しくみを本来もっている。この、いわゆる免疫現象は、体内に入った異物、つまり抗原をそれに対応する特異なタンパク質の抗体と結合させることによって、その病原体あるいは毒素を中和するものである。人体は、この特異な抗体を100万(10^6)種以上

にわたって合成する巧妙な免疫機構をもっている。もし抗体合成がそれぞれの遺伝子によってコードされているならば、細胞は 10^6 以上の遺伝子をもたねばならないことになる。しかし実際には、それほどの数の遺伝子関与はなく、おそらく数百種程度によって必要な抗体種のすべてがまかなわれているのだろう。たとえば、抗体が3つの部分(仮にA, B, Cとしよう)によって構成されており、100種のA遺伝子、100種のB遺伝子、そして100種のC遺伝子の産物の組み合せで構築されているとしよう。すると、図7-30に示すように、これら300種の遺伝子で $100 \times 100 \times 100 = 10^6$ 種の抗体分子をつくり出すことができるはずである。

では抗体を生産する免疫細胞は、300種の抗体遺伝子をもっているのだろうか。生殖細胞は、組み合せの元となるこれらの遺伝子のすべてをもっている。しかし、発生の過程における免疫系の分化にともなう細胞分裂で、遺伝子の再編成が行われる。すなわち、図にあるように、A群のいずれか1遺伝子、B群のいずれか1遺伝子、さらにC群のいずれか1遺伝子からなる組み合せが起る。そこで、それら以外のものは失われていく。別の細胞ではまた異なる遺伝子の組み合せが起る。そして、成体に達すると、各免疫細胞は、それぞれ1種類の抗体分子をつくるのに必要な遺伝子しか含まない。言い換えると、成体の免疫系は 10^6 種の細胞からなる集団である。この数は一見非常に大きいよう

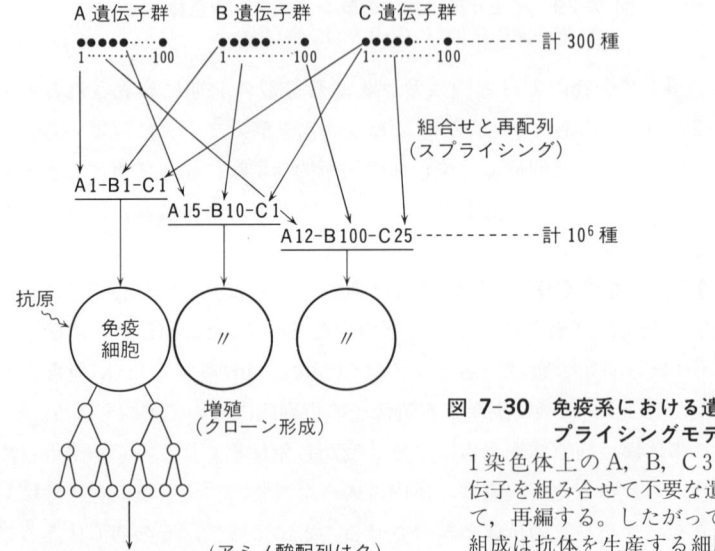

図7-30 免疫系における遺伝子のスプライシングモデル

1染色体上のA, B, C3系列の遺伝子を組み合せて不要な遺伝子を捨て、再編する。したがって、遺伝子組成は抗体を生産する細胞(免疫細胞)ごとに異なる。

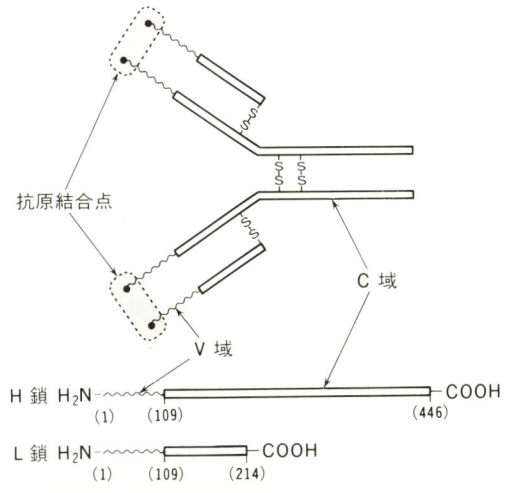

図 7-31 免疫グロブリン G (IgG)の分子構造
L鎖，H鎖各2本より成る。分子種ごとにアミノ酸配列に大きな差異を見せる領域(V域)と，ほとんど一定している領域(C域)とがある。抗原(決定基)には，V域で対応し，その結合点は先端部にある。( )内はアミノ酸番号。

に見えるが，成人の体が60兆(6×10^{13})個の細胞からできあがっていることを考えれば，免疫細胞集団は，わずか6千万分の1の割合にしかならない。そこで，侵入してきた抗原物質が信号となって，免疫調節機構は，その抗原を中和(無害化)できる抗体分子を生産する細胞だけを選び出し，そして増殖させる。

いままでは，免疫反応において，抗原の刺激によって体内でつくられ，これを特異的に結合，無害化するタンパク質の総称として抗体の語を用いてきた。しかし，その抗体の化学的実体は免疫グロブリンG(IgGと略記)である(図7-31)。IgGの基本構造は，重鎖(H)と軽鎖(L)の各2本のポリペプチド鎖からできあがっている。それらは，アミノ酸配列の比較的不変なC域(定常部)と，IgG分子種ごとに大きな違いを見せるV域(可変部)に分けることができる。言い換えると，IgG分子は，それを生産する細胞クローンごとに，とくにV域のアミノ酸配列を異にする。

単クローン(モノクローナル)抗体 このように，免疫細胞はそれぞれ1種類のIg分子しか生産しないから，その細胞を分離し，試験管の中で増殖させると，1種類の抗原決定基を中和する抗体を純粋に，しかも多量に得ることができる。この場合，免疫細胞自体は増殖能をもたないので，本来的に分裂能をもつミエローマ(骨髄腫)細胞と細胞融合させて分裂能をもたせる。このようにしてつくられた抗体は単クローン抗体と呼ばれ，生体や細胞内にごく微量にしか存在しない物質を検出したり，所在を調べるなど，細胞工学では広く利用されている。

8

細胞分裂サイクル

　細胞は，盛んな物質合成を行って，細胞壁，細胞膜，DNA，RNA，タンパク質，その他の細胞成分がほぼ倍加したところで2分裂する。この細胞分裂のサイクルは，すべての生物が増殖するときに見せる最も基本的な生命現象である。細菌とか酵母のような単細胞は，細胞分裂ごとに個体数を増やしていくが，われわれのような多細胞生物では新しい個体を生むためには，非常に多数回の細胞分裂を経なければならない。しかも成体においては，日々失われる細胞やプログラムされた細胞死の分を補うために，細胞分裂はたえず続けられなければならない。その新生される細胞数は，成人において毎秒数百万に達すると推定されている。

8・1　平衡的成長と細胞サイクルの調節

　細胞がたどる分裂サイクルは，細かくは生物種に応じて多様であるが，基本過程は生物種を越えて普遍的である。それは，(1)遺伝的に同等な一対の娘細胞(2分裂によって生まれた子細胞)を生み出すこと，(2)DNAが忠実に複製されること，そして(3)分裂した娘細胞に複製した染色体が均等に分配されること，である。

　細胞が2分裂を繰返すと，細胞数(N)と世代数(n)の間には$N=2^n$の関係が成立する。細胞が最高の速度で分裂を続ける，いわゆる対数期と呼ばれる成長相においては，細胞数は時間に比例して増えていく。これは，細胞内のすべての高分子や小器官が細胞のサイクルごとに複製されることを示している。このことは，上に述べた基本過程に沿った壮大な調節機構があって，それがサイクルごとに起る複雑な過程をまとめあげていることを強く示唆している。今日，まだその調節機構の全容は明らかにされていないが，細胞サイクル調節系と呼ばれている。この系は，現真核生物界の酵母からヒトまで共通しているこ

とが証明されているので，進化的にその基本的なしくみは，今から10億年以上前に出現していたことは確かである。

8・2　細胞のサイクル

　ある母細胞が分裂して，新しく生まれた娘細胞が再びつぎの母細胞となって分裂するまでの時間的経過を細胞齢という。細胞齢は通常4つの相に分けられている。それは図8-1に示すように，まず第1の G_1 相（G_1 は gap 1 の意）で，細胞のDNA複製を準備している時期である。第2のS相〔synthesis（合成）の頭字〕はDNAの複製期で，分裂サイクルの中で中心的に重要な意味をもっている。つづく第3の G_2 相（gap 2 の意）は，有糸分裂のための準備期で，最後のM相〔mitosis（有糸分裂）の頭字〕は有糸分裂が行われ，S相とともにサイクル中で中心的な意味をもつ。すなわち，染色体や紡錘体など，いわゆる糸状構造がはっきり姿を現してくる時期である（図8-15参照）。細胞が増殖，とくに平衡的成長を続けているときには，これらの各相はよどみなく経過し，一定の時間ごとに現れ，また消えていく。なお，サイクルがある段階で止まっている状態は G_0 相と呼ばれ，一般には G_1 相（ときには G_2 相）から G_0 相に入ることが多い。つまり，G_1 相あるいは G_2 相は分裂サイクルのチェックポイント

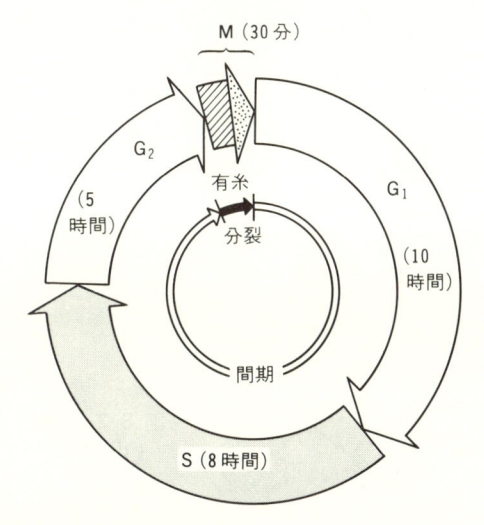

図 8-1　細胞のサイクルを4相に分ける
　G_1：DNA合成の準備期，S：DNA合成期，G_2：細胞の2分裂準備期，M：分裂期。（　）内は哺乳類培養細胞の相時間。M期における斜線は核分裂，点は細胞質分裂。

(check，突然の停止の意)となっている。

　このサイクルにおける4相の時間的割合は，生物種により，また同一の生物体でも組織によって大きな差がある。しかしそれは，G_1相の長短に因る。上の図8-1は哺乳動物の培養細胞のサイクルを示しているが，全24時間周期のうちG_1相が10時間と最も長く，また光学顕微鏡的に染色体ダンスを見せるM相はわずか30分で終わる。そこで，顕微鏡下でなにも見えないG_1+S+G_2の3相が占める23時間30分は(分裂)間期あるいは代謝期と呼ばれている。しかしながら，細菌細胞とか動物受精卵の初期発生のように細胞の分裂速度が速い場合には，G_1相はS相と，またG_2相はM相と併行的に進むので，見かけ上分裂サイクルにはS相とM相が交互に現れているように見える。一方，細胞の平衡的成長が行われる条件下では，ヒストンなどのタンパク質やRNAの合成はサイクルを通して，ほぼ連続的に進んでいる。

　先に述べたように，細胞サイクルにおける中心的な過程は，(i)DNA複製をスイッチ・オンにすることと，(ii)有糸分裂をスイッチ・オンにすることである。そこで，これらの調節系は2種類の鍵となるタンパク質の働きに基づいている。その第1は図8-2に示すように，サイクリン(cycline)依存性プロテインキナーゼ(Cdkと略，タンパク質リン酸化酵素)であり，第2はサイクリン，

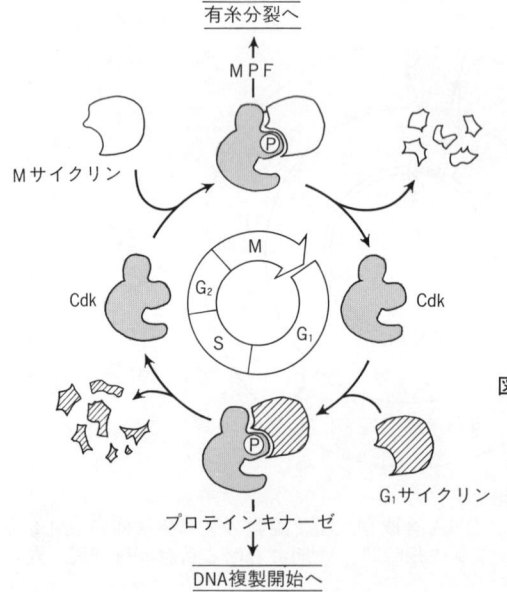

図 8-2　細胞サイクルの調節系
Cdk(サイクリン依存性プロテインキナーゼ)は異なるサイクリンと協同して，細胞サイクルの回転の各ステップを発進させると考えられている。Cdk活性はサイクリンの分解で終結する。

すなわち Cdk 活性化タンパク質である．サイクリンの名は，その合成と分解を通して細胞サイクルを駆動させる因子の意からきている．そこで G_1 サイクリンは，細胞サイクルを S 相に，また M サイクリンは細胞サイクルを M 相に突入させる．このように，細胞サイクル調節系の働きで，DNA 複製と有糸分裂のスイッチを順にオンにすることによって，細胞サイクルを連続的に回転させていく．そこでの核心は，Cdk とサイクリンである．かくして，正常な細胞サイクルの厳しい検問所は，S 相の直前にある G_1 チェックポイントと，M 相の直前にある G_2 チェックポイントである．そこで細胞が有糸分裂過程に入るには，M サイクリンが G_2 中徐々に蓄積し，これが Cdk に結合して M 相促進因子(MPF と略，M-phase-promoting factor の頭字語)と呼ばれる複合体を形成することが必要である．すなわち，この複合体形成が染色体を凝縮させたり，核膜を崩壊したり，さらに分裂装置を形成させるなど，有糸分裂が見せる一連の経過の引き金となる．そこで MPF がもつ活性の分子的な実体は cdc 2 キナーゼ(cell division cycle の頭字語)で，特徴的なタンパク質リン酸化酵素である．

8・3 DNA の複製

細胞分裂における必須の過程は，初めにその DNA を正確に複製することである．DNA 複製の速さは，細菌では約 500 ヌクレオチド/秒であるのに対して，哺乳動物の培養細胞では約 50 ヌクレオチド/秒と，ずっと遅くなる．しかしこの速度の正確さは見事なもので，それを保証するしくみは，以下に述べる多種類の酵素の協調系にある．

8・3・1 DNA は新旧 2 本鎖からなる―半保存的複製―

DNA 複製は，いつも染色体ごとに行われており，それが単位となっている．そこで，このように自律的に複製することのできる DNA 単位をレプリコンという．それは，内部に複製のために働く遺伝子の一組を含むからである．

DNA 複製とは，同一の塩基配列をもつポリヌクレオチド鎖をもう 1 本新しくつくることをいうが，細胞内ではそれはつねに図 8-3 のような様式で合成されている．まず，DNA をつくる 2 本鎖間の水素結合が切れ，2 重らせんがほどける．つぎに，おのおのの(図中の旧鎖)を鋳型にして，その上に新しい鎖(図中新鎖)を塩基対合させながら 2 本鎖をつくりあげる．したがって DNA は新旧の 2 本鎖よりなり，このような複製の様式を半保存的複製という．これ

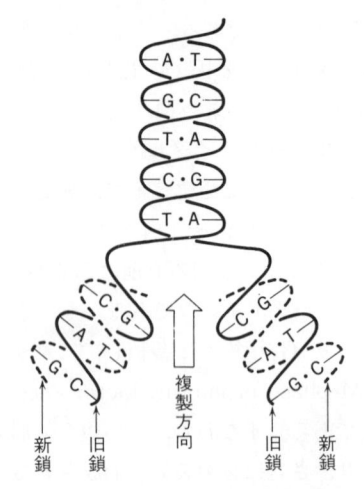

図 8-3　2本鎖 DNA の半保存的複製
DNA の塩基配列は，ごく簡略化してある。

は，ワトソンとクリックが DNA 構造を発見したとき，すでに予言していたものであるが，1958年アメリカの分子生物学者 M. メセルソンと F. スタールによって明確に証明された。その実験はつぎのようなものであった。

　窒素原子には，通常の ^{14}N（原子量14）のほかに重い ^{15}N（原子量15）の同位体（非放射性）がある。いま ^{15}N で標識した塩化アンモン（$^{15}NH_4Cl$）を唯一の窒素源として細菌を培養すると，^{14}N 塩化アンモンを含む培地で育った細菌に比べて，比重の重い DNA が合成される。一方，塩化セシウム（CsCl）の濃い（6 M）溶液を長時間，超高速度で遠心分離すると，塩化セシウム分子は遠心力下で沈降し，その濃度(密度)分布に勾配ができる。ここで，細菌から取り出した DNA をこの密度勾配液の上にのせて再び遠心すると，重い ^{15}N-DNA と軽い ^{14}N-DNA を分離することができる。それは，図8-4に示すように，DNA 分子が自身の密度に釣合った密度勾配の線上に集まるからである。もし DNA が半保存的に複製されるのであれば，図8-5のようになることが予想される。すなわち，^{15}N の中で増殖し，重い2本鎖 DNA をもっている細菌を ^{14}N を含む培地に移し，1回細胞分裂させたならば，新しくできた DNA の2本鎖のうち，一方の鎖は重く，他の鎖は軽いという，つまり中間的な重さをもったハイブリッド DNA（hybrid は雑種の意，$^{15}N\cdot^{14}N$-DNA）となるはずである。そして，さらにもう1回分裂させたならば，ある細胞は DNA の2本鎖とも ^{14}N からなる軽い DNA をもち，またある細胞は，依然としてハイブリッド DNA を

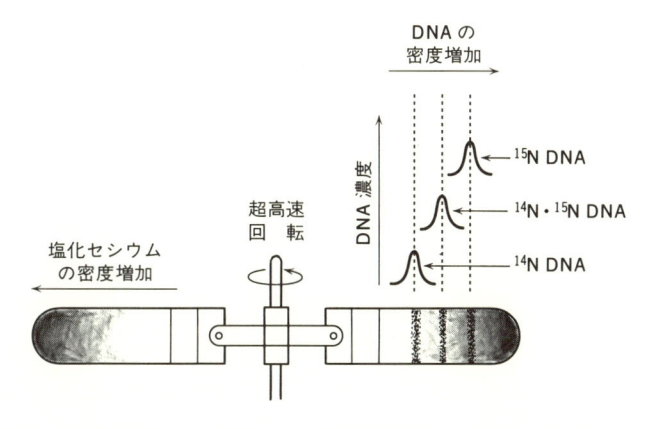

図 8-4 密度の差によるDNAの分離―塩化セシウム密度勾配法―
^{15}N-DNA…密度大，^{14}N-DNA…密度小，^{14}N・^{15}N-DNA…密度は中間。

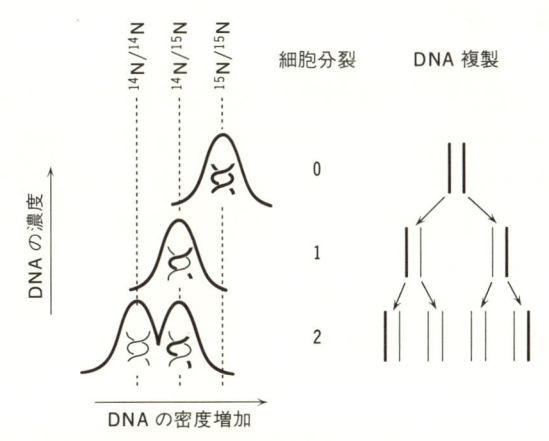

図 8-5 DNAの半保存的複製を証明したメセルソン・スタールの実験
図中太線は ^{15}N 鎖，細線は ^{14}N 鎖を示す。

もつはずである。すなわち，2回細胞分裂させた培養からは，軽いDNAと中間の重さのDNAの2種類が得られることになる。実験結果は，まったく予想どおりとなり，ワトソンらの予言した細胞DNAの半保存的複製の様式は実証された。

8・3・2　DNA複製はどのように進むか
A．2重らせんのねじれを戻すこと

DNAは2重らせん構造をもつ。そこで，これら2本鎖のおのおのにDNA

ポリメラーゼが結合し，鋳型に従ってDNA複製を進めていくには，図8-3に示したように，まず2重らせんをこじ開けねばならない。そのためには2種類のタンパク質が働く。一つはDNAヘリカーゼと呼ばれる酵素で，ATPを用いて塩基対の水素結合を切断し，2重らせんを開く。DNAの2重らせんは本来非常に安定なものである。試験管内でこれを開かせるには，沸点近くまで溶液の温度を高めねばならない（図5-12参照）。つまり，全水素結合の切断には多量のエネルギーが必要で，DNAヘリカーゼによる水素結合の切断では，塩基対当り2分子のATPが消費される。

つぎには，いま戻したらせんの"縒（よ）り"が元に戻るのを止めるために，また別のタンパク質が働く。SSBタンパク質（single-strand DNA-bindingの頭字語）と呼ばれるもので，開いた鋳型鎖をしばらく押えつけておくのがその役目である。

B. DNA新鎖を合成すること

アメリカの分子生物学者A.コンバーグは，1975年大腸菌から一つのDNAポリメラーゼを分離した。この酵素は，最初に発見されたという意味でDNAポリメラーゼⅠとか，略してpol Ⅰと呼ばれる。その後大腸菌からは，DNAポリメラーゼⅡ（pol Ⅱ）およびDNAポリメラーゼⅢ（pol Ⅲ）が分離されたが，細胞分裂時のDNA複製に主役を演じているのはpol Ⅲであることが，現在明らかになっている。その働きは，つぎのようである。

（1）そのDNA合成反応には，鋳型となるDNA（1本鎖）を要求する。したがって，正式にはDNA依存性DNAポリメラーゼという。

（2）反応物質としてのヌクレオチドは，デオキシリボヌクレオシド三リン酸（dNTP）であり，デオキシリボヌクレオシド二リン酸（dNDP）やデオキシリボ

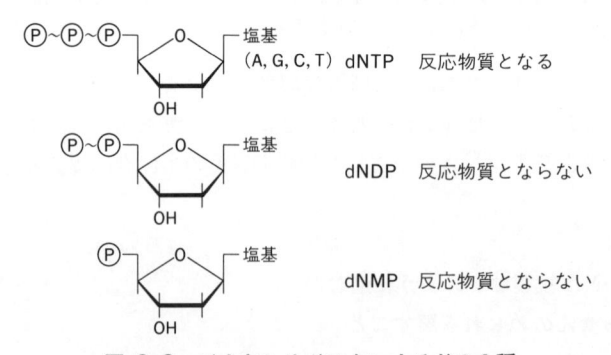

図 8-6　デオキシリボヌクレオチドの3種

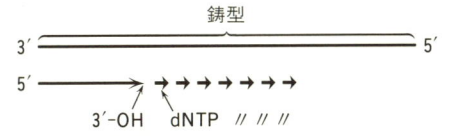

図 8-7 DNA 合成における鋳型鎖とプライマー
DNA 合成は 5′→3′ 方向に進むので，プライマーは遊離の 3′-OH 基が要る。

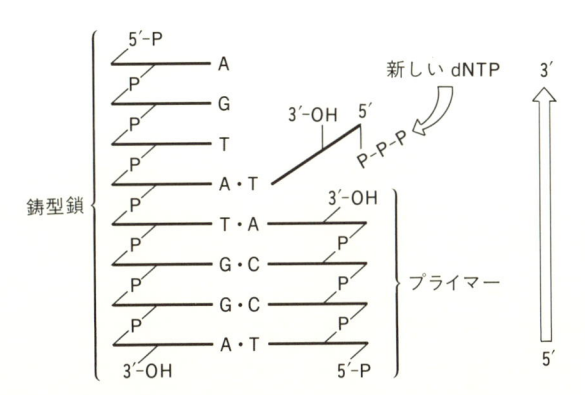

図 8-8 DNA 複製における DNA プライマーゼと DNA ポリメラーゼの反応
DNA プライマーゼ：DNA 複製時にプライマー RNA を合成。DNA ポリメラーゼ：DNA の 1 本鎖を鋳型とし，dNTP を用いて DNA を合成。

ヌクレオシド一リン酸 (dNMP) は受け付けない（図 8-6）。
（3）新しいヌクレオチドを植え付けるには，RNA プライマーの 3′-OH 末端 (primer は発火点の意) が要る（図 8-7）。したがって，DNA 鎖はそこを起点に 5′→3′ 方向に成長していくことになる。

以上をまとめると，DNA 依存性 DNA ポリメラーゼの反応機作は図 8-8 のようになる。DNA ポリメラーゼによる DNA 合成，すなわち鋳型と塩基対合できるヌクレオチドの重合は，鋳型上に DNA プライマーゼにより合成された RNA プライマー（真核生物で約 10 ヌクレオチド長）の 3′-OH から始まる。

8・3・3 DNA は半不連続的に合成される
A．5′→3′ 合成

図 8-3 には，わかりやすくするために，DNA が両鎖併行的に連続複製されるように描いてあるが，じつはこのような複製様式は現在知られていない。細胞内で実際に進行している DNA 複製は，図 8-9 に示すように，新鎖は互い

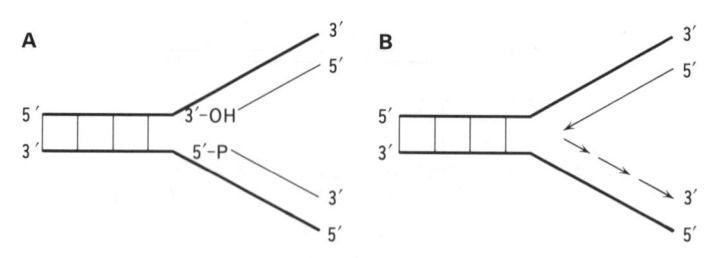

図 8-9　DNA の不連続複製―複製フォーク―
A：DNA 鎖の方向性，B：DNA 複製の方向性。
DNA ポリメラーゼは 5′→3′ 方向に働く。

に反対方向に成長している。これは DNA ポリメラーゼのヌクレオチド重合反応が 5′→3′ と一方向的にしか進まないからである。いま，DNA 2 重らせんがヘリカーゼによってこじ開けられると，そこには Y 字形の，いわゆる複製フォーク (fork は二股の意) が形成される。この複製フォークでは，一方の新鎖は連続的に 5′→3′ 成長するのでリーディング鎖 (leading は先導の意) というが，他方の新鎖はこの 5′→3′ 成長は不連続にしかできないのでラギング鎖 (lag は遅れることの意) という。細胞が，もし 5′→3′ DNA ポリメラーゼと 3′→5′ DNA ポリメラーゼの，互いに反対方向に重合反応を行う 2 種類の酵素を含んでいたならば，ラギングな合成はないはずである。しかし，このような 2 種類の DNA ポリメラーゼが存在していたならば，その重合系は非常に煩雑なものとなるだろう。

B．RNA プライマー

さきに，DNA ポリメラーゼはその DNA 複製において，RNA プライマーの 3′-OH 末端からヌクレオチドの付加を開始することを述べた (図 8-7 参照)。この RNA プライマーと DNA 合成との接点は図 8-10 に図解してある。

C．RNA プライマーの分解と DNA の補修合成

DNA の不連続合成により形成されたラギング鎖上の断片的な DNA も，最後には互いにつながって，連続したスムースな DNA 鎖ができあがる。このとき，プライマーとして使われた RNA 片はもはや含まれていない。つまり，各 DNA 断片が連続する前に，RNA は分解され，そこでできたギャップは DNA 補修合成によって穴埋めされていく。そして最後に，酵素リガーゼ (ligate は縛るの意) によって結合される (図 8-11)。以上 DNA 複製の全過程は，大腸菌を例に図 8-12 にまとめてある。

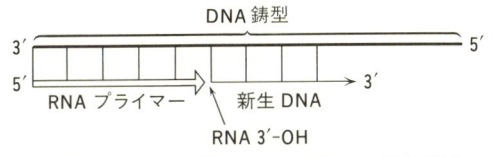

図 8-10 RNA プライマーからの DNA 新生

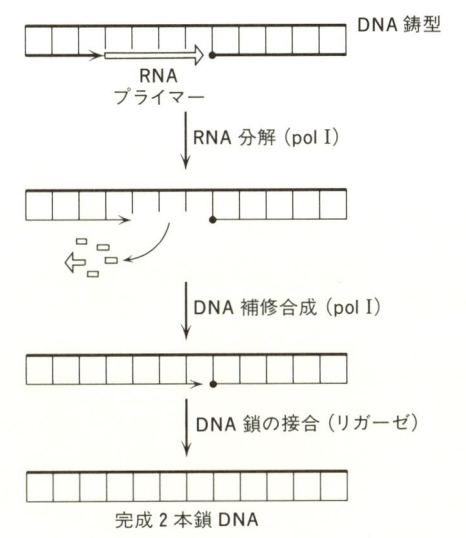

図 8-11 RNA プライマーの分解と DNA 鎖の完成

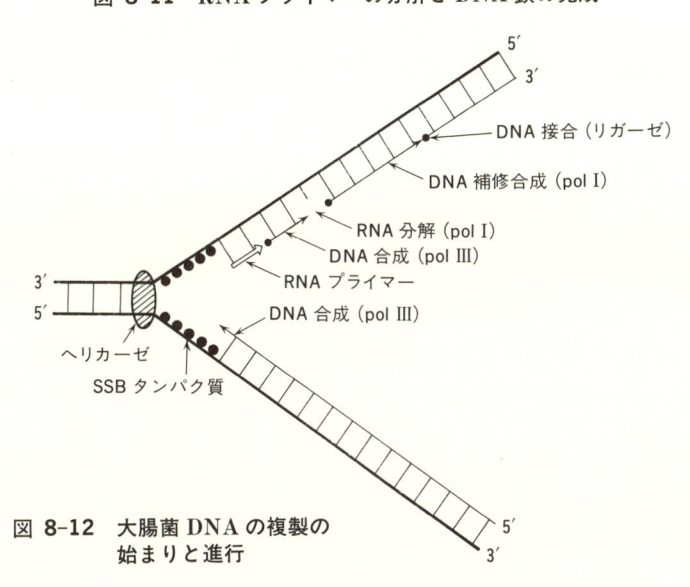

図 8-12 大腸菌 DNA の複製の始まりと進行

D. DNA複製の正確さ

　DNA複製において，鋳型，すなわち旧鎖の塩基配列に対して誤りなく塩基対合しながら新鎖のポリヌクレオチド合成を完了することは，進化した現生の高等生物細胞といえども不可能である．DNA複製は，つねにある確率で塩基対合の誤りを犯すものである．たとえば哺乳動物では，ゲノムの30億塩基対を複製するのに約3塩基に誤りが起きている．しかし，DNA中の4塩基の一方の互変異性体が他方に自然変換する割合が 10^4 あるいは 10^5 分の1であることや，化学的にDNA合成を行うときに見られる塩基対合の誤りがほぼ同程度であることを考慮すると，生細胞で行われているDNA複製は際立って精度が高いといえる．細胞で起るこれらの塩基対合の誤びゅうは，すべて次世代に突然変異となって現れてくることになる．

　DNA複製は，なぜこれほどまでに精度が高いか．それは，細胞にはDNAポリメラーゼが犯す誤りを正すための"いくつか"のしくみが，別に備わっているからである．そのしくみとして最重要なものは，DNAポリメラーゼ自身が含んでいる"校正"と呼ばれる特殊な機能である．DNAポリメラーゼは，大腸菌（polⅢ）の場合は分子量13万，またヒト（α）の場合は分子量16万5000という巨大分子であるが，実際には多数のタンパク質からなる複合体である．したがって，DNAポリメラーゼはいままで述べてきたヌクレオチドの重合反応と，それにともなう多様な役割も担っている多能酵素である．そこで校正機能は，RNAプライマーの3′-OH基がけてやってくる新しいヌクレオチドが鋳型の塩基とうまく対合できないとき，それを切り除き，正しく塩基対合できるヌクレオチドと取り替えることができる．その活性をもつタンパク質は3′→5′エキソヌクレアーゼ（ポリヌクレオチドの一端から3′→5′方向に順にヌクレオチドを切り離していく酵素）である．

　RNAポリメラーゼは，プライマーのためのRNA合成やRNAの翻訳において，自身で誤りを正す機能はもっていない．したがって，ほぼ 10^4 分の1の頻度で誤りを起すことが知られている．

　一方DNAポリメラーゼは，エキソヌクレアーゼに突然変異が起ると，校正機能を失う．しかし，細胞はこのような欠陥DNAポリメラーゼによる塩基配列のエラーに対しても，DNAを修理，復元するためのさらに別のしくみを備えている．このような修復機構については，後の13章の項「DNAの損傷と修復」（p.225）で取り上げることにする．

8·3·4　DNA 複製の開始―複製泡の形成―

原核，真核を問わず，DNA 複製が始まるところを複製起点（Ori 遺伝子）といい，そこには約 300 ヌクレオチド長の特殊な塩基配列が存在する。

複製開始に当たっては，まず DNA ヘリカーゼにより DNA らせんの両鎖が離れ，開かれて泡状になるので複製泡とも呼ばれる。そこでは複製フォークが左右に形成され，それぞれの方向にむかって DNA 複製が進んでいく（図 8-13）。そのとき，DNA プライマーゼによって鋳型となるリーディング鎖上に，まず RNA プライマーが合成され，ついで DNA ポリメラーゼによる本格的な DNA 複製が進行する（p.146 参照）。細菌のゲノムは環状 DNA の単分子であるから，図 8-13 に示したように，両方向に進んだ複製フォークは最終的には Tre 遺伝子（終結点）に到達して DNA 複製は完了する。その間約 40 分である。

真核 DNA でも，複製は染色体上の複製起点〔Ori 遺伝子，酵母などでは ARS（autonomously replicating sequence，自律的複製配列，の頭字語）〕から左右両方向に複製フォークは進む（図 8-14・A）が，その DNA はヒストンとともにクロマチンをつくっている。この複雑な構造が，DNA 複製の進行を著しく妨げている。大腸菌 DNA において，複製フォークが進む速度は毎分約 10 万塩基対であるのに対して，真核 DNA では 50～1 万塩基対ときわめて遅い。また大腸菌 DNA の全長が 1300 μm であるのに対して，高等動物の染色体は平均して約 5 cm あり，40 倍と長い。これが単一の Ori 遺伝子から複製が始まるとすると，染色体複製のための総時間は，大腸菌の 1000 倍を要し，それはほぼ 30 日かかることになる。しかし実際の全複製は，ふつう数時間で終わる。したがって，真核染色体は非常に多数の Ori 遺伝子を含まねばならな

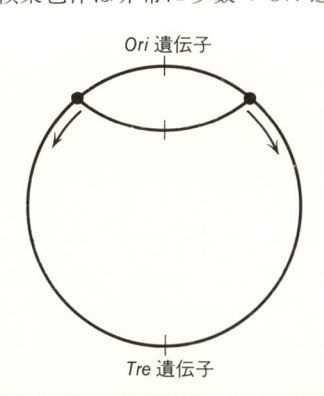

図 8-13　環状 DNA の複製起点と両方向複製
　　Ori：複製起点，Tre：複製終結点，●印：複製フォーク

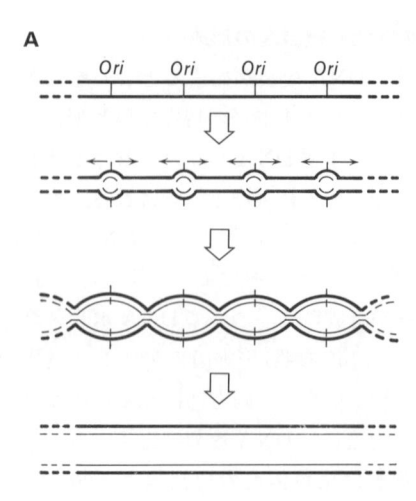

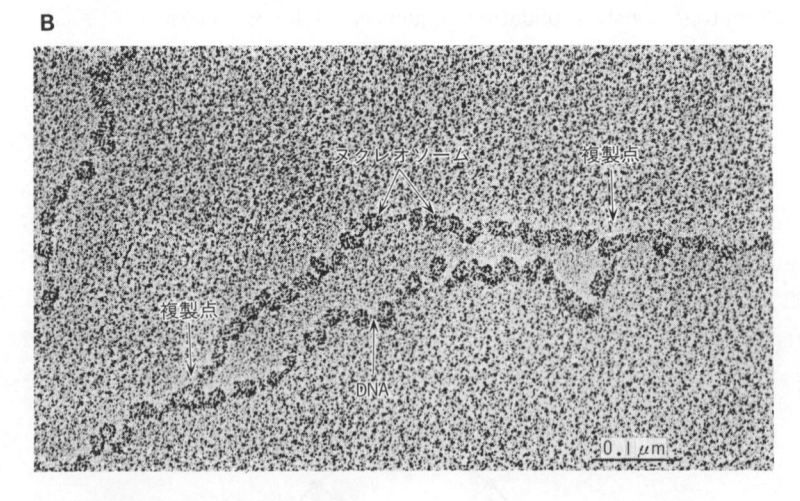

図 8-14 真核染色体の複製
(A) モデル。多数の複製起点 (*Ori*) をもち，両方向に複製が進む。
(B) ショウジョウバエにおけるその例 (S. McKnight ら)。

いことになる。事実ショウジョウバエの場合，その数は 5000 遺伝子にのぼり，3 万塩基対ごとに配置されている。さらに，受精が終わるとその遺伝子数は 10 倍に増える。その結果として，全染色体 DNA の複製は 3 分間で完了するという。

このように，真核染色体の *Ori* 起点が両方向に複製を進めていく像が，電子顕微鏡的にも観察されている (同図 B)。ある計算によると，大腸菌は細胞当

り10〜20個のDNAポリメラーゼ分子を含むのに対して，典型的な動物細胞は2万〜6万分子を含む。

8・4　細胞分裂サイクル―有糸分裂―

8・4・1　有糸分裂の過程

真核細胞は原核細胞と違ったいろいろの特徴をもっているが，その中の一つに，真核染色体が原核染色体に比してきわめて大きい，という事実がある。たとえば，真核生物で最も原始的とされている酵母細胞でも，細菌類の数倍量のDNAをもっている。さらに真核染色体は，原核染色体のDNAが一般に環状単分子であるのに対して，それが分断され種に固有の基本数に分れた線状DNAである。

細胞の分裂サイクルにおけるM相の意義は，S相に複製されたDNAを次世代の娘細胞に均等に配分することにある。そこで，M相では2組の染色体が，光学顕微鏡下で追跡できるほどに大きな運動を行う。名づけて染色体ダンスというが，染色体に自動能力はない。それらを操っているのは紡錘体である。適当な光学顕微鏡下ではその挙動はよく見え，糸状であることと，全体の形が糸を紡ぐ錘に似ているところから紡錘体と名づけられている。

有糸分裂そのものは連続的な過程であるが，一般には特徴的な変化をとらえて，便宜的に間期，前期，中期，後期，および終期の5つの段階に分けている。図8-15・Aはカワマス細胞の核分裂を，また同図Bはその模式図を示している。ここで，染色体は核内にあり，紡錘体は細胞質に現れるので，両者がいっしょになって挙動するために核膜は前期の半ばに崩れ去る。この状態での有糸分裂は核分裂と呼んで，終期に起る細胞質分裂と区別している。

A．間　期

細胞分裂サイクルのM相を除いた，G_1+S+G_2相がこれに当たる。高等生物細胞では，そのサイクルの大部分が間期に入ることはすでに述べた。光学顕微鏡的に細胞分裂が特徴づけられていた時代には，この相は構造的な変化が見られないところから，最も不活発な時期とされ，休止期と呼ばれた。しかし，代謝的には最も活発な時期であり，代謝期とも呼ばれる。

B．前　期

この時期には，間期に複製を終えたクロマチンのスーパーコイル化が進み，凝縮した太い棒のように見える。染色体は，その長軸に沿って2本に分れており，おのおのを染色分体という（図8-16）。これらは，同じ染色体から生ま

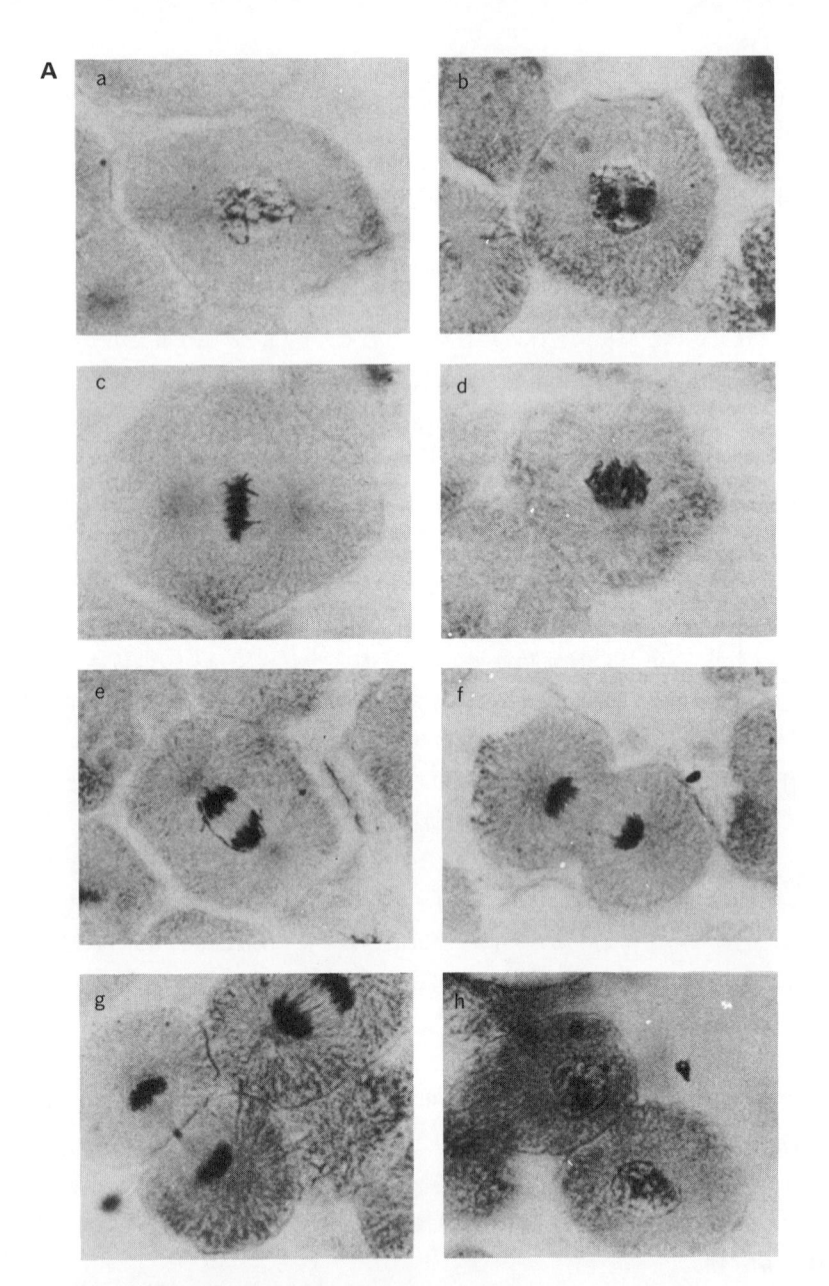

図 8-15 真核細胞の有糸分裂(次頁へ続く)
(A)動物(カワマス)の場合(R. Dowben), (B)模式図(W. DeWitt)。a：前期の初め, b：前期の末ころ, c：中期, d：後期の初め, e：後期の末ころ, f：終期の初め, g：終期の末ころ, h：間期。

図 8-15 (続き)

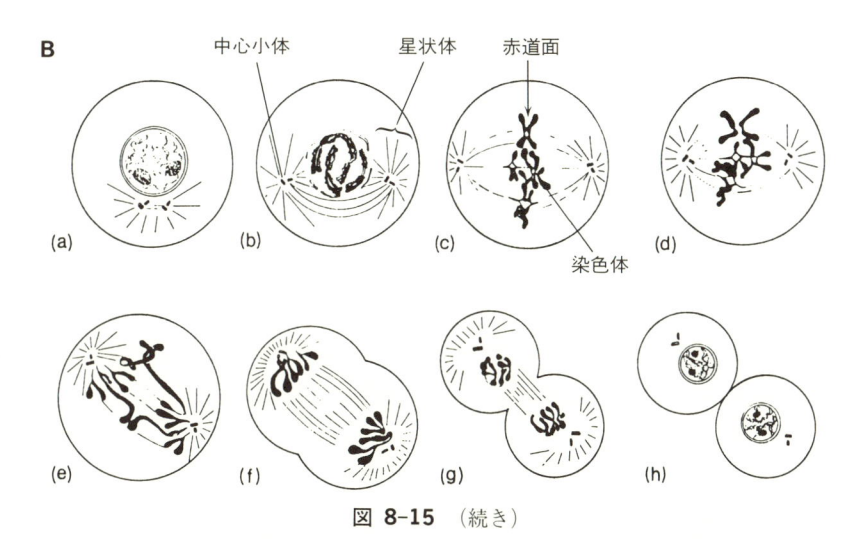

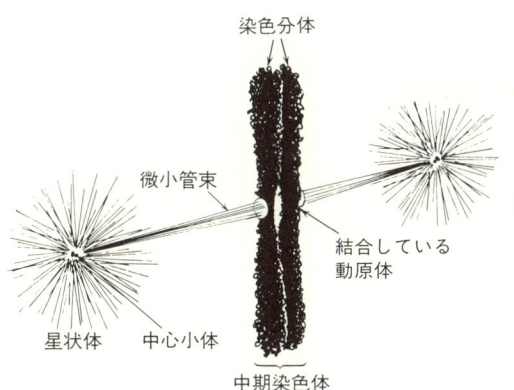

図 8-16 中期染色体―染色分体と動原体―(S. Wolfe, 改変)
中期までは動原体は複製を完了していないので，染色分体は結合している。そして，動原体DNAの複製が終わると，いわゆる後期が始まる（図8-15参照）。動原体DNAは特殊な塩基配列をもつ。

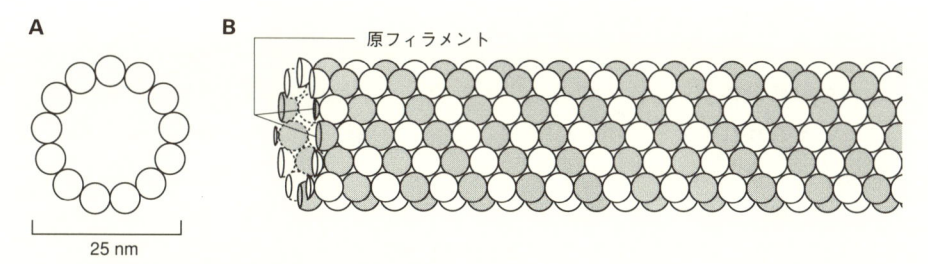

図 8-17 微小管の構造
断面では13個の亜粒子が環状に並び(A)，長い小管をつくっている(B)。亜粒子は α-チューブリンタンパク質と β-チューブリンタンパク質から成る二量体で，おのおのが互い違いに積み上げられている。

れ，互いに相同であるところから姉妹染色分体ともいう。染色分体は，動原体と名づけられる位置で連結している。興味あることは，動原体中のDNA塩基配列は反復に富んでおり，たとえばマウス染色体の動原体では，約300塩基からなる配列が数千回反復している。

　前期の終りころから次の中期にわたる相には，動原体以外の部分も凝縮する。その様式には，各染色体ごとに特徴があって，できあがった形態で染色体を分類することが行われる。そこで，細胞がもつ染色体の数と凝縮形態による表現を核型といい，生物種に固有である。また，前期の終りころから前中期に移行するとき，核小体と核膜は消失し，紡錘体の形成が起る。

C．中　期

　核膜が消えるとともに，染色体は細胞中央のある面に向って移動を始める。この時期の細胞を位相差顕微鏡か偏光顕微鏡下で観察すると，他の部分と屈折率が違う糸状構造が現れるのがわかる。これが紡錘体である。

　紡錘体をつくっている糸は微小管と呼ばれる中空の管で，その横断面を見ると図8-17に示すように13個の亜粒子が環をなしている。これらの亜粒子はαチューブリンおよびβチューブリンと名づけられた2種類のタンパク質である。微小管は，細胞分裂の染色体のほかに，べん毛やアメーバの仮足などの細胞運動の原動力として，また細胞全体に広がる細胞骨格として，多様な役目を果している。

　中心小体は，紡錘体の両極に現れる星状体の中央部に存在する小器官である（図8-15および8-16参照）が，動物細胞ではこの中心小体がM相における紡錘体の形成や染色体の形成，染色体の運動を統制している，と考えられている。しかし，中心小体の現れない高等植物細胞でも紡錘体形成や染色体運動が見られるので，その存在意義はまだ解決されていない。

　さて，中期における染色体運動の特色は，紡錘体のある中央面上に，それぞれの姉妹分体が並ぶことである。そこで，その染色体の並ぶ面を赤道面という。それぞれの染色分体の動原体には，ヒトの細胞では20～40本の微小管が結合している。染色体の赤道面への移動は，これら微小管の働きによる。しかし染色体の運動が，微小管が行うどのような押し・引き運動に基因しているかについての，分子レベルのしくみはまだわかっていない。

D．後　期

　中期の姉妹染色分体を結びつけていた動原体DNAの複製が完了し，それぞれに分れるところから後期に入る。染色分体はつづいて両極に向って動きだ

し，極と結びつく。アメリカの分子生物学者B.アルバーツら(1994)は，このとき染色分体(これ以後は染色体と呼ばれる)は，短縮されていく紡錘糸によって，各極へ向って引っ張られる，と解釈している。そして，紡錘糸を短縮させる力は，染色体動原体の微小管破壊に基づくとする。

E. 終　期

この期に，分離していた娘染色体は極で会合し，動原体微小管は消失して，新しい核膜が形成される。さらに，凝縮していたクロマチンはその核内でほどけるとともに，それまで消えていた核小体が再生されてくる。かくして有糸分裂は完了する。

8·4·2　細胞質分裂

有糸分裂の過程で細胞質の2分裂が始まるのは，たいてい終期の中ごろからである。しかし，核分裂と細胞質分裂とは必ずしも連動していない。たとえば昆虫の受精卵では，細胞質分裂を起さないまま，核分裂だけが進み，細胞は数千個の核を含むようになる。しかしその後は，核分裂なしに細胞質分裂だけを繰返し，ついには1核細胞となる。また細胞種によっては，正常細胞が多核をなす。しかし一般には，核分裂の後は細胞質分裂へと進む。

細胞質分裂においては，2細胞の分離が起る位置は赤道面である。いま核分裂中期の終りころの細胞に遠心力を加えて紡錘体を移動させても，2分の始まる位置は変わらない。しかし，これよりも早い時期にある細胞を同様に処理すると，その分裂面の位置が変わる。したがって，細胞質の2分化は，核分裂のむしろ早期に始まっているらしい。

細胞質分裂での2分化の進み方は，動物と植物とで大きく異なる。動物の細胞では，終期の紡錘体がつくる赤道面の細胞表層に"くぼみ"が入り，それが次第に内部にくい込んでくびれ，環をつくる。このくびれの溝はさらに深くまで進み，細胞質が2分される(図8-18・A)。このくびれは，アクチン繊維とミオシンの環状収縮に因る。つまり，筋肉収縮の原理である。

一方植物細胞では，後期の終りころ，赤道面上に小胞が点々と現れ，これらが互いに連なっていく。そして，細胞板と呼ぶ薄い隔壁に発達する(同図B)。このとき現れる小胞は，ゴルジ体や滑面小胞体に由来することが強く示唆されている。この層には，その後セルロースやその他の物質が蓄積して，一次細胞壁ができあがる。木材組織などでは，この一次細胞壁の内側に，さらにセルロース，リグニン，その他の多糖が網目をつくり，硬くて弾性のある二次細胞壁

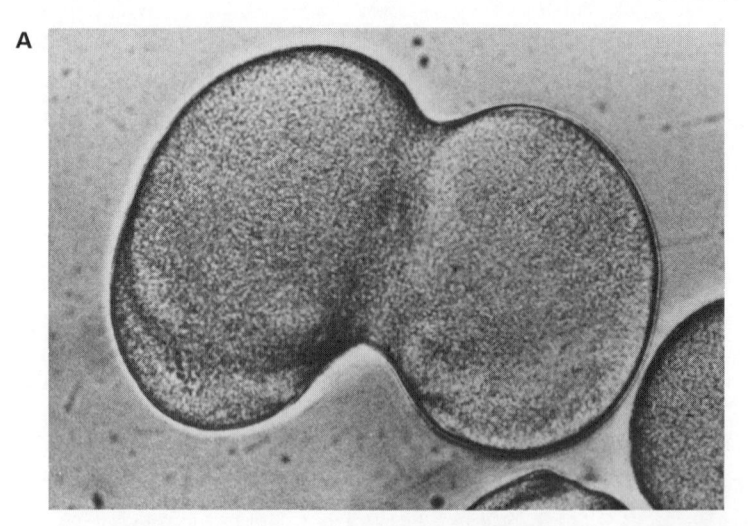

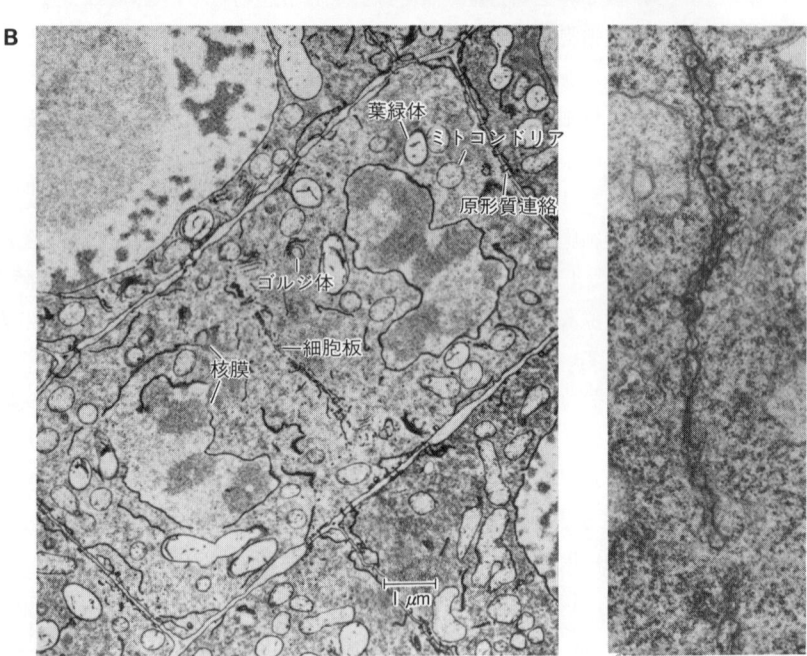

図 8-18 動物細胞と植物細胞の細胞質分裂の違い
(A)ウニ卵の細胞分裂における"くびれ"形式(Y. Hiramoto)。(B)トウモロコシの根端細胞における"細胞板"形成(M. Mollenhauer ら)。

となる。

8・4・3 減数分裂

高等動植物は，父方からきた染色体と母方からきた染色体の，いわば相同染色体を一対もっている2倍体である。受精を通して2倍体となる生殖の様式では，図8-19・aに示すように，必ず染色体の半減化がなされねばならない。さもないと，同図bのように代を重ねるごとに染色体数が増加し，いわゆる倍数体となっていく。

そこで，2回連続した有糸分裂で，両親からきた相同染色体が分れて娘細胞に入る過程で染色体数が半減する様式を減数分裂，あるいは還元分裂という。減数分裂は，生物種により決まった生活環のある時期に，主として生殖細胞がつくられるときに起る。

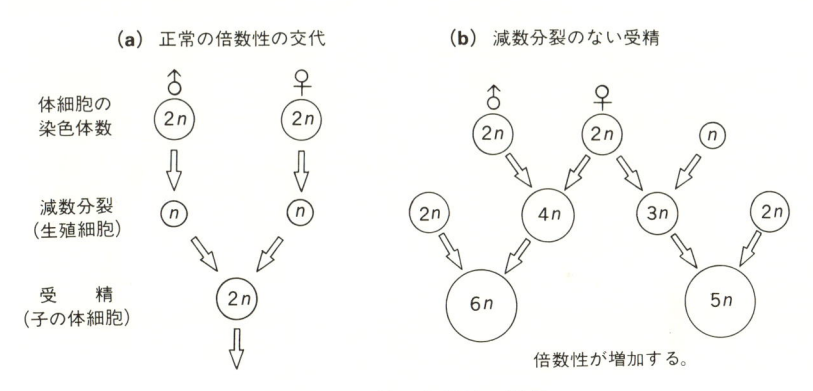

図 8-19 核の倍数性と世代

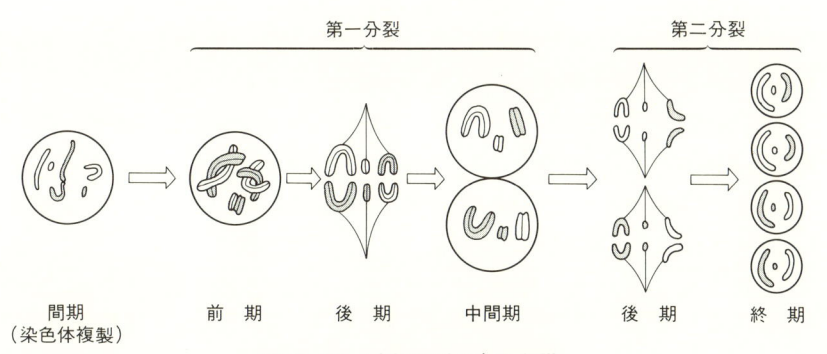

図 8-20 減数分裂の主な段階

細胞分裂サイクルのS相を経た細胞は、複製した染色体(姉妹染色分体)を含んでいる。これがつぎに G_2 相に入ると、通常の有糸分裂に向うか、減数分裂に向うかが決定される。この切り替え調節がどのような分子機構に基づくかはまだ未解決である。もし減数分裂の方向に過程が進むときには、いわゆる第一分裂、第二分裂を通して、1個の2倍体(体細胞)から4個の半数体(生殖細胞)を生ずることになる(図8-20)。つまり、原理的には、2回の有糸分裂で、DNA複製が1回省かれたならば、最後に生まれる4個の娘細胞の染色体数は、半減することになる。

そこで実際には、減数分裂に先立って、母細胞では染色体は複製し、姉妹染色分体を生ずる。これらの染色分体は、第一分裂中は動原体で結ばれ、離れることはない。そして、減数分裂の全過程では、もうDNAの複製は起らない。第一分裂の前期、相同染色体は互いに対合し、中期には赤道面に並ぶ。後期に入ると、対をなしていた相同染色体は分れて両極に移動する。そして"姉妹染色分体が結合したまま"半数体細胞が形成されるのが、ポイントである。第二分裂は姉妹染色分体の単なる分離である。

第一分裂の後期、相同染色体が分れて極に集まるとき、その染色体の組み合せは、両親の起原とは無関係で、ランダムである。したがって、第一分裂を終えた細胞は、それぞれ異なる遺伝子型をもっているはずである。さらに、第一分裂の前期で起る図8-21のような染色体間の交差によって、細胞の遺伝子組

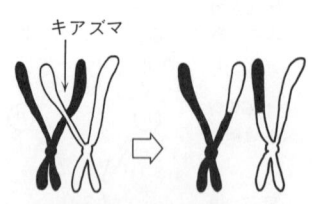

図 8-21 染色体間の交差
組み換え体を生ずる。

成はいっそう複雑になる。第二分裂では、これらの染色分体はランダムに娘細胞に仕分けられていく。哺乳動物のオスでは、減数分裂の結果できあがった4つの半数体細胞のそれぞれが精子となって分化する。一方メスでは、4つの細胞核のうち1つだけが卵核となり、他の3核は消失する。

哺乳動物のような高等生物になると、半数期、つまり単相は一時的で、卵と精子の受精によって2倍体となり、いわゆる複相が長く続く。これは接合子(遺伝学では接合体という)と呼ばれ、複雑な遺伝子組成をもっている。真核生物でも、酵母菌や藻類など下等な生物の多くは単相で増殖を続け、長く生きることができる。もちろん、接合によって生まれた複相の細胞も増殖することが可能である。そして、たとえば生存に不利な環境に置かれると、減数分裂に入る。

9

細胞はどのように生活エネルギーを生むか

9·1 生命にはエネルギーが要る

　宇宙のエネルギー動態を論ずる熱力学の第2法則は，宇宙(生物にとってはその環境)の秩序量はつねに減少の方向に動いている，という(p.3参照)。したがって，生細胞において見られる秩序の増加は，その環境の無秩序化と引き換えに進んでいる。分子運動を引き起す熱は，一つのエネルギー態であるが，細胞は熱を環境に放出することによって自己の分子秩序，すなわち生命をつくりあげている。さらに言い換えるならば，熱を発生する反応(発エルゴン反応という)こそが，分子を秩序づける反応(吸エルゴン反応)と補償し合っているのである。生物化学では，このような関係にある代謝系を共役系と呼んでいる。

　生命現象は仕事である，ということもできる。生物は運動をするために機械的仕事を行う。また外部からはあまり見られないが，生物は内部的な仕事も多く行っている。たとえば，高分子を生合成する化学的仕事，あるいは細胞膜の電位を保つための電気的仕事，さらにホタルなどのように発光的機能もまた仕

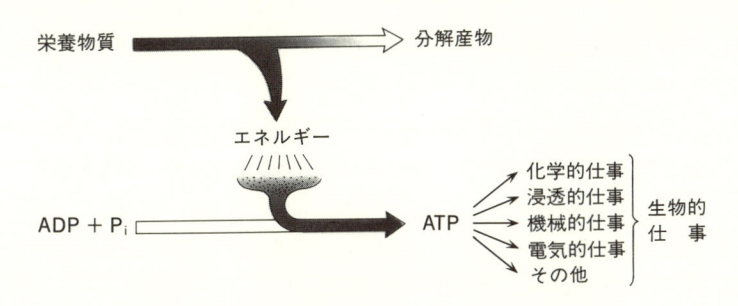

図 9-1　生命は仕事であり，エネルギーが要る

事である。われわれの体内では、いろいろの栄養物質が分解し、その物質の無秩序化をはかっている。その際に発生するエネルギーの大部分は、ATPという化合物に"缶詰"のように蓄えられている。そして、さまざまな生物学的仕事に、そのATPエネルギーが"通貨"のように使われていく(図9-1)。つまり、生命は全体としてエネルギー共役の中で成り立っているのである。

9·2 エネルギー代謝の起原と進化

　上に述べたように、熱機関としての生物は環境との間でエネルギー交流を行いつつ生命を維持している。そこで、生命の維持にかかわるエネルギーの出入りや変換反応を総じてエネルギー代謝という。したがって当然のことながら、エネルギー代謝がスムースに流れないと生命を失うことになる。その場合、環境条件がその生物に対して温和であるならば、あまり労せずに生命を維持できるだろう。しかし、地球という、生命とはなんら無関係に生成した惑星が与えてくれる環境の条件は、必ずしもそのように温和とは限らない。地球環境の激変で、ほとんどすべての生物種が絶滅した事実を、古生物学は教えている(p. 247参照)。

　過去の生命史を見ると、この地球環境は、生物界と無関係に変化する一方で、生物界自体が生存環境を変えてきたこともまた事実である。こういう中で、生物は機能を、あるいは形態を環境変化にうまく適合させながら今日まで生き延びてきたわけである。生命が求めるエネルギー環境も当然ながら、変わりゆく時代に応じてエネルギー代謝を進化させながら、今日に至っている。つぎには、生命がたどってきたエネルギー代謝の変遷を概説してみよう。

　原始地球の大気は分子状の酸素(O_2)をほとんど含んでいなかった。したがってきわめて還元的で、強い光の作用などで水蒸気(H_2O)が分解し、ごく少量の酸素を生じても、直ちに還元状態にある鉱物に奪われてしまった。現在の大気は、21%の酸素を含むが、これは後代の生物(ラン藻および植物)がつくり出したものである。

　さて、始原の生命、すなわち始原細胞は大気の無酸素時代に生まれていたから、酸素を使わないで有機物を分解し、含まれるエネルギーを取り出す、いわゆる発酵代謝を進化させた。用いられたエネルギー源の有機物は、化学進化(生命以前における宇宙規模の有機物合成、後述)によって自然合成されたもので、当時の海には満ちあふれていたと推定される。現在の地球にも、発酵によって生活エネルギーを得ている生物種が多く知られており、偏性嫌気性細菌類

として分類されている。

　これらの発酵生物は，原始の海の豊富な有機栄養の下で大いに繁殖したが，やがてそれらを食べ尽してしまい，簡単な有機物さえも枯渇する時がやってきた。したがって，当時の生物界には絶滅への道しかなかった。ところがそのころ，有機物から生活エネルギーを得るのではなく，無機物質の酸化反応から放出されるわずかなエネルギー，あるいは太陽の光エネルギーを利用する能力をもった変異生物が出現してきた。これらの子孫は今も生存しており，前者は化学合成細菌，後者は光合成細菌という。そして，それらの原始的な群はいずれも嫌気性である。有機栄養を必要としない，これらのいわゆる独立栄養生物の出現は，地球生物界を再びよみがえらせ，発展させて，今日の植物界の基礎をつくった。ちなみに，有機栄養をとらないと生きられない生物は従属栄養生物といい，動物や菌類がこれに属する。

　光合成細菌は進化を重ねて，ラン藻へと進んだ。ラン藻は光合成において，二酸化炭素の還元剤としての水素を水から取る。光合成細菌がこの水素を水素ガス(H_2)や硫化水素(H_2S)から得るのと違って，水はこの地球上に無尽蔵に存在するので，ラン藻は爆発的に分布を広げた。このことは，現在見られるストロマトライト(ラン藻の化石層)の分布から十分推定できる。ここに生まれたラン藻型光合成は，現存の高等植物までも引き継がれている。

　ところが，このラン藻の出現と発展は，地球環境を大きく変化させることとなった。それは，水を分解して水素を取り出す反応の副産物として大量の酸素を生み，それを外界に放出するからである。そのため，ラン藻や植物の発展とともに，大気中の酸素濃度は急速に高まり，現在それは21％にも達している(図9-9参照)。この酸化的大気は，地表のあらゆる鉱物を酸化し，嫌気性生物にとっては生存困難な環境をつくってしまった。しかし一方では，光合成で得られた有機栄養を分解して生活エネルギーを取り出すのに酸素を使う，いわゆる酸素呼吸生物〔(偏性)好気性生物，嫌気性生物に対する語〕が出現することとなった。このように，生物界のエネルギー代謝は，地球自然の変遷とともに生物自身がつくり出す新しい環境に適応して，多様な進化を遂げてきた。現在の地球上では，これらの歴史を背負った各種の生物が風土に合わせて住み分けている姿を見ることができる。したがって，生物界におけるこれらの代謝を分類し，またその分布を知ることによって，代謝の進化を推定することが可能である。この問題は，後の進化の章で詳しく取り上げることにして，この章ではエネルギー代謝の全貌を見渡すことにする。

9·3 エネルギーの放出代謝と吸収代謝

　生きた細胞は，タンパク質，核酸，糖質，脂質など，主として高分子によってつくられているが，さらに低分子の有機物，無機物もこれに加わっている。これらの分子は，すべて化学法則にしたがって刻々と変化している。すなわち，細胞は取り入れた簡単な物質を，化学反応を通して複雑な物質につくり替え，あるいは複雑な物質を，化学反応を通して簡単な物質に分解して，それに含まれるエネルギーを取り出している。そしてそれぞれの分解産物は，細胞内で再利用したり，細胞外に排出したりする。

　このように，細胞内で起きている動的な物質変化を総じて細胞代謝と呼んでいる。細胞は，いわば熱力学的化学機械であって，起きている化学反応の数は正確にはわからないが，哺乳動物細胞に含まれる酵素は1万種類にのぼる，とされている。これらの化学反応は，もし雑然と起きているのであれば，"生命"とはなりえないだろうが，実際には目的に応じて反応系列をつくり，整然と流れている。

　細胞代謝は，大きく2つに分けることができる。一つは異化と呼ばれるもので，分解の方向へ流れるものである。エネルギー論的にいえば発エルゴン反応系である。いま一つは同化と呼ばれ，合成の方向に流れるものである。すなわち吸エルゴン反応系である。そして両者の関係は，図9-2のようにまとめることができる。同化は，エネルギーレベルの低い物質(A)を高い物質(B)に変化させる流れであるから，当然外部からエネルギーを供給しないと，自然には進まない。つぎの植物が行う光合成はその好例である。

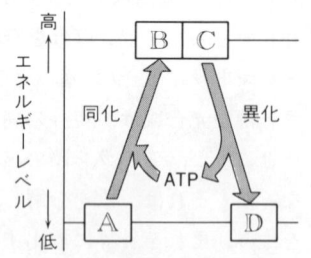

図 9-2 異化と同化のエネルギー共役

$$6\,CO_2 + 6\,H_2O \xrightarrow{\text{光エネルギー}} \underset{(\text{グルコース})}{C_6H_{12}O_6} + 6\,O_2 \quad (\text{ラン藻，植物で})$$

二酸化炭素と水を混ぜるだけでは，反応は決して右方へは進まないが，ここに光エネルギーを供給すると光合成代謝は動きだし，反応が進む。

　一方異化は，エネルギーレベルの高い物質(C)から低い物質(D)に変化する流れであるから，その差エネルギーは外部へ放出される。細胞内では，この放出エネルギーは主としてATPとして貯蔵される。酸素呼吸代謝はその好例で

ある。

$$C_6H_{12}O_6 + 6\,O_2 \longrightarrow 6\,CO_2 + 6\,H_2O \quad (動物,菌類,植物で)$$
エネルギー
(ATP)

グルコースが酸化分解されるときには，686 kcal が放出される。

細胞には，エネルギーを要求するにもかかわらず，物質を合成しない現象も多い。先の図 9-1 に示した化学的仕事以外のものは，すべてこれに入る。これらは，いずれも生理現象と呼ばれるもので，必要なエネルギーは ATP から供給される。

同化は，いま述べたようにエネルギーの供給を必要とする代謝であり，異化は他にエネルギー供給が可能な代謝である。細胞内では，両者はうまく組み合されて，いわゆるエネルギー共役の関係をなしている(図 9-2)。しかしここで注意したいのは，異化と同化の両代謝は，物質の流れとしてはつながっていて，それぞれは独立していないということである。すなわち，異化代謝で生まれる中間代謝物は，同化代謝の原料物質として利用されていく。たとえば，酸素呼吸代謝のクエン酸回路で生まれた各種の有機酸は，一方でアミノ酸合成の素材としても使われ，ついにはタンパク質の骨格をつくっていく(図 9-19 参照)。

9·4 酸化反応はエネルギーを放出する

酸化とは，狭義では物質が酸素と結合することをいい，還元とは酸化物が酸素を失うことをいう。しかし一般的には，酸化はもっと基本的に，物質をつくっている原子(またはイオン)から電子が失われることをいい，還元は原子(またはイオン)が電子を受け取ることを指している。この定義に従うと，物質が水素を失うことは酸化であり，また物質が水素と結合することは還元である。そこで，「物質から電子を奪取(酸化)するときエネルギーを放出する」のが，エネルギー生産の原理であり，細胞はこれを異化を通して行い生命の維持に利用しているのである。しかし代謝では，一方で酸化が起るならば，他方では必ず還元を行い，全体としてバランスを保っている。アルコール発酵や乳酸発酵でその例が見られる(図 9-5 参照)。

さて，化学反応における物質から物質への電子授受の程度は，酸化還元電位(V)によって表現される。これは，ある反応(系)が酸化に向うか還元に向うかの指標ともなる。そこで，電子を与える傾向(還元力)の大きい物質から電子を

奪う傾向(酸化力)の大きい物質への，電子の移動は自然に起り，(自由)エネルギーが放出される。そして，前者と後者の間の電子エネルギー差が大きいほど，多量のエネルギーが遊離する。先に述べた，生物界の発酵から呼吸への進化は，酸素を最終電子受容体として利用することによって，最も効率よくエネルギーが収穫できるというこの原理に則った自然的な体制変化であったのである。

　生きた細胞の中では，酸化反応における電子移動は，ATP合成反応(ADP+Pi → ATP，Piは無機リン酸)と共役的に連動している。したがって，その酸化反応における電子移動の差エネルギーの大きいほど，多量のATP分子が収穫できるわけである(図9-3)。

9·5　代謝は徐々にエネルギーを放出させる

　細胞における物質は，多数の化学反応を経て段階的に，したがって徐々にそのエネルギーが放出されていく。これは，試験管内の化学反応とは大きく異なるところである。たとえばグルコースの1グラム分子，すなわち180gを試験管内で燃焼(酸化)させたならば，686 kcalのエネルギーをいっきに熱として放出する。しかし，細胞の呼吸代謝ではグルコースは30段階にも及ぶ化学反応を経てそのエネルギーは放出されている(図9-4)。

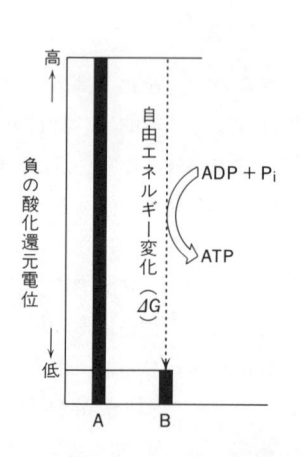

図 9-3　電子の高エネルギー状態(A)から低エネルギー状態(B)への移行による差エネルギー(ΔG)の放出と共役する ATP 合成

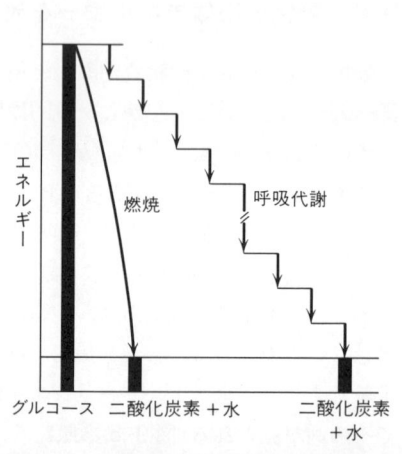

図 9-4　細胞の呼吸代謝と試験管の燃焼におけるグルコース酸化の違い　放出される総エネルギー量は同じである。

では細胞では，なぜ物質は多段の化学反応を経て分解されるのだろうか。その理由は，いつに代謝進化に因る。すなわち，現在の代謝を構成している反応は，時代とともに段階的に延長されてきたからである。生命が原始の海で発生したとき，つまり始原細胞は代謝をもっていなかったはずである。単に必要な物質を環境から取り入れるという，単純きわまりないものであったにちがいない。それが時とともに，新しいエネルギー基質を求めて，新たな反応が出現し，加わってきたのである。しかも後述するように，代謝は現在の流れとは逆方向に進化，延長してきたと考えられている。それが結果として，(i)細胞は，さまざまな有機物質をエネルギー基質として利用できるようになった。また，(ii)それが基質のもつエネルギーを徐々に放出していくことにもなり，さらに(iii)いろいろな生合成代謝に原料物質を提供することにもなった。

細胞におけるこのような多段なエネルギー放出は，その代謝速度を調節しやすくしており，またATPとしてのエネルギー回収効率も高い，という大きな利点をもたらしている。燃焼のように，いっきに大量のエネルギーを放出すると，エネルギー効率は極度に低くなる。たとえばSL(蒸気機関車)のエネルギー効率は十数％であるのに対して，人体のそれは数十％を超える。しかし，このような多段反応のために，細胞はそれらを触媒する酵素を非常に多種類つくらねばならないことになったし，それと同時に多種類の遺伝子も必要となった。

9・6　代謝の流速はどのように調節されているか

植物生理学に"最少量の法則"というのがある。これは，植物の生産量は最も少量に存在する無機養分によって支配される，というドイツの化学者J.リービッヒ(1843年)の提唱になるものである。しかしこれは，植物と無機養分の関係にとどまらず，すべての生物に通ずる成長と栄養の関係法則である。生物の成長を支えるものは，栄養，温度，光，水などのような外的因子とともに，細胞成分の同化活性のような内的因子が重要な意味をもっている。これらのうちで，ある因子(A)以外のすべてのものが満たされている場合，その生物の成長はA因子によって規制されることになる。このようなA因子は制限因子と呼ばれ，それを代謝速度について論ずる場合には，とくに律速因子という。たとえば，一連の酵素反応が並ぶ代謝で，ある酵素の活性が他に比して低いときには，それが代謝全体を律速することになる。

では，細胞の代謝速度がどのように調節されているかについて，つぎに論ず

ることにしよう。

(1) **DNAレベルの調節** 代謝速度を決定しているものは，第一義的には細胞内の酵素濃度である。それには，関係遺伝子の転写・翻訳が直接関係してくる。また細胞は，その酵素がとくに必要な場合には，一時的あるいは恒常的に遺伝子を増幅して酵素量を増やすという，遺伝子量の調節を行う能力をもっている。

DNAはたえず突然変異を起している。したがって，ある酵素遺伝子がその変異によって変質し，転写・翻訳活性を低下させた場合には，それが細胞代謝の全体の律速因子となる。しかし，酵素量を著しく増やして代謝律速を切り抜けていると考えられる例がある〔葉緑体のルビスコ(Rubisco)，後述〕。

(2) **酵素分子の自律的な活性調節** 細胞内には，酵素を含めて，アロステリック調節を行うタンパク質が多数含まれる。これらのタンパク質(酵素)は，反応基質や反応産物の存在量に応じてその活性を自律的に変化させる。アロステリック酵素については，第5章の酵素の項ですでに説明した。

(3) **生物の順応あるいは適応による代謝調節** ここで順応(accomodation)とは，生物が生きるために環境条件に合せて形態や機能を調節する生理的変化をいい，適応(adaptation)とは変化した形質が遺伝する場合をいう。元来生物は，たえず環境条件に順応あるいは適応しながら生き延びているが，その場合代謝(系)を条件に合うように調節することは非常に大きな意味をもっている。たとえば順応の例として，細菌は抗菌剤のスルファニルアミドに出合うと，それと化学構造のよく似た葉酸(ヒトにとってはビタミン)を過剰に合成して，その毒性から逃れることができる。また適応の例として，細菌にある抗菌剤を長く与えると，薬剤耐性を遺伝的に獲得し，さらにその耐性遺伝子を増幅して高濃度の薬剤に耐えるようになる。

9・7 発酵—エムデン-マイエルホーフ(EM)経路—

発酵は，地球大気にまだ酸素が含まれていなかったころに生物が獲得した最も古い異化代謝である。グルコースが嫌気的に分解され，アルコールや乳酸，その他の最終産物に達する図9-5に示すような反応経路である。これは，現生の生物界で最も広く分布している代謝であり，後で説明するように，酸素呼吸の代謝にも流れている。

当初この代謝の研究は，酵母菌がアルコールを生産する代謝経路を知ろうとするところから始まった。しかし後に，筋肉の収縮運動の際に，グルコースか

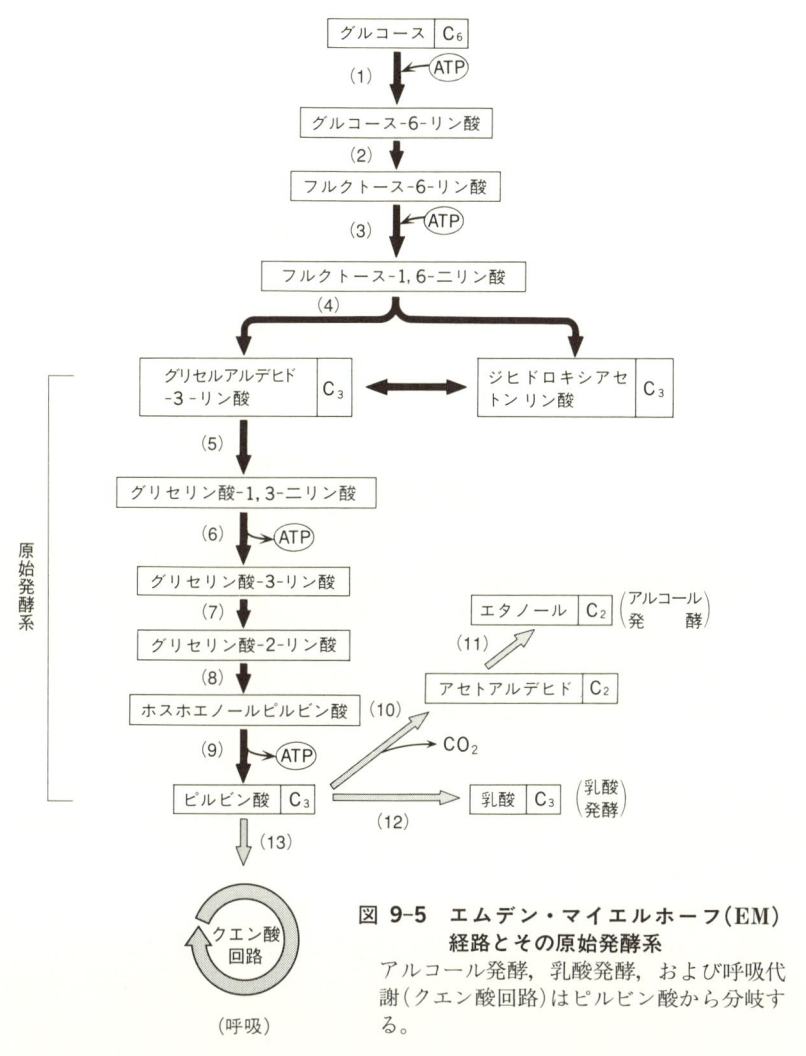

```
                    グルコース  C₆
                      (1) ↓ ← ATP
                グルコース-6-リン酸
                      (2) ↓
                フルクトース-6-リン酸
                      (3) ↓ ← ATP
               フルクトース-1,6-二リン酸
                      (4) ⤋
      グリセルアルデヒド-3-リン酸 C₃ ⟷ ジヒドロキシアセトンリン酸 C₃
                      (5) ↓
               グリセリン酸-1,3-二リン酸
                      (6) ↓ → ATP
                グリセリン酸-3-リン酸
                      (7) ↓
                グリセリン酸-2-リン酸                エタノール C₂ (アルコール発酵)
                      (8) ↓                         (11) ↗
               ホスホエノールピルビン酸 (10)    アセトアルデヒド C₂
                      (9) ↓ → ATP        ↗ CO₂
                  ピルビン酸 C₃ →→→→ 乳酸 C₃ (乳酸発酵)
                      ↓ (13)          (12)
                   クエン酸回路
                     (呼吸)
```

図 9-5 エムデン・マイエルホーフ(EM)経路とその原始発酵系
アルコール発酵，乳酸発酵，および呼吸代謝（クエン酸回路）はピルビン酸から分岐する。

（左側縦書き：原始発酵系）

ら嫌気的に乳酸を生成する解糖と呼ばれていた代謝と基本的に同じものであることが判明した。したがって，発酵と解糖とを呼び分けることは意味を失い，現在では，グルコースからピルビン酸に至る幹流部分を発見者にちなんで，エムデン-マイエルホーフ(EM)経路と呼ぶのが一般である。

ところが，その後の研究から，EM経路のグルコース-6-リン酸から迂回路に入り，再びグリセルアルデヒド-3-リン酸に戻る経路をもつ生物種がいくつか発見された（図9-6）。そこで，これらすべてに共通するグリセルアルデヒ

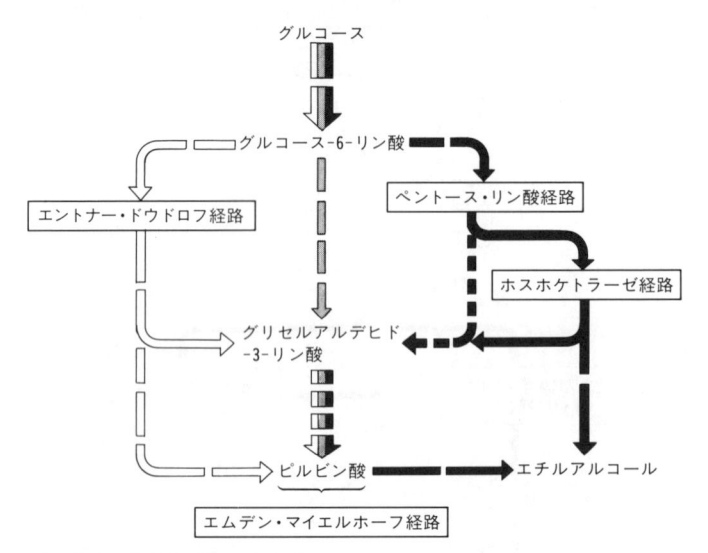

図 9-6 EM 経路のバイパス
グルコース-6-リン酸からバイパスに入り，グリセルアルデヒド-3-リン酸で再び EM 経路の原始発酵系にもどる。

ド-3-リン酸からピルビン酸に至る経路を原始発酵系という。これは，より多くの生物種に共通する形質ほどその進化的起原は古い，という進化の原理に基づいている。

　嫌気性生物における ATP 生産は，この EM 経路に負うている。EM 経路では，その前半の2反応〔図9-5の反応(1)と(3)〕で ATP を用いて糖の高エネルギー化が行われている。ここで注目したいのは，六炭糖のグルコース分子が図中の反応(4)において開裂し，2分子の三炭糖のグリセルアルデヒド-3-リン酸とジヒドロキシアセトンリン酸に変化する反応である(図9-7)。したがって，EM 経路全体としては，1分子のグルコースから2分子のピルビン酸を

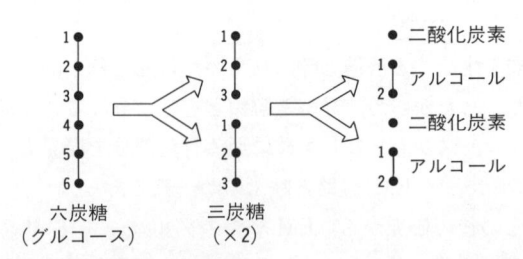

図 9-7 アルコール発酵におけるグルコース分子の開裂
●は炭素原子。数値は炭素番号。

生成し，ATPの純益(2分子を消費し4分子を収穫する)は2分子となる．酵母菌や乳酸菌はこのATPを生活エネルギーに使っている．

EM経路で働く酵素群は，原核，真核の両細胞において，小器官内ではなくて細胞質の基質の中に埋れている．これには進化的な意味がある．すなわち，発酵代謝は，小器官がまだ分化していない原核時代，細胞質基質の中に発生した．そして，真核細胞に進化した後も，そのまま細胞質基質に保存されている，と考えられる．細胞を破砕し，超遠心分画を施す(p.39参照)と，発酵代謝の酵素群はその遠心上清に集まる．このことから以前には，これらの酵素群は細胞液に溶けた状態で存在すると考えられていた．しかしこれは，人工操作に因るもので，生きた細胞内では大きな酵素集合体(グリコソームと呼ばれる)をつくって細胞質基質中にあることが示されている．

A．アルコール発酵

酵母菌は，嫌気的条件下ではグルコースからエチルアルコールを生産する．その収支は

$$C_6H_{12}O_6 \longrightarrow 2\,C_2H_5OH + 2\,CO_2$$

のように記される(図9-7参照)．

EM経路の最終産物であるピルビン酸は，脱炭酸されてアセトアルデヒドになり，ついでそれが還元を受けてエチルアルコールとなる〔図9-5(11)〕．この場合の還元剤NADHは，経路の中点で起るグリセルアルデヒド-3-リン酸の酸化反応〔同図反応(5)〕に由来する．なおNAD$^+$およびNADHの化学構造は，図9-8に示すように，ニコチン酸アミド(ビタミンB$_1$の1種)ヌクレオチドとアデニンヌクレオチドからなる．このNAD$^+$ ⇌ NADH反応は，上図9-5に見たように，非常に遠く離れた反応間で行われるが，これによりアルコール発酵代謝の酸化還元のバランスが保たれている．またこのように，一つの代謝の中で長い距離の間を往復する物質は律速因子となって，その代謝全体の流れを決める調節役をつとめている．

B．乳酸発酵

アルコール発酵とともに，乳酸発酵は生物界における2大発酵に数えられるものである．なかでも，乳酸菌による発酵産物は，清涼飲料として広く一般に利用されているので，それはなじみの代謝である．乳酸の生成は，ピルビン酸が上記の還元剤NADHによって直接還元されることに因る〔図9-5，反応(12)〕．なお，筋肉の運動時に起る解糖の代謝は，この乳酸発酵に当たる．

アルコール発酵を行う酵母菌でも，乳酸発酵を行う乳酸菌でも，とくに後者

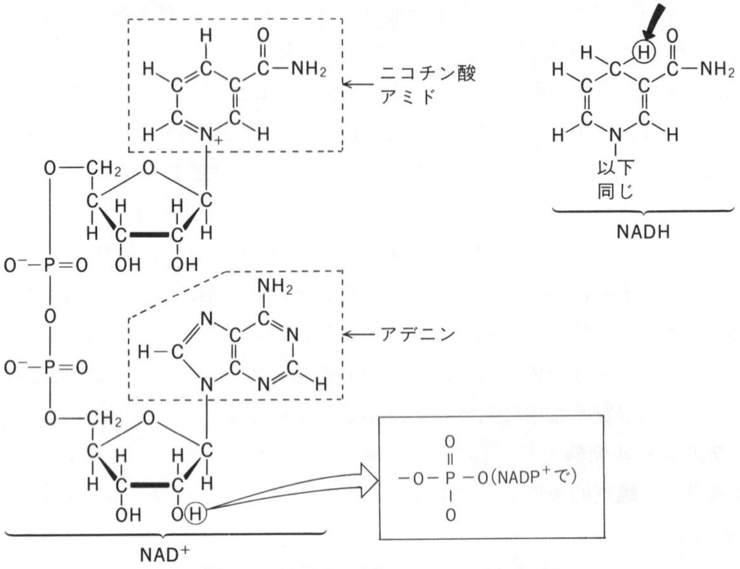

図 9-8　NAD⁺, NADH, NADP⁺, および NADPH

NADP⁺ は NAD⁺ にリン酸基 $\left(\begin{array}{c} \text{O} \\ \| \\ -\text{O}-\text{P}-\text{O} \\ \| \\ \text{O} \end{array}\right)$ が加わる。

NADH と NADPH は強力な還元剤として代謝の随所で用いられる。

においてそうであるが，与えたグルコースからアルコールや乳酸が定量的に生産されるわけではない。乳酸菌のある種は，発酵時にアルコールや酢酸を生成する。それら産物の割合はまた，発酵させる時の条件によっても大きく変動する。したがって，アルコール発酵とか乳酸発酵とかいう呼び名は，主要な産物に対する便宜的なものであることに注意を要する。

9・8　呼吸代謝

A．酸化大気の出現による代謝適応

　図 9-9 は，地球表面における酸素蓄積の時代経過を示している。そこで，原始の生物界に酸素呼吸が出現したのは，酸素発生型光合成を行うラン藻が出現し，これらが生態的分布を大いに広げた結果であり，それに続く植物界の発展は，大気酸素の濃度を急速に高めていった。このような大気酸素の増加は，生物界に2つの大きな進化をもたらした。まず第一は，生物にとって酸素は有

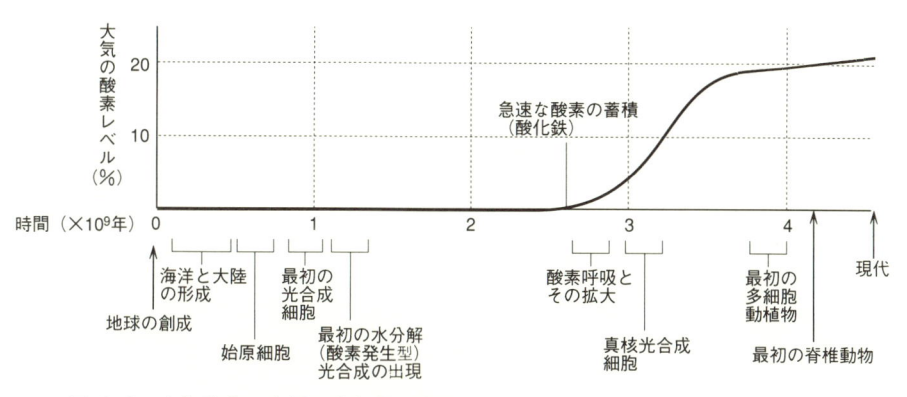

図 9-9　大気酸素の変遷と生物界の進化
　地質的証拠は，ラン藻の出現と大気酸素の蓄積の間には，10億年の時間的経過があったことを示唆する。この時間的な遅れは，海水への2価鉄(Fe^{2+})のゆっくりした溶解によるのだろう。2価鉄は酸素と反応して，不溶性の酸化鉄(Fe^{3+})となって沈積した。

毒であるために，それを解毒する機構を適応的に獲得したことである。細胞代謝で行われる酸化還元反応は，主として電子の授受である。そこに酸素が存在するとつぎのような反応が起り，スーパーオキシドを生成する。

$$O_2 + e^- \longrightarrow O_2^-$$
$$\text{（電子）} \qquad \text{（スーパーオキシド）}$$

このスーパーオキシドの酸化力は非常に強力で，細胞内のあらゆる物質を酸化し，ついには細胞を殺してしまう。現存する好気性生物のすべては，このスーパーオキシドを解毒する酵素であるスーパーオキシドジスムターゼをもっている。しかも，嫌気性生物はこれをもっていない。好気性生物はそのほかにも，カタラーゼやペルオキシダーゼのような，細胞内で生産される有毒な過酸化水素(H_2O_2)を分解する酵素を含んでいる。

　生物の酸素に対する適応の第二は，酸素呼吸代謝の完成である。この問題については項を改めて詳述するが，ここで強調しておきたいことがある。それは発酵，呼吸，光合成など，現生生物界に見られる地球環境の変遷に対する代謝適応の主なものは，先カンブリア時代の前期における原核時代にすでに完成している，ということである。真核時代に入り，さらに多細胞化が進んでも，細胞はこれらの基本代謝をそのまま持ち続けているのである。なお注意したいのは，生物界には，大気酸素に対する適応としてスーパーオキシドジスムターゼはもっているが，呼吸代謝をもっていないものが現生していることである。それらは，いずれも細菌種である。

B. EM 経路からクエン酸回路へ

図 9-10 は呼吸代謝の全景である．それは，3 つの代謝からなっていることがわかる．第一は無酸素時代に獲得した EM 経路そのものであり，第二は EM 経路の分流である有機酸発酵であり，クエン酸回路または TCA 回路と呼ばれる環状代謝である．そして第三は，電子伝達系の一つである呼吸鎖であ

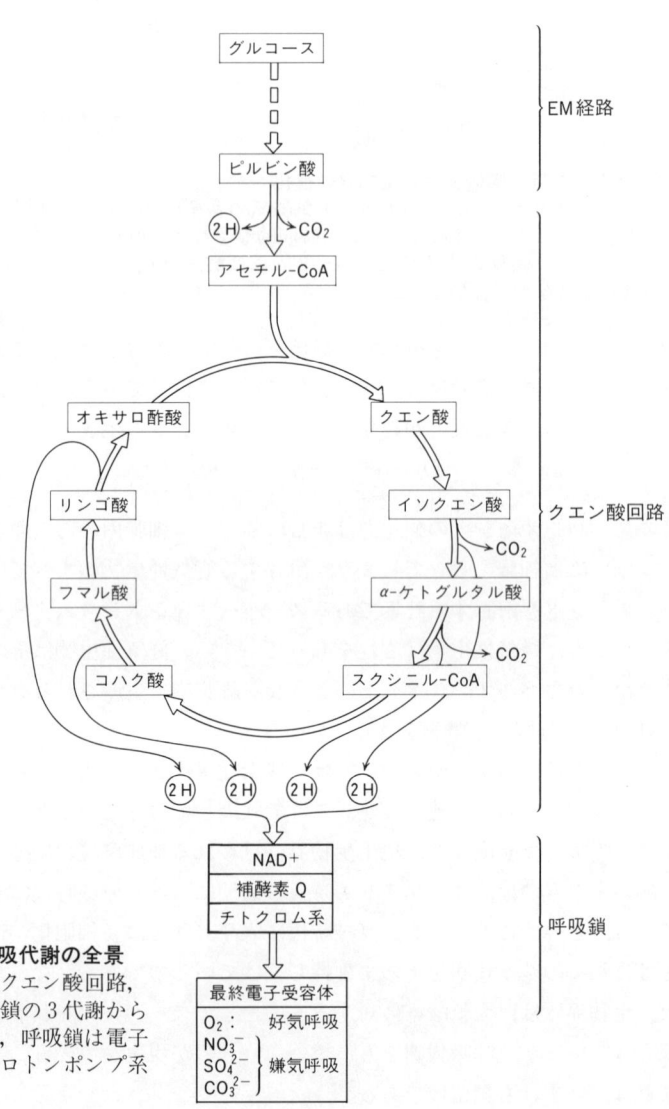

図 9-10 呼吸代謝の全景
EM 経路，クエン酸回路，および呼吸鎖の 3 代謝から成る．また，呼吸鎖は電子伝達系とプロトンポンプ系から成る．

る。これらは，後の13章で論ずるように進化的起原を異にし，後代に互いにドッキングして成立したものである。これからも例示していくように，元来細胞代謝はきわめて動態で，環境の条件変化に対して順応的あるいは適応的に編成を変えることができる。それは，下等な生物種ほどダイナミックであるように見える。40億年間，地球条件のかずかずの変動を切り抜けて今日に生きている奥義がそこにあるのではないか，と思わせるほどである。

さて，エネルギー代謝として，発酵よりも進化した好気代謝の意義はなにか。それは，エネルギーの収穫率が発酵に比べて著しく高いことにある。すなわち，酸素は電子を奪取する力が他の有機物質に比して極度に強いので，有機物質の電子を酸素に移した方がエネルギー落差が大きく，したがってATP収率もずっと高くなる。EM経路では，グルコース酸化の電子受容体はピルビン酸になっている。すなわちピルビン酸は，グリセルアルデヒド-3-リン酸の酸化反応で生成したNADHを受け取って，乳酸とかアルコールに還元されていく。この場合，NADHはNAD^+に酸化されて再びグリセルアルデヒド-3-リン酸反応に使われていく。ところが好気的呼吸系では，NADHは最終的に酸素によって酸化される。この際には，ピルビン酸は電子の受容体とはならない。つまり，乳酸とかアルコールの生成に向わないで，図9-10に見るようにピルビン酸は脱炭酸されてクエン酸回路の方へ流れていく。そして，この回路を1回転する間に，二酸化炭素と"水素"に分解される。この発酵と呼吸の代謝の切り替えは酸素が行う（パスツール効果）。

図9-11は，クエン酸回路をさらに詳しく示したものである。ここでは，NAD^+のほかに，CoA（補酵素A，図9-12参照），FAD（フラビンアデニンジヌクレオチド）などの各種の補酵素が活躍する。クエン酸回路の名称は，中間代謝物としてクエン酸が現れることからきている。クエン酸回路のようにサイクルをなす代謝は，ほかにもいくつか知られているが，クエン酸回路は細胞代謝の中心をなすものである。脂質合成系，アミノ酸合成系（図9-19参照），さらに次項で説明する呼吸鎖など，多くの同化および異化の代謝はここから分岐していく。

クエン酸回路では，まずピルビン酸は脱炭酸されて2炭素化合物（アセチル基，CH_3CO-）となり，これがCoAと結合して高エネルギー化合物のアセチルCoA（図9-12）となる。このアセチルCoAはオキサロ酢酸と化合してクエン酸となり，回路を一巡する。そして，再びオキサロ酢酸となって帰ってくる。つまり，この間にピルビン酸1分子は完全に分解されたことになる。グルコー

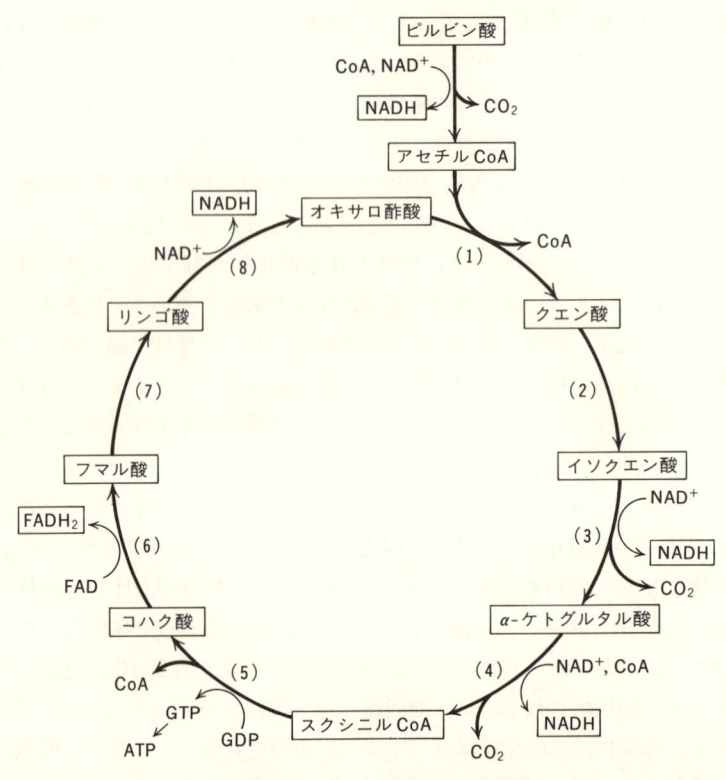

図 9–11 クエン酸回路の反応系

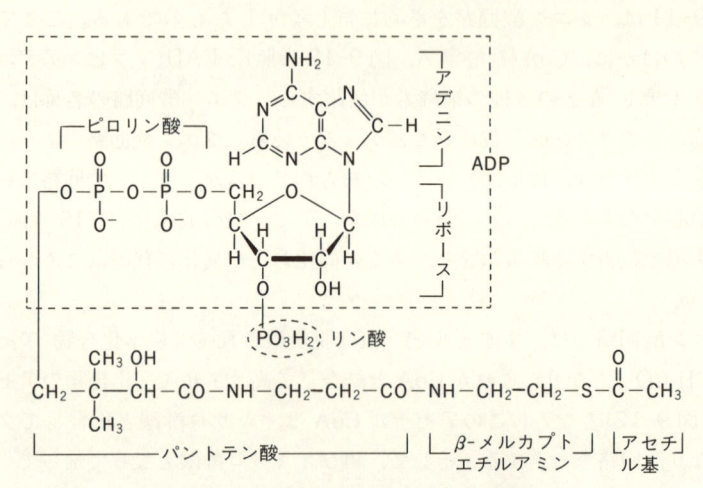

図 9–12 アセチル CoA の化学構造

スから出発するならば，クエン酸回路の2回転で完全酸化を受ける。

クエン酸回路は，元来"高エネルギー水素"を生産する反応系であり，したがってATPはその中の1反応〔図9-11中の反応(5)〕でしか合成されない。また，好気性の呼吸代謝でありながら，酸素化反応はまったくない，いわば有機酸発酵の代謝である。ここで生産された水素は，図9-10で示したように，つづく呼吸鎖に送られ，ここで初めて酸素と反応する。そのとき，大量のエネルギーが放出される。

C．呼吸鎖―電子伝達系とプロトンポンプ系―

生物界が進化の途上で，エネルギー代謝を発酵から酸素呼吸へと発展させてエネルギー効率を高めたことは，すでに述べた。その原理は，水素から酸素への電子移動が起る爆鳴気ガス反応(混合ガスに点火すると爆鳴を発する)

$$2H_2 + O_2 \longrightarrow 2H_2O(気体) + 116\,kcal$$

が莫大な熱エネルギーを遊離することから理解できるだろう。したがって，細胞代謝のエネルギー放出反応は，すべて"電子移動"反応であるが，とくに酸素を電子の最終受容体とするときには，ATP生産は20倍近くにも高まるのである。呼吸鎖は，そのATP生産の主要な"場"である。

さて，呼吸鎖はいままで見てきたものとは，つぎの諸点で異なる反応系である。すなわち，(i)エネルギー基質NADHおよびFADH$_2$から酸素に至る電子反応系であること，(ii)関係酵素が複合体群をなすこと，(iii)それらの複合体は膜にあること〔リン脂質2分子層は電子もプロトン(H$^+$)も通さない〕，(iv)これらの複合体はプロトンポンプの働きをもつこと，そして(v)そこで生じたプロトンダムからのプロトン流がATP合成酵素を駆動すること，である。では，これらの過程を順に論じていこう。

(1) 電子は主としてNADHから酸素に流れる(図9-13)。

細胞が取り入れた栄養分子の，EM経路やクエン酸回路の酸化反応に由来する電子のほとんどすべてが水素，なかでもNADHに集められる。ここで，水素原子が1個の電子と1個のプロトン(H$^+$)からなることを記憶してほしい(図9-14)。その高エネルギー電子は図9-13に示した一連の反応を経ながらエネルギーを放出し，エネルギーを失った電子は最後には受容力の強い酸素に引き取られる。この図で見るように，この電子流には3つの大きな滝があり，ここで発生した大量のエネルギーはATPとして収穫，貯蔵される。この反応系では，ヘム鉄の価数の変化($Fe^{2+} \rightleftarrows Fe^{3+} + e^-$)によって電子をやり取りするチトクロムという特殊なタンパク質が働いている。なお，最終的に電子を取り入れ

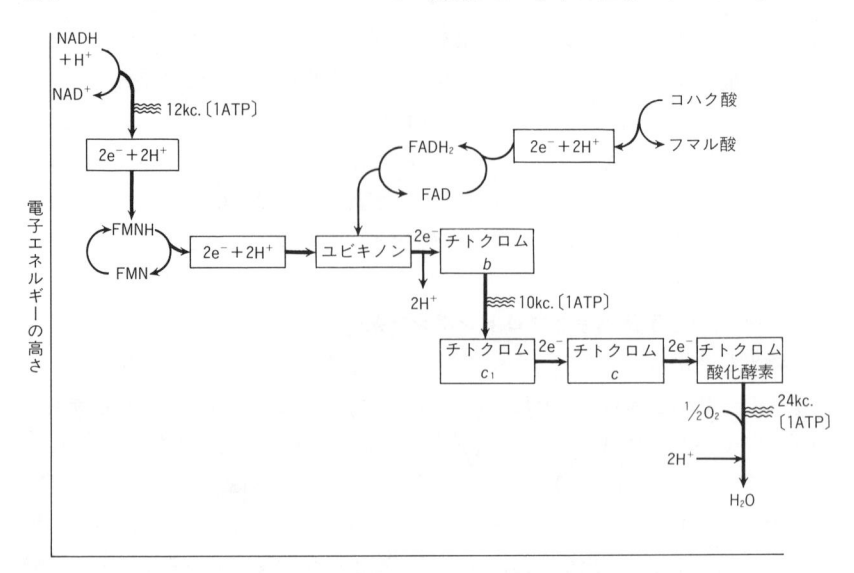

図 9-13 呼吸鎖における電子伝達系

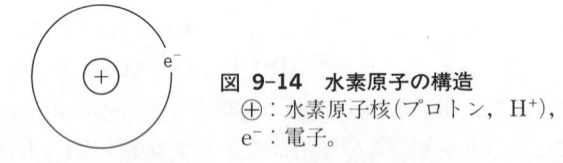

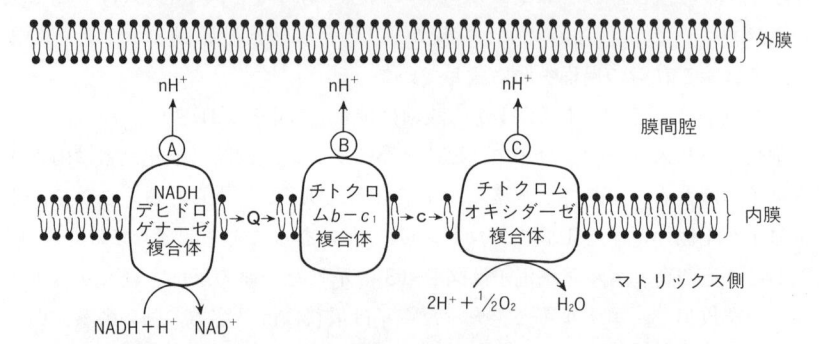

図 9-14 水素原子の構造
　⊕：水素原子核（プロトン，H^+），
　e^-：電子．

図 9-15 ミトコンドリアにおける3つの呼吸酵素複合体間の電子流と
　　　　プロトンポンプ
　Q：ユビキノン，c：チトクロム c．Ⓐ，Ⓑ，およびⒸは各複合体を表わす．
　これは図 9-16 の各呼吸酵素複合体に対応する．各複合体はプロトンポンプ能
　をもつ．

た酸素(O_2^- となる)は，周囲のプロトン($2H^+$)と反応して水(H_2O)となり，系から離れる。

（2） 電子エネルギーはプロトンポンプに注入される(図9-15)。

　プロトンポンプは，水(プロトン)の流れる低い川から，堤(膜)を越す高い池に揚水するポンプ(電子酵素)にたとえることができる。プロトンは本来電気を帯びているから，膜の一方の側にそれを蓄積することは電気を蓄えることであり，細胞は高い電気化学ポテンシャルをもつことになる。

　呼吸鎖における3つの大きな滝をつくる電子酵素の複合体は，図9-15に示すように，いずれもプロトンポンプとしての機能をもっている。この場合のプロトンは，図9-16に示すように，ミトコンドリアの内膜と外膜の間，すなわち膜間腔に集められプロトンダムをつくる。

（3） ATP合成の酵素はプロトン流に駆動される(図9-16)。

　膜間腔のプロトンダムから，ついでプロトンは膜中にあるATP合成酵素に勢いよく流れ込み，図9-17にモデル化するように，ATP合成の水車反応を

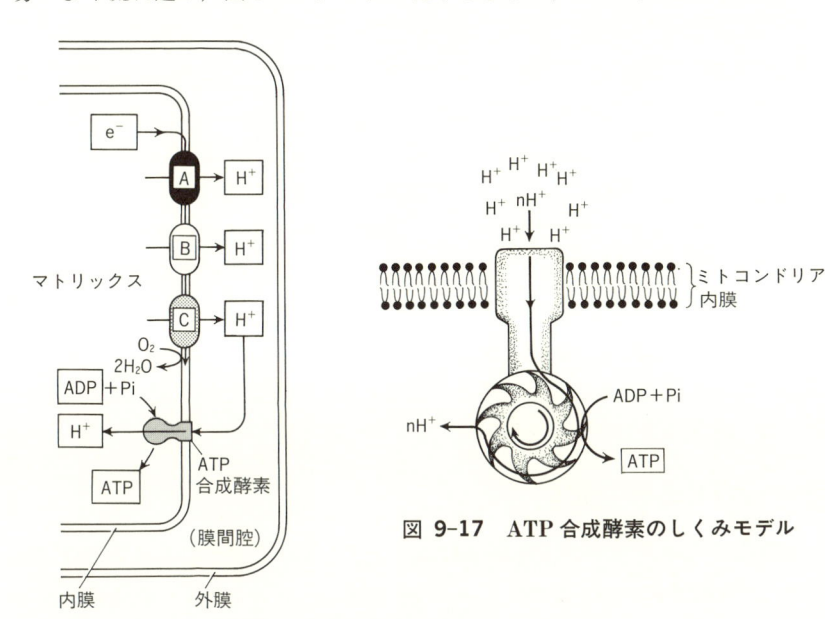

図 9-16　ミトコンドリアにおける ATP 合成系
　高エネルギー電子は呼吸酵素複合体(Ⓐ，Ⓑ，およびⒸ)を通るとき，放出されるエネルギーでプロトンを汲み出す。そして，膜間腔中に生じたプロトンダムがATP合成酵素を駆動する。

図 9-17　ATP 合成酵素のしくみモデル

右回転させることによって，ATP合成は進むことになる。

D. 原核細胞の呼吸鎖

上には，真核細胞に特有の小器官であるミトコンドリアについて述べてきたが，呼吸代謝は原核細胞ももっている。というよりも，進化的に見ると原核時代に完成した呼吸代謝がそのまま真核細胞に持ち込まれているのである。ただ原核から真核への細胞進化は，とくに膜系の著しい発展をともなっているので，さまざまな代謝がこれらの膜系小器官へと分画されている。代謝の分画化は，小器官の重要な役割なのである。

原核時代は，真核時代に比べて25億年も長く，したがって，原核生物の代謝は多彩に進化している。その1例として，ここでは呼吸鎖について見てみよう。今まで見てきたように，呼吸鎖では電子が流れ，プロトンポンプが働き，ATP合成が行われる。これらは，いずれも膜酵素による反応系である。したがって，ミトコンドリアをもたない原核細胞では，細胞膜や細胞内膜系（メソソーム，クロマトホア，チラコイドなど）においてこれらの代謝は進められている。後章の光合成における明反応（光化学系）の項において詳論するように，呼吸鎖はこの明反応から由来したものであり，したがってこれらの代謝は，共通に膜酵素による電子伝達，プロトンポンプ，およびATP合成の各系を含んでいる。

ここでたいへん興味あることは，細菌類の中には，呼吸鎖で生産される電子の最終受容体として，酸素だけでなく，硝酸，硫酸，あるいは炭酸を使うことができるものがある。これらの代謝に対しては，それぞれ硝酸呼吸，硫酸呼吸，および炭酸呼吸の名で呼ばれている。そして，好気呼吸（あるいは酸素呼吸）に対して，これらを嫌気呼吸という（図9-10参照）。したがって，ある細菌種，たとえば大腸菌は，最終電子受容体として好気的条件下では酸素を使うが，嫌気的条件下では硝酸を用いる。

9・9 ATP生産の進化

細胞におけるATP生産のしくみには，大きな進化の跡が見られる。発酵生物は，EM経路において嫌気的にATPを合成していることについては，すでに説明した。そこでは，ADP＋Pi→ATP反応は，単に酵素によるリン酸化反応として進められている。これは基質レベルのリン酸化と呼ばれ，ごく原始的なタイプである。これに対して，上で見てきたように，呼吸鎖によるATP合成反応は膜構造を利用し，電子とプロトンが仲介する複雑な機構の下で進め

表 9-1 グルコース1分子量から生産される ATP 分子数

代謝系	ATP 分子収益
発酵：EM経路	2 (＝4－2)
酸素呼吸 ｛EM経路	2 ｝
クエン酸回路	2 ｝ 38
呼吸鎖	34 ｝

られている。このように，有機物質の好気的酸化から得られる電子エネルギーを用いて ATP 合成を行うしくみは，酸化的リン酸化と呼ばれる。

　生物界には，もう一つ大きな ATP 生産のしくみがある。それは，光リン酸化と呼ばれるもので，光合成生物において行われる。光エネルギーが膜内の電子伝達系に流れ込んで ATP 合成を進めるもので，後章で詳述する。

　一方，原始的でめずらしい ATP 合成法に，（高度）好塩性細菌がもつしくみがある。それは，すでに図 6-9 に示したように，まず細胞膜に含まれるバクテリオロドプシン（色素タンパク質）が光エネルギーを捕えるとともに，プロトンポンプとしても働く。その結果，細胞質に蓄積されたプロトンの流れによって細胞膜にある ATP 合成酵素が駆動し，ATP が合成される。同図は，好塩性細菌から分離したバクテリオロドプシンとウシ・ミトコンドリアから分離した ATP 合成酵素を，リポソーム（図 6-8 参照）のリン脂質膜に挿入して作成した自働 ATP 合成の人工装置である。

　さて，発酵と酸素呼吸とでは，1モルのグルコース当りの ATP 生産量にどれくらいの差があるか。表 9-1 はその ATP 収量を比較している。酸素呼吸では 38 分子の ATP 生産があるのに対して，発酵ではわずか2分子の ATP しか得られない。酸素呼吸がいかに効率のよい異化かがわかるだろう。

　酸素呼吸は発酵から進化した代謝ではあるが，現生の生物細胞には，その積み重ねの過程が残されている。したがって，現生物界には酸素があれば酸素呼吸で，また無ければ発酵で十分生存できるものがある。そのような，いわば二刀流生物は，とくに微生物に多い。たとえば，大腸菌や酵母菌がそれである。

9・10　異化と同化のつながり―サルベージ経路―

　細胞を構成する物質は，一方でたえず分解しているが，また一方で合成もされている。それが外見的に安定しているように見えるのは，異化と同化の代謝間に動的平衡が成立しているからである。いままで見てきたように，異化はエ

ネルギーを遊離し，それを利用することによって細胞生命は維持されている。この場合，異化においても物質は完全に分解されないで，途中の段階で回収され，同化のための素材として利用されている。このような代謝は，サルベージ経路と呼ばれる。ではつぎに，いくつかの物質について，サルベージ経路のしくみを見ることにしよう。

A. 脂質の分解と合成

中性脂肪の分解は，まず酵素リパーゼによって加水分解されてグリセリンと脂肪酸になる。グリセリンはATP1分子を消費して三炭糖リン酸になり，EM経路に流れ込む。

脂肪酸の酸化は，真核細胞ではミトコンドリア内で行われる。この反応は，図9-18に見るように，脂肪酸はβ位ごとに，連続して酸化切断されていく。そして，生じたC_2単位（アセチル基）はアセチルCoAとなって，クエン酸回路に注がれる。このような脂肪酸の酸化様式はβ酸化と呼ばれる。このβ酸化の過程では，アセチルCoAとともに多量のNADHやFADH$_2$（前出）を生成するが，これらの水素はエネルギー源として呼吸鎖へ回される。

脂肪酸分子の水素含量はきわめて高く，したがってその酸化によって大量のATPが生産される。たとえば，ステアリン酸（C_{18}；分子量284）が完全酸化するときには，総計146分子のATPが生成する。これは，同量の糖質に比べて2倍以上の高い効率である。栄養学的に高脂肪食が高カロリー食であるとされる理由は，ここにある。

一方，細胞の脂肪合成においては，グリセリン部分の合成はEM経路の中間産物の三炭糖が利用される。また脂肪酸部分の合成では，クエン酸回路由来

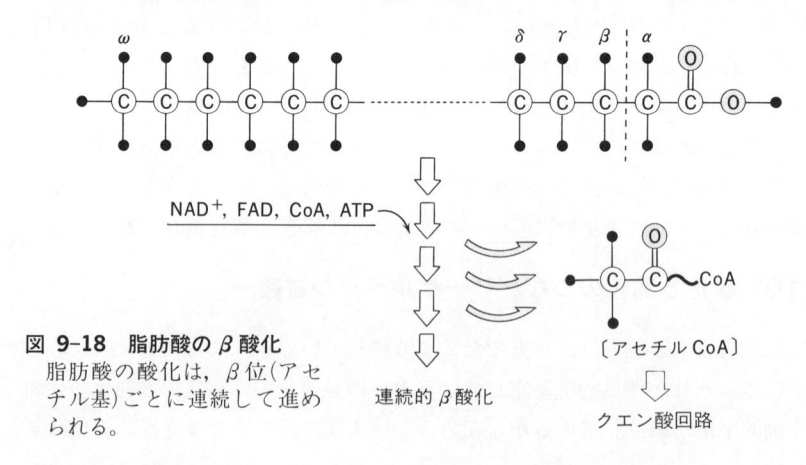

図 9-18 脂肪酸のβ酸化
脂肪酸の酸化は，β位（アセチル基）ごとに連続して進められる。

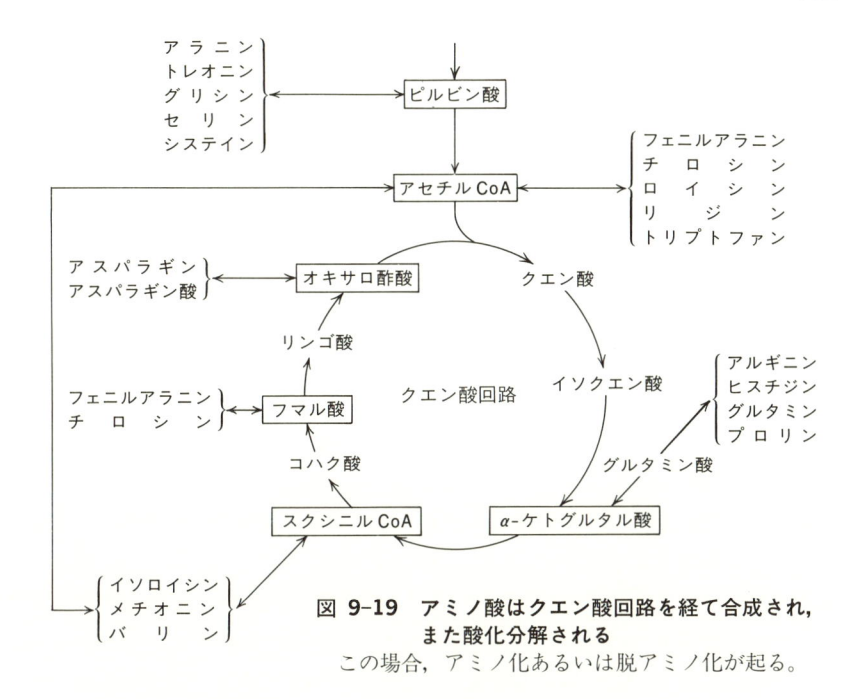

```
                              ┌ アラニン  ┐
                              │ トレオニン │
                              │ グリシン  │ ←→ ┌ピルビン酸┐
                              │ セリン   │
                              └ システイン ┘
                                      ↓                   ┌ フェニルアラニン ┐
                                                          │ チロシン     │
                              ┌アセチルCoA┐ ─→            │ ロイシン     │
                                                          │ リジン      │
                                                          └ トリプトファン  ┘
                                      ↓  クエン酸
  ┌ アスパラギン ┐←→┌オキサロ酢酸┐
  └ アスパラギン酸┘                                                    ┌ アルギニン ┐
                        ↑ リンゴ酸         イソクエン酸              │ ヒスチジン │
                                    クエン酸回路                    │ グルタミン │
  ┌ フェニルアラニン┐←→┌フマル酸┐                                      │ プロリン  │
  └ チロシン    ┘                                                  └       ┘
                        ↑ コハク酸            グルタミン酸
                    ┌スクシニルCoA┐ ←→ ┌α-ケトグルタル酸┐
  ┌ イソロイシン ┐
  │ メチオニン  │     図 9-19 アミノ酸はクエン酸回路を経て合成され,
  └ バリン    ┘            また酸化分解される
                           この場合,アミノ化あるいは脱アミノ化が起る。
```

のアセチルCoAが供給され,これがC_2単位となって還元を受けながら炭素鎖を延長していく。したがって,細胞の脂肪酸は一般に偶数炭素の直鎖分子である。ただし,この脂肪酸合成は,単純にβ酸化の逆反応ではない。

B. タンパク質の分解と合成

タンパク質は,細胞の構成物質としてだけではなく,エネルギー源としても利用される。そのためタンパク質は,加水分解によってアミノ酸に分解される。そして,脱アミノされたのち図 9-19 に示すように,クエン酸回路の有機酸として加わっていく。この場合,たいていのアミノ酸はアセチルCoAとなる。一方,細胞がタンパク質合成を行う際には,クエン酸回路の有機酸はアミノ化されて,各種のアミノ酸に変わる。

C. 核酸の分解と合成

DNAやRNAは,酵素ヌクレアーゼによってヌクレオチド,さらにはプリンやピリミジンの塩基にまで分解される。これらは,それ以上の分解を受けると,尿酸および尿素として細胞外に排出される。ところが,核酸の中間分解物の大部分(ヒトの場合は90%以上)が,サルベージ経路を経て再利用されている。

10

独立栄養―光合成と化学合成―

　すべての動物と大部分の微生物は，植物からの有機物に依存して生きている。これらの有機物は，細胞物質をつくる炭素骨格となり，あるいは細胞生命を維持するためのエネルギー源として使われる。現代の生命の起原学および進化学によると，始原の生命をつくり出し，またそれを発展させた有機物は，原始地球上における化学進化によって自然合成されたものであり，それらの産物は大量に海水に溶け込んでいた。しかし，原始時代の生物界の大発展によって，ついには海の有機物は枯渇し，大絶滅の危機に瀕した。そのとき，大気中の二酸化炭素を還元し，自ら有機物を合成する能力をもった，いわゆる独立栄養生物が新しく出現してきた。光合成細菌と化学合成細菌である。光合成細菌は，二酸化炭素還元のための水素を硫化水素(H_2S)などから得，太陽の光をエネルギー源として有機物を合成する生物である。一方化学合成細菌は，二酸化炭素還元のための水素を水(H_2O)から得，簡単な無機物の酸化から発生するエネルギーを用いて，有機物を合成する生物をいう。

　光合成細菌はさらに進化してラン藻となったが，その光合成のしくみは現生の高等植物のもつ光合成と同じく，水を水素源とし酸素を発生する。ラン藻の最古の化石は35億年前の地層から見出されており，したがって，その進化した光合成のしくみは生命の起原後数億年を経て完成したと推定される。現在もラン藻は生態的にもっとも大きく発展している生物群であり，それらはあまねく海水や淡水，ときには熱水中にも生息する。

10·1　光　合　成

　光エネルギーを利用する能力をもった現存生物は，表10-1に示すように5つに分けられる。これらのうち(1)～(4)はすべて原核生物に属しているが，なかでも光合成細菌は原始的な光合成のしくみをもっている。すなわち，元来光

表 10-1 光エネルギーを利用できる生物

	光合成の型	二酸化炭素還元剤	酸素の発生
(1) 光合成細菌	原始的光合成	硫化水素など	無
(2) ラン藻	進化した光合成	水	有
(3) 好塩性細菌 (*Halobacterium*)	ATP合成	炭酸固定はしない	無
(4) 原始緑藻植物	ラン藻型光合成	水	有
(5) 真核植物	ラン藻型光合成	水	有

合成細菌は酸素を発生しない嫌気的な光合成代謝をもち,その装置は最も基本的なものとされている。ラン藻は,原核生物でありながら光合成細菌よりも進化した光合成代謝をもち,それは真核植物にまで維持されている。好塩性細菌(ハロバクテリウム)は,細胞膜に光エネルギーを吸収するバクテリオロドプシンを含み,そのプロトンポンプ作用によって嫌気的にATPを合成する(図6-9参照)。ただし,他の光合成生物とちがって,好塩性細菌は糖などの有機物の合成能はない。原始緑藻(プロクロロンともいう)は光合成色素としてクロロフィル a, b をもつという点で,クロロフィル a のみをもつラン藻よりも進化したものではあるが,代謝的にも構造的にもラン藻に酷似する原核生物である。

10·1·1 光合成細菌

原始光合成の痕跡をもつものとして,進化的に興味ある生物である。一般に光合成とは,"光エネルギーを用いて二酸化炭素を還元して有機物を合成する代謝"であると定義することができる。そこで光合成細菌は,二酸化炭素還元の電子供与体として硫化水素(H_2S)などを利用し,嫌気的光合成を行う。この点は,二酸化炭素還元の電子供与体として水(H_2O)を利用し,酸化的に光合成を行うラン藻や真核植物とは大きく異なる。すなわち,光合成細菌の光合成は

$$6\,CO_2 + 12\,H_2S \xrightarrow{\text{光とバクテリオクロロフィル}} C_6H_{12}O_6 + 6\,H_2O + 12\,S\downarrow$$
（グルコース）

の一般式をもつのに対して,ラン藻および真核植物の光合成は

$$6\,CO_2 + 6\,H_2O \xrightarrow{\text{光とクロロフィル}} C_6H_{12}O_6 + 6\,O_2\uparrow$$

の一般式で表わすことができる。

しかし,図10-1に示すように,光合成の基本過程は両者とも共通していて,2つの大きな代謝系の連系によって成り立っている。その第1過程は明反

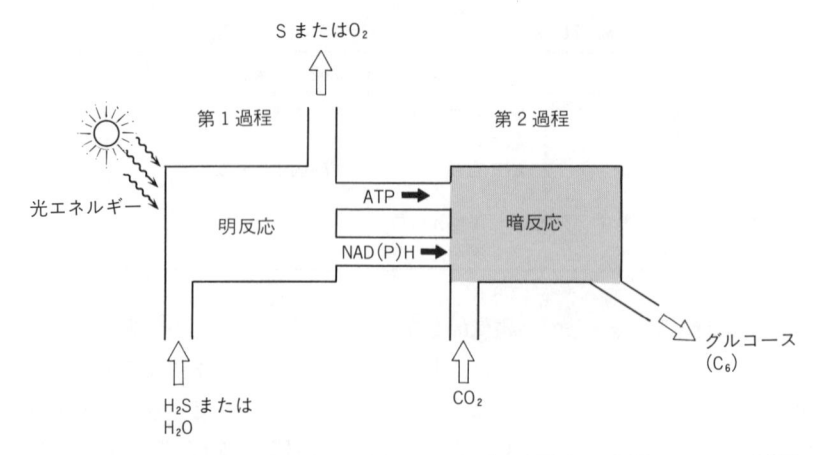

図 10-1 光合成は光エネルギーを化学エネルギーに変える過程で，2つの過程から成る

応と呼ばれ，光エネルギーを化学エネルギーに変換する光化学系である。ここではATPと強力な還元剤のNAD(P)Hを合成する。また第2過程は，光を要しないので暗反応と呼ばれ，明反応産物の高エネルギー物質を用いて二酸化炭素を還元し，糖を合成する。

A．光合成

　光合成を行う細菌群は，紅色硫黄細菌，緑色硫黄細菌，および紅色無硫黄細菌の3群に大別される。ここで前2者は絶対的な嫌気性で，進化的には原始的な体制をもっている。最後者は，これらより進化しており，嫌気，好気いずれの条件下でも成長できるが，光合成は嫌気下でしか行わない。細菌の紅色とか緑色とかいう名は，光合成色素であるバクテリオクロロフィルの着色に由来している。これには，a, b, c, d, eの5構造があり，すべての光合成細菌は，その1ないし2種を含んでいる。また光合成補助色素として，カロチノイドも含まれる。なお，光合成細菌名につく硫黄とか無硫黄は，電子供与体として硫黄化合物を使うか否かを示しているが，厳密ではない。

　元来色素は，可視光線の特定の波長を吸収することから色が発生している。そこで，この波長と光吸収度の関係を吸収スペクトルといい，色素の化学構造に特有である。ここで色素に吸収されなかった光は，通過したり，あるいは反射したりするが，われわれの目に入る色はこれである。たとえば，緑色植物のクロロフィルは可視光線の短波長部（紫と青色）と長波長部（オレンジと赤色）とを吸収する（図10-2）。したがって，中間波長域（緑と黄色）は通過，あるいは

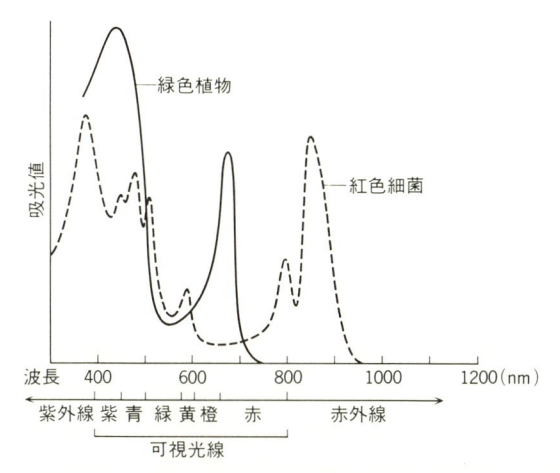

図 10-2 緑色植物と光合成細菌(紅色細菌)の光合成色素の吸収スペクトル
生きた細胞のまま測定してある。

図 10-3 バクテリオクロロフィル a, クロロフィル a, および β-カロチンの化学構造

反射される。緑色植物の葉が示す緑色は，クロロフィルに吸収されなかったこれら中間の光である。

図 10-3 は，バクテリオクロロフィル a とクロロフィル a の化学構造を示している。両者はきわめて類似した構造をもつが，バクテリオクロロフィルは紅色，クロロフィルは緑色を呈している。両色素の合成の主要経路は共通しているので，クロロフィル合成系は，バクテリオクロロフィル合成系の進化上で派生したことは明らかである。

B. 光とエネルギー

光は電磁波の一種である。図 10-4 に示すように，電磁波の波長は非常に広域にわたるが，光とは紫外線—可視光線—赤外線を合わせた波長域をいうのがふつうである。ここで可視光線とは，ヒトの目に光として感じうる波長域をいい，個人差はあるが下限 380～400 nm から上限 760～800 nm の範囲を指している。そして，この間の波長に応じて"色"を感ずることができる。

光はエネルギーを含んだ粒子，すなわち光子(フォトンともいう)の集まりである。アメリカの理論物理学者 A. アインシュタイン(1879-1955)の光子説によると，光子のエネルギー(E)はつぎの式で表わされる。

$$E = h\nu \quad (h：プランク定数,\ 6.63 \times 10^{-34} ジュール・秒)$$

$$ただし，\nu = c/\lambda \quad (c：光の速度\ 3 \times 10^{10}\,\text{cm/秒},\ \lambda：光の波長)$$

この式は，光子がもつエネルギーは波長が短いほど大きいことを示している。たとえば可視光線では，赤から紫へと短波長に進むほど光子エネルギーが大き

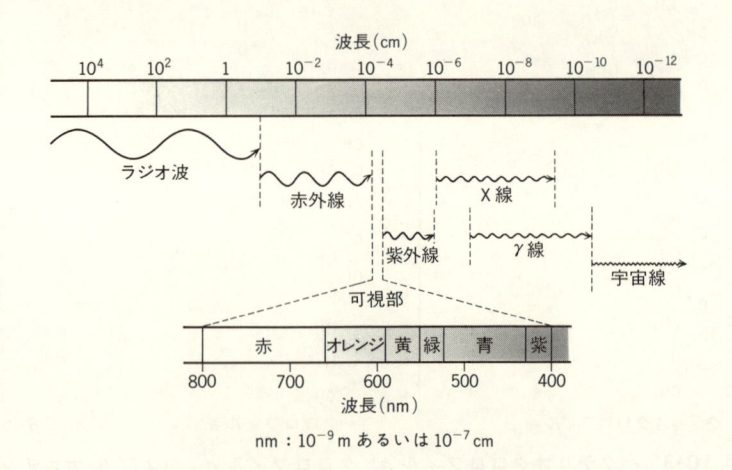

図 10-4 電磁波のいろいろと波長の関係

い。これは，生物が可視光線しか使わない理由を明らかにしている。つまり，赤色光線よりも長波長域(赤外線など)は，生物の光化学反応に必要なエネルギーに達していないし，また紫色光線より短波長域(紫外線など)は反対にエネルギーが大きすぎて，生物にとって有害である。事実，X線はレントゲン撮影からもわかるように人体ぐらいは突き抜けるエネルギーをもっているし，また宇宙線は地球を貫くことができる。

C．光合成色素の光励起

ある分子が特定の波長の光を強く吸収すると，分子あるいはその原子団は当の波長光子によって励起される。光合成では，このように光子によって励起された分子自身が化学変化を起すか，あるいはその励起エネルギーを他の分子に渡して励起させる，という連鎖反応が起きている。その場合の特徴は，光化学反応はふつうの化学反応と違って，あまり温度の影響を受けないことである。

バクテリオクロロフィル a は，光合成反応に直接関与する色素である。これに対してカロチノイドの働きは間接的で，自身が吸収した光エネルギーはバクテリオクロロフィル a に譲り渡す。それはちょうど，凸レンズでいろいろの波長の光を焦点に集めると，黒い紙を燃やすほどのエネルギーになるのと同じである。細胞は各種の光合成色素を含むことによって，できるだけ広域波長の光を吸収し，それらのエネルギーをあるタイプのバクテリオクロロフィル a に集めて化学反応を引き起すのである。そこで，カロチノイドのように間接的に働く吸光色素は補助色素と呼ばれる。補助色素はさらに，細胞内の光酸化を受ける物質を光から守るのにも役立っている。

光合成細菌の紅色細菌には，最高波長890 nmの光を吸収するバクテリオクロロフィル a が含まれる。このタイプのバクテリオクロロフィル a は略して P_{890} 〔Pはpigment(色素)の意〕と書く。短波長(したがって，高エネルギー)の光子を吸収したカロチノイドや他のタイプのバクテリオクロロフィル a からの光エネルギーは，最終的には最低エネルギーの波長を吸収する P_{890} に集められ，ここで光化学反応が起り光合成系が動きだす。それはちょうど，周囲の高い山々からの水を低い谷のダムに集めて，ここで水力タービンを回し発電するのと同じである。したがって，P_{890} は反応中心と呼ばれる(図10-5)。

光合成細菌の細胞内では，カロチノイド，バクテリオクロロフィル a，P_{890} などの色素はクロマトホア膜の中に含まれ，光合成単位をつくっている。

光合成色素に吸収されたエネルギーのすべてが光合成に用いられているわけではない。先にも述べたように，励起された色素分子は活性化され，不安定に

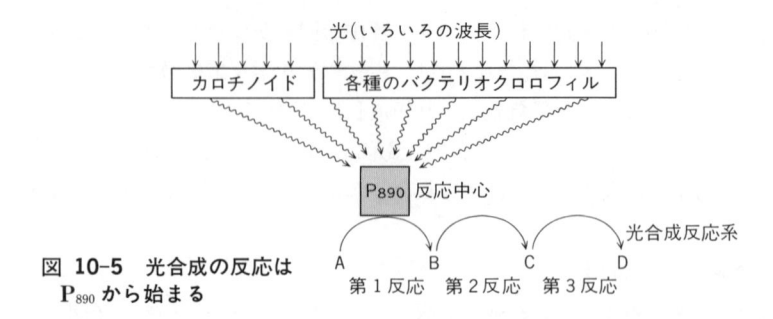

図 10-5 光合成の反応は P_{890} から始まる

なって約 10 億分の 1 秒後には，前に吸収したエネルギーを放出しながら，元の基底状態にもどる。この放出エネルギーは，蛍光あるいは熱となるのがふつうである。分子によって放射される蛍光スペクトルは分子に特有で，たとえば高等植物のクロロフィルはつねに赤色蛍光を放射する。蛍光の研究は，光合成の光化学反応の解析に非常に有効である。

　光合成細菌が行う光合成の明反応は，先にみた呼吸鎖と同様に電子伝達系である。そして二酸化炭素の還元には，この明反応で合成された ATP と NADH が使われる。この場合，6 分子の二酸化炭素から 1 分子のグルコースを合成するには，18 分子の ATP と 12 分子の NADH が必要である。つぎには，その明反応を解説する。

　光合成細菌の光合成色素と一連の電子伝達体は，クロマトホアと呼ぶ膜中に配備されている。そこで，ATP と NADH の合成系はそれぞれ異なっており，前者は図 10-6 に示すように回路をなすが，後者は図 10-7 に見るように回路をなさない。まず ATP 合成系では，光により P_{890} 色素の励起された電子は，電子伝達体のユビキノン（略号 Q），チトクロム b（b），およびチトクロム c（c）を経て，再び P_{890} にもどる。電子は循環中に繰返し光励起され，そのエネル

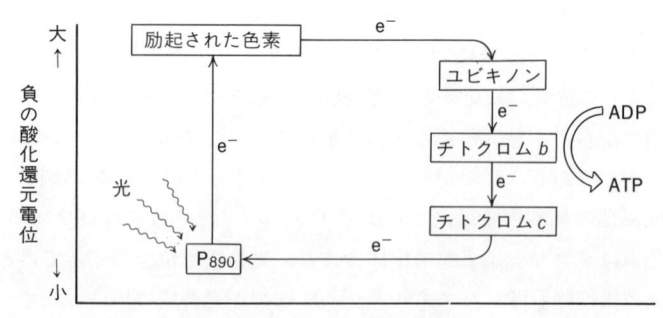

図 10-6 光合成細菌における ATP 合成の明反応　電子は循環する。

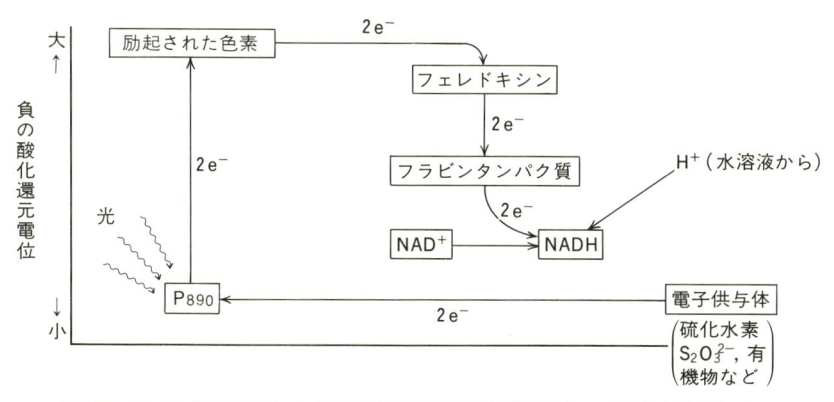

```
大 ┌─────────┐  2e⁻
↑  │励起された色素│────────┐
負  └─────────┘        ↓
の         │      ┌───────┐
酸        2e⁻     │フェレドキシン│
化         │      └───────┘
還         │          │2e⁻
元         │      ┌──────────┐   H⁺（水溶液から）
電         │      │フラビンタンパク質│
位         │      └──────────┘ ↘
↓   光      │         │2e⁻     ↘
小  ～～↘   │    ┌────┐   ┌────┐
         ┌────┐   │NAD⁺│──→│NADH│
         │P₈₉₀│   └────┘   └────┘
         └────┘                    ┌─────┐
            │         2e⁻          │電子供与体│
            └─────────────────────│(硫化水素 │
                                  │ S₂O₃²⁻, 有│
                                  │ 機物など) │
                                  └─────┘
```

図 10-7　光合成細菌における NADH 合成の明反応　　電子は循環しない。

ギーを用いて ATP が合成される。一方 NADH 合成系では，P_{890} 色素の光励起された電子は，フェレドキシン，フラビンタンパク質を経て NAD^+ を還元し，高エネルギーの NADH がつくられる。この場合には，電子は ATP 合成系のように循環しないから，たえず硫化水素のような電子供与体から供給されることになる。ここで，フェレドキシンは鉄原子と無機硫黄を含むタンパク質で，チトクロムに似ているがヘムを含まない点が大きく異なっている。進化的には，フェレドキシンはチトクロムの祖先型に当たるともいわれている。

　ここで，光合成能と呼吸能の両方をもつ紅色無硫黄細菌は，たいへん興味ある電子伝達系を備えている。それは図 10-8 に示すように，電子伝達系 Q → b → c を光合成と呼吸の両方に用いている。この細菌群は，暗所で光合成ができないときには呼吸で生き，また嫌気的条件下で呼吸ができないときには，光があれば光合成で生きる。そして，光合成も呼吸も不可能な条件の下では，発酵によって生きていくことができる。すなわち，かれらは進化的に獲得したエネルギー代謝のすべてを保存し，環境条件に応じて使い分けながら太古から生き延びてきたのである。

　われわれは先に，呼吸鎖において電子伝達系 Q → b → c が働いていることを見た(図 9-13 参照)。この電子経路は，これから述べる進化した光合成をもつラン藻や真核植物の明反応にも見ることができる。つまり，Q → b → c 系は光合成と呼吸に共通した祖先生物に由来するものであり，本来光合成と呼吸は同類のエネルギー代謝である，ということを示している。これらを系統的に見ると，光合成はすでに大気の無酸素時代に存在し，呼吸は酸素発生型光合成の発展後に生まれてきたものである。したがって，呼吸代謝の Q → b → c 系，

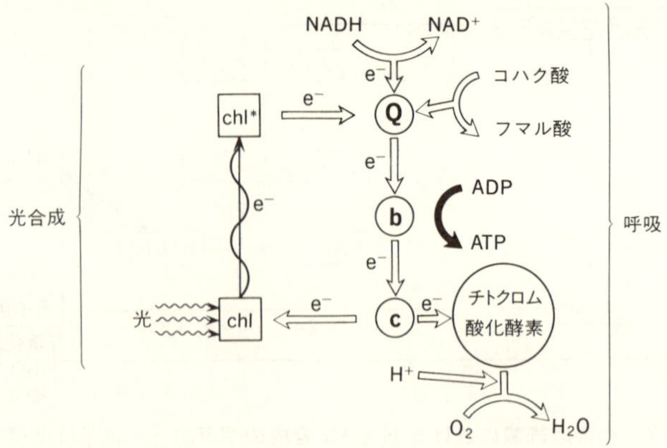

図 10-8 光合成能と呼吸能の両方をもつ好気性光合成細菌
  例，紅色無硫黄細菌。この光合成細菌はユビキノン(Q)→チトクロム b(b)→チトクロム c(c)の電子伝達系を共用している。chl は光合成色素。chl* は励起された色素。

すなわち呼吸鎖は光合成生物から由来した，と考えることができる。この問題は後の 12 章においても再び取り上げる。

10·1·2 ラン藻・真核植物
A. 光合成の進化

光合成細菌の光合成は，二酸化炭素を還元するための電子供与体として水は使わないので，酸素は発生しない。光合成細菌は，火山活動が盛んであった原始地球にはよく適応していたのであろうが，現在では電子供与体の供給が制限因子となって，その生態分布はさほど大きくない。

その後光合成細菌の世界から，二酸化炭素還元のための電子供与体として水を用いる変異生物が出現した。それがラン藻である。ラン藻はその光合成に，太陽の光，二酸化炭素，それに水という地球上いたるところに存在する素材を用いることができるので，その生態分布を爆発的に広めた。ところがラン藻は，水分子(H_2O)のうち電子源として水素(H)を利用するだけであり，残りの酸素はガス(O_2)として大気中に放棄する。したがって，ラン藻や植物界の発展とともに大気酸素の濃度は急速に高まった(図 9-9 参照)。

ラン藻は，酸素発生型の光合成能を獲得したほか，自ら生産した酸素に適応し，さらに呼吸能をも適応的に獲得した。したがって，現生のラン藻と真核植物は光合成と呼吸の両代謝をもっている。また光合成細菌の中にも呼吸能を有

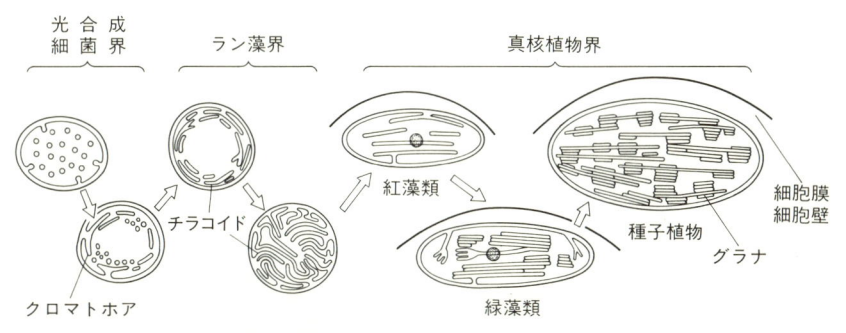

図 10-9 光合成小器官の形態的進化
　原核生物の光合成細菌からラン藻，そして真核植物へと，膜系小器官は大いに進化した。

するもの（紅色無硫黄細菌）があることは，図 10-8 で示したとおりである。
　しかしながら，光合成代謝を内蔵する細胞の小器官は，光合成細菌からラン藻へ，さらに真核植物界の中においても大進化の跡が見られる（図 10-9）。すなわち光合成細菌では，光合成小器官は細胞膜の細胞質内への小さな陥入によってできた小胞が，しだいに複雑な層状構造をつくるようになった。しかし，紅色無硫黄細菌では，これらの小器官は光合成とともに呼吸代謝も含んでいる。そこで，光合成細菌類がもつこれらの小器官を，クロマトホアという。ラン藻になると，細胞が大型になるとともに，チラコイドと呼ばれる光合成や呼吸代謝を含む内膜系が発達し，細胞を満たすようになる。真核植物界に入ると，光合成代謝は葉緑体に，また呼吸代謝はミトコンドリアに，局在するようになる。葉緑体のチラコイド膜は，下等な紅藻類では単層をなすが，図 10-9 に見るように，進化とともにグラナとなって多層化していく。

B．ラン藻と真核植物の明反応

　光合成細菌の明反応は，回路をなす ATP 合成系と回路をなさない NADH 合成系からなることはすでに説明した（それぞれ図 10-6 および図 10-7 参照）。ところが，光合成細菌から発展したラン藻は，図 10-10 に見るように，ATP 合成系と NADPH 合成系を一本化した長い Z 型の明反応を進化させた。そして，現在の真核植物の葉緑体がもつ明反応は，（原核）ラン藻がもつ明反応をそっくり受け継いでいるにすぎない。明反応は，光合成細菌型からラン藻型へなぜ進化したか。それは生物進化，とくに代謝進化につねに見られるエネルギー利用の効率化にある。
　ラン藻と真核植物（の葉緑体）に見る明反応も，通常 2 つの光化学系に分けて

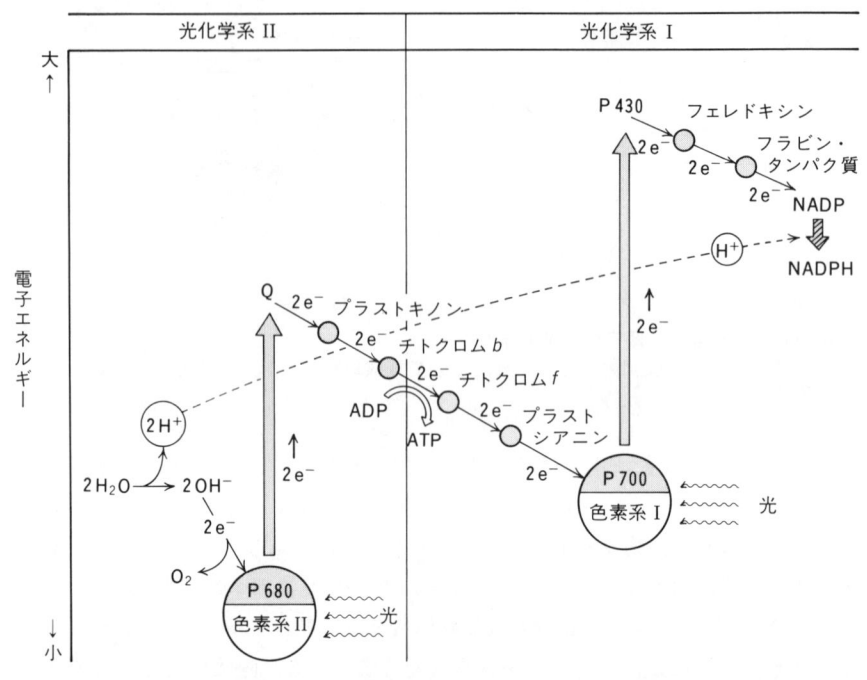

図10-10 ラン藻と植物の光合成における明反応

考えられる．すなわち，P_{680}（色素系II）を反応中心とする前半と，P_{700}（色素系I）を反応中心とする後半であるが，前者は歴史的理由から光化学系II，後者は光化学系Iと称される．これらの両光化学系を通して，高エネルギー電子は水からNADPHまで1本の経路上を伝達され，途中の段階でATP合成のためのエネルギーが汲み上げられる．さて，光化学系IIの初期反応では，2分子の水が分解されて1分子の酸素を放出する．それは

$$2H_2O + 4光子 \longrightarrow 4H^+ + 4e^- + O_2\uparrow$$

の反応で，4光子によって4個の高エネルギー電子が生産される．これらの高エネルギー電子はプラストキノン〔キノン(Q)類〕から，さらにプロトンポンプ機能をもつチトクロムb_6-f(cタイプ)複合体へと渡される．この経路は先に見たミトコンドリアなどのチトクロムb-c_1複合体とほぼ同じであり，プロトンポンプは，ラン藻や葉緑体のチラコイド膜間腔にプロトンを汲み出す．こうして膜間腔に形成されたプロトンダムから流れるプロトン流がATP合成酵素を駆動するしくみも，ミトコンドリアの場合と同じである．

ここでエネルギーを失った電子は，つぎに光化学系Iに取り込まれ，そこで

再び光エネルギーを得て励起される．かくして，再生された高エネルギー電子はフェレドキシンを経て $NADP^+$ に伝達され，これを還元して，強力な還元剤 NADPH を生成する．なお，NAD^+/NADH と $NADP^+$/NADPH の関係は，すでに図 9-8 に示されている．

ここで注意しておきたい点は，ある植物種では電子は最終的に NADPH に到達しないで，光化学系 I からチトクロム b_6-f 複合体に還流する．そして電子回路をつくって ATP 合成を強化している．

10·1·3 暗 反 応
A．二酸化炭素からの糖合成—カルビン-ベンソン回路—

光合成が明反応と暗反応に分れることを最初に見出した人は，イギリスの生化学者 R. ヒル(1939 年)であった．かれは，緑葉のホモジェネート(磨砕物)に電子受容体としてシュウ酸第二鉄(Fe^{3+})を加え，これに光を当てると水が分解されて酸素ガスが発生することを発見した(ヒル反応)．その後カルビン-ベンソンらの研究を中心に，葉緑体における二酸化炭素固定のしくみが解明され，明反応と暗反応の位置づけもなされた．葉緑体内におけるその明暗両反応の配置は図 10-11 に示されている．すなわち，明反応はチラコイド膜系に，また暗反応はストロマ基質に分布している．ラン藻細胞では，明反応はチラコイド膜系に，また暗反応は細胞質基質に局在している．

図 10-12 の代謝は，暗反応のうちのカルビン-ベンソン回路(あるいは還元的ペントースリン酸回路)と呼ばれている．第一の要点は，3 分子の二酸化炭素が 3 分子のリブロース-1,5-二リン酸に取り込まれ，6 分子のグリセリン酸-3-リン酸を生成する反応である．無機炭素を有機炭素に変換する光合成中もっとも重要な反応である．この反応は，酵素リブロース-1,5-二リン酸カルボキシラーゼ〔略称 Rubisco(ルビスコ)〕によって触媒される．ところが不思議な

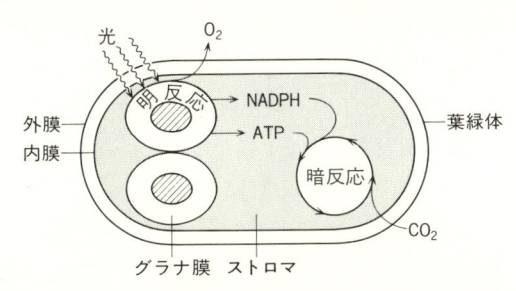

図 10-11 葉緑体における明反応と暗反応の配置

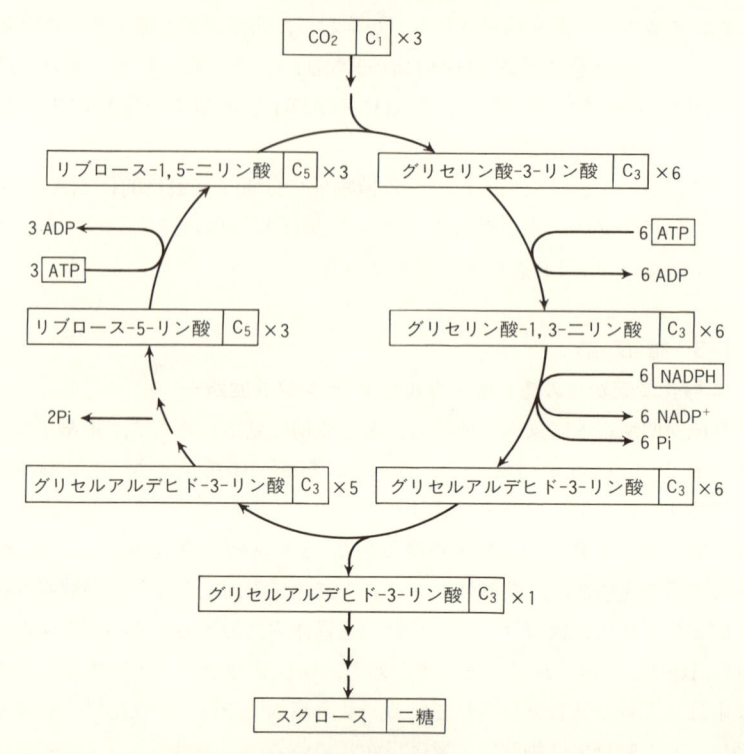

```
                    ┌─────────────┐
                    │ CO₂ │ C₁ │×3 │
                    └─────────────┘
                            ↓
  ┌──────────────────────────────┐     ┌──────────────────────────┐
  │ リブロース-1,5-二リン酸 │ C₅ │×3 │ ← │ グリセリン酸-3-リン酸 │ C₃ │×6 │
  └──────────────────────────────┘     └──────────────────────────┘
       ↑                                          ↓  ← 6 ATP
    3 ADP ←                                          → 6 ADP
    3 ATP →
  ┌──────────────────────┐             ┌────────────────────────────┐
  │ リブロース-5-リン酸 │ C₅ │×3 │      │ グリセリン酸-1,3-二リン酸 │ C₃ │×6 │
  └──────────────────────┘             └────────────────────────────┘
       ↑                                          ↓  ← 6 NADPH
    2Pi ←                                            → 6 NADP⁺
                                                     → 6 Pi
  ┌────────────────────────────────┐   ┌────────────────────────────────┐
  │ グリセルアルデヒド-3-リン酸 │ C₃ │×5 │ ← │ グリセルアルデヒド-3-リン酸 │ C₃ │×6 │
  └────────────────────────────────┘   └────────────────────────────────┘
                            ↓
              ┌────────────────────────────────┐
              │ グリセルアルデヒド-3-リン酸 │ C₃ │×1 │
              └────────────────────────────────┘
                            ↓
                    ┌──────────────────┐
                    │ スクロース │ 二糖 │
                    └──────────────────┘
```

図 10-12 二酸化炭素と水からの有機分子合成
　9分子の ATP と 6分子の NADPH を消費する。3分子の二酸化炭素が 3分子のリブロース-1,5-二リン酸に取り込まれてグリセルアルデヒド-3-リン酸 6 (5+1)分子を合成する。

ことに，この酵素の触媒能は，一般の酵素の 300 分の 1 と，例外的に低いのである。そこで細胞は，大量の Rubisco を合成して代謝全体に適度な速度をもたせている。Rubisco の含有量は，葉緑体全タンパク質の 50% 以上を占めるほどである。生物細胞中で最も多量に含まれる酵素である。

　さてカルビン-ベンソン回路は，多量の ATP と NADPH を用いて駆動されており，効率からいうと 1 分子の二酸化炭素を同化するのに，3 分子の ATP と 2 分子の NADPH が消費されることになる。

　カルビン-ベンソン回路の第二の要点は，グリセルアルデヒド-3-リン酸が中心的な中間産物として働いていることである。この回路では，二酸化炭素の流入によってグリセルアルデヒド-3-リン酸が生成するが，うち大部分はリブロース-1,5-二リン酸の合成に回される。そして，一部分は葉緑体の内外膜を通

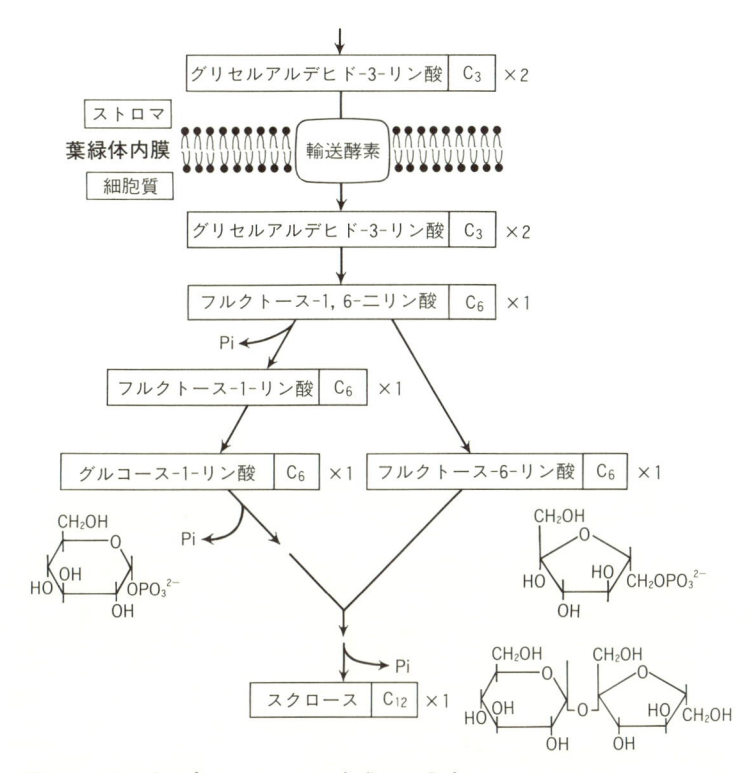

図 10-13　暗反応のスクロース合成への分流
中間代謝物のグリセルアルデヒド-3-リン酸の一部は細胞質へ分流する。

って細胞質に出る(図 10-13)。細胞質酵素によって各種のフルクトースやグルコース誘導体が合成され，最終的には，これらの両単糖からなる二糖スクロースとなる。スクロースは，植物体内において各組織や器官へと転流する主要な糖である。一方，葉緑体のストロマ中に残ったグリセルアルデヒド-3-リン酸は，発酵系のEM経路を逆流してグルコースとなり，さらに重合してでんぷんとなって蓄積される。

　カルビン-ベンソン回路は別名還元的ペントースリン酸回路と呼ぶことは，すでに述べた。"還元的"の語は"酸化的"の反対を意味し，したがって当然酸化的ペントースリン酸回路が存在し，その逆回転したものが還元的ペントースリン酸回路である。ペントース，すなわち五炭糖は光合成だけでなく，デオキシリボースやリボースは，それぞれDNAやRNAの骨格合成にとって必須のものである。そこで，酸化的ペントースリン酸回路はDNAやRNAの合成

のために, 光合成とは無関係にすべての細胞中で動いているものである。したがって, カルビン-ベンソン回路は, 酸化的ペントースリン酸回路を逆回転させて光合成暗反応に利用したと考えられる。元来細胞代謝は, 適応的に編成替えされる動態にあり, つぎにあげるものもその例である。

B. 二酸化炭素からの有機酸合成—還元的カルボン酸回路—

ある種の光合成細菌では二酸化炭素固定反応として, 図 10-14 に示すように, クエン酸回路を逆回転させていることが知られている。しかもこの回路は, 1回転で二酸化炭素4分子を固定して, オキサロ酢酸1分子を合成するという, きわめて効率のよいものである。この代謝は還元的カルボン酸回路と呼ばれる。この"還元的"の語も, クエン酸回路が"酸化的"であることに対する逆回転の意味である。

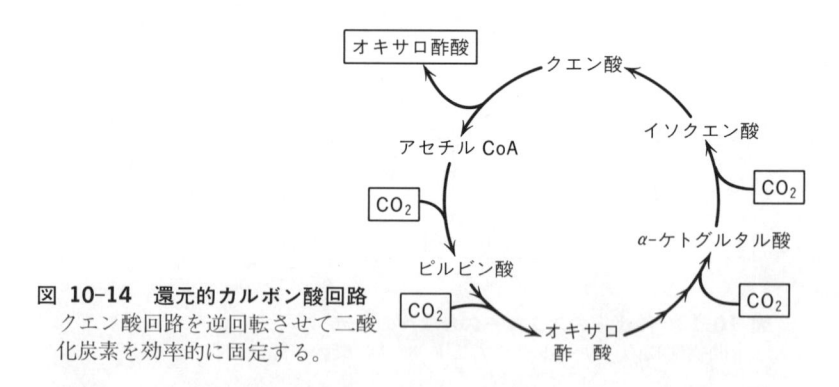

図 10-14 還元的カルボン酸回路
クエン酸回路を逆回転させて二酸化炭素を効率的に固定する。

細胞内には, クエン酸回路から EM 経路を逆流してグルコースを合成する代謝系が存在する。糖新生と呼ばれる。とくに植物では, この経路を通してでんぷんが合成されることは, すでに述べた。このように, 細胞内には葉緑体—細胞質—ミトコンドリアを結んだ大きな代謝系の存在が知られている。

C. C_4 植物—C_4 ジカルボン酸回路—

サトウキビやトウモロコシのように, 元来熱帯性で強い日差しと, 高温, 乾燥などの条件に適応した高等植物は, 上に述べたラン藻や一般植物とは多少違った代謝経路で二酸化炭素の固定を行う。ラン藻や一般植物の暗反応では, 二酸化炭素が固定されて最初に生成する産物は, グリセリン酸-3-リン酸(C_3 化合物)である。これが, カルビン-ベンソン回路を経てグルコースの合成へと進んでいく。この意味で, これらはときに C_3 植物と呼ばれる。これに対して, サトウキビなどは図 10-15 に示すように, 外界の二酸化炭素は上の回路に入

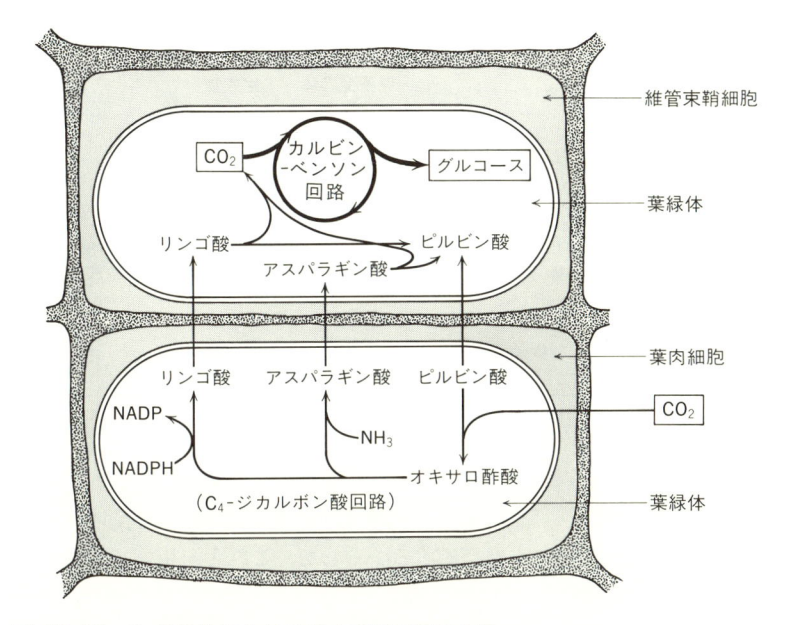

図 10-15　C_4 植物体における光合成暗反応の分業
　C_4 ジカルボン酸回路は葉肉細胞で，カルビン-ベンソン回路は維管束鞘細胞で動いている。

る前に，まず C_4 ジカルボン酸回路に入る（注，オキサロ酢酸は C_4 ジカルボン酸）。この意味で，これらは C_4 植物と呼ばれる。しかしこの C_4 化合物は，やがて脱炭酸反応によって二酸化炭素を遊離し，この二酸化炭素がカルビン-ベンソン回路に入る。興味あることに，C_4 植物の葉では，C_4 ジカルボン酸回路をもつ細胞とカルビン-ベンソン回路をもつ細胞とに分業している。C_4 植物の葉では，維管束を取り囲む細胞がとくによく発達していて，カルビン-ベンソン回路はこの細胞に局在している。これに対して，C_4 ジカルボン酸回路は葉肉細胞に存在する。C_4 植物は光合成効率が高く，その光合成速度は C_3 植物の2倍以上にもなる。現在食糧生産の面からも，その応用が研究されている。

10・2　化学合成

　現存する化学合成生物はすべて細菌類で，真核生物は存在しない。
　嫌気性化学合成細菌　　嫌気性の化学合成細菌は，分類学的にはあまり重視されていないが，独立栄養機構を獲得した生物として，光合成生物とともに進化的にはきわめて重要である。つぎには，最も原始的な体制をもつと考えられ

表 10-2 好気性化学合成生物の生き方

生 物 名	エネルギー源 （電子供与体）	電子受容体	生成物	発生するエネルギー (kcal/モル)
硫黄細菌	硫黄または硫黄化合物 （光は利用できない）	O_2	硫黄酸化物	50—150
硝化細菌（自然界 では2群が共存）				
(a) 亜硝酸細菌	アンモニア	O_2	亜硝酸	65
(b) 硝酸細菌	亜硝酸	O_2	硝 酸	18
水素細菌	水 素	O_2	水	56
鉄 細 菌	還元型鉄 (Fe^{2+})	O_2	鉄酸化物 (Fe^{3+})	17

る例として，硫酸塩還元菌をあげよう。

硫酸塩還元菌は，水素ガス(H_2)（あるいは簡単な有機物）を電子供与体とし，硫酸塩を電子受容体として，これらの間の電子移動により発生するエネルギーを利用してATPやNADHを合成する。そして，これらを用いて二酸化炭素を同化する。この硫酸塩還元は最終的には硫化水素の生成にまで進み，この間に11.6kcal/モルのエネルギーを放出する。

硫酸塩還元菌によるSO_4^{2-}還元には，同位体効果と呼ばれる面白い現象が見られる。すなわち，原子量32の硫黄からなる$^{32}SO_4^{2-}$の方が，原子量34の硫黄からなる$^{34}SO_4^{2-}$よりも速く還元される。いま，このような生物作用をまったく受けていない，たとえば隕石の中の硫黄同位体の存在比($^{34}S/^{32}S$)を基準にすると，硫酸塩還元菌がかつて生育していた場所では，SO_4^{2-}の$^{34}S/^{32}S$比は基準値より大きいはずである。そして，その値の大きさから当時の繁殖状況が推定できる。計算によると，硫酸塩還元菌の繁殖度は，20億年前(先カンブリア時代中期)にはすでに現在のレベルに達していたことになる，という。

好気性化学合成細菌 大気が還元型から酸化型へ移行した時代，還元型の無機物を電子供与体とし酸素を電子受容体とする電子移動から生活エネルギーを獲得した生物である。表10-2は，各種の好気性化学合成細菌の酸化反応とエネルギー収益を示している。先にあげた嫌気性化学合成細菌に比べて，好気性化学合成細菌のエネルギー収益は大きい。それは，酸素の電子受容力が非常に大きく，したがって還元型の電子供与体との間のエネルギー落差が大きいからである。すなわち，酸素呼吸代謝と同様に，好気性化学合成は進化した代謝である，といえる。ただし，現在のような酸化大気の下では，還元型無機物の存在は相当に限定されている。

11

生体膜と物質透過

11・1 関門としての(生体)膜

　細胞膜は，細胞という生命体を環境から仕切るための境界膜である。細胞はその生命を維持するために，たえず環境との間で物質を交流し，また環境からの刺激を受け入れている。また，多細胞生物の組織にあっては，細胞間の物質や情報の交換を通して相互の機能を調節し，体全体の調整がはかられている。細胞の生命活動において細胞膜は第一義的に重要な役割を担っており，それはいわば"生命の関門"である。

　つぎに細胞の内部に目を転じてみよう。原核，真核両細胞には，各種の膜系小器官が進化に応じて発達している。メソソーム，クロマトホア，チラコイド，核，ミトコンドリア，葉緑体，ゴルジ体など，ほとんどの小器官は膜の構造体であり，それには細胞生命を担う特異な代謝が内蔵されている。そして，これら小器官の代謝活性は，膜を通しての物質交流に直接依存している。このように見てくると，細胞のもつ全生命は膜透過の選択機能に支えられていることがわかるだろう。

11・2 膜透過のしくみ

　膜の透過性は，物質の種類によって著しく難易がある。それは，膜の物質を選別する能力に依存しており，これを選択的透過性と呼んでいる。膜は，それがつくっている小器官によって異なった役割をもっている。つまり，膜の選択性には機能と結びついた分化がある。

　膜の基本構造がリン脂質2分子層であることはすでに説明した(p.87 参照)。図 11-1 は，純粋なリン脂質を用いてつくった人工膜の，いろいろな物質に対

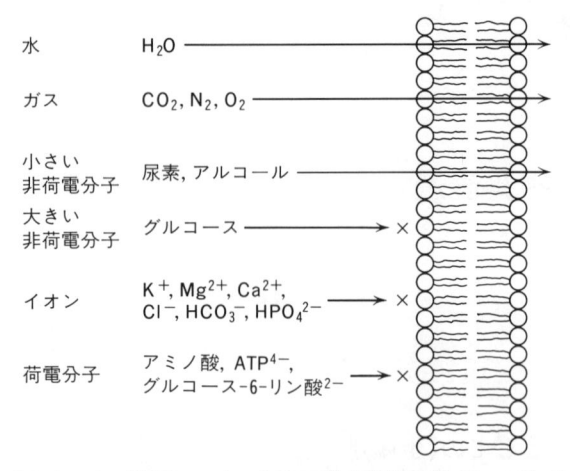

図 11-1 リン脂質でつくった人工膜の透過性 (J. Darnell et al.)

する透過性を示している。リン脂質膜は，水，酸素，あるいは二酸化炭素のような低分子，あるいはアルコールのような水にも油にもよく溶ける分子はよく通すが，大きな分子やイオンは通さない。しかし，大きい分子もイオンも細胞代謝には必須であり，細胞膜はこれらをどのように透過させているのだろうか。それは，それぞれの分子あるいはイオンごとに，透過を仲介する特異な輸送タンパク質(透過酵素など)が膜中に備わっているからである。このように"生きた膜"には，根本的に異なる2つの透過のしくみがある。すなわち，(1)分子の自由拡散によって物理的に膜を透過するしくみ(単純拡散という)と，(2)各分子やイオンに特異的な輸送タンパク質による膜透過のしくみ(仲介輸送という)である。細胞内の膜分化に応じた透過性は，主として後者に因る。

11·2·1 単純拡散

　水に溶けている物質は，たえず激しい熱運動を行っている。これは，イギリスの植物学者 R. ブラウンによって 1827 年に発見されたもので，ブラウン運動と呼ばれる。拡散とは，この熱運動にともなう水中の物質移動をいう。この水中における物質移動は，その分子濃度の高い領域から低い領域へ，いわゆる濃度勾配に従って自然に起る。そして，濃度が均等になれば，見かけ上の移動は停止する。これは，じつは，液体中気体中を問わず，運動力をもったすべての微粒子について見られるもので，そのしくみは次のようである。

　液体中においも，気体中においても，含まれる微粒子はつねにブラウン運動

を行っている。この運動の方向はランダムであるが，(i)直線運動と(ii)他の微粒子あるいは壁との衝突による跳ね返り運動の2つに分けて考えることができる。図 11-2 を見よう。いま水の上に赤インクを1滴落すと，その高濃度域の中にある赤インク粒子は，上下，左右いずれの方向に直進しても，他の粒子と衝突して直進が妨げられる。これに対して，高濃度域の周辺にある粒子（たとえば図中の A，B 粒子など）は，内部に進めば他の粒子と衝突するが，外部の低濃度域の方向に進めば，衝突の確率は非常に低いか，まったく衝突しない。したがって，高濃度域周辺の粒子は，衝突の確率の低い方向に移動することになる。

ところが，この拡散が膜を通して起る場合には，図 11-3 に見るように，小さい分子のあるものはうまく穴をくぐり抜けて拡散するが，他のものは膜壁によって直進が妨げられる。したがって，膜を隔てた拡散は，膜がない場合に比べて，その速度は遅くなる。このように，膜を通り抜ける拡散を浸透という。そこで，膜が小さい溶媒分子（一般には水）のみを通し，大きい溶質分子を通さない場合，これを半透性と呼んでいる。一般には，生きた膜も半透性であると

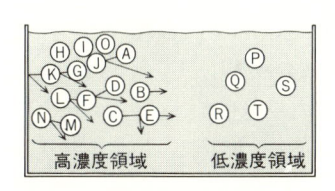

図 11-2 微粒子の拡散のしくみ

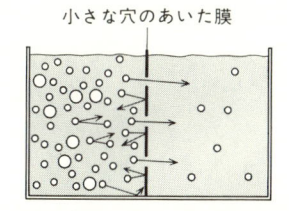

図 11-3 膜を通しての拡散—浸透—
小さい分子は速く，大きい分子は遅く浸透する。

図 11-4 半透性のウシのぼうこう膜で起る浸透差
小さい水分子は速く，大きいスクロース分子は遅く浸透する。このとき，水分子は濃度の高い外部（純水）から濃度の低い内部（スクロース液）に向って，またスクロース分子は高濃度の内部から低濃度の外部に向って浸透する。この速度差が浸透圧を生む。

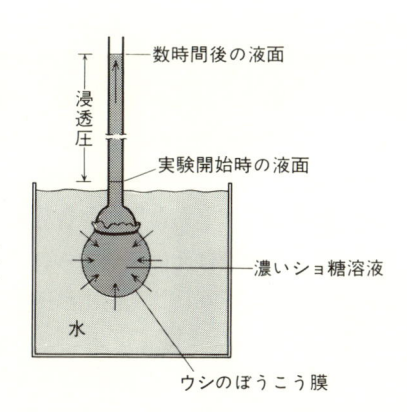

いわれるが、厳密にはそうではない。これは重要なことであるが、「大きな溶質分子の浸透速度が、小さい溶質(水)分子に比べて著しく低いので、半透性のように見えるにすぎない」のである。

図11-4は、ウシのぼうこう膜の半透性によって浸透圧が生まれることを示す実験である。ぼうこう袋の中に濃いスクロース液を入れ、これにガラス管を密に結びつけて水中に置く。すると管内の水位はしだいに上昇し、一定時間後に停止する。これは上に述べたように、水分子とスクロース分子の浸透速度の差によって生ずる現象である。つまり、水分子が(濃度の高い)外部から内部へ、またスクロース分子が(濃度の高い)内部から外部へと、それらの濃度勾配に従って起す拡散現象なのである。そこで、両者の浸透速度の差によって生まれる水圧を浸透圧という。ところが、長時間後には膜内外における水とスクロースの濃度差はなくなり、浸透圧も消える。

細胞膜が一定の張力をもち、細胞がその形状を保つ原理は、十分な浸透圧の存在に因る。いま、赤血球を0.1, 0.85, および2%の食塩水に浸してみる。すると、ほどなくして、赤血球は(i) 0.1%液中では膨張して破裂し、(ii) 2%液中では萎縮してしまうだろう。ところが、(iii) 0.85%液中では正常な形状を保っている。これら(i)～(iii)の現象は、赤血球内液と食塩外液との浸透圧差によって起きている。すなわち(i)では、外液の浸透圧が赤血球内液のそれより低く、そのため水分子が赤血球内にどんどん浸透していく。このとき、外液は赤血球内液よりも低張である、という。(ii)では反対に、外液の浸透圧が赤血球内液のそれよりも高いために、赤血球内の水分子は外に向って浸透する、いわば脱水が起きている。この場合、外液は赤血球内液よりも高張である、という。また(iii)は、赤血球の内外の浸透圧が釣合い、したがって水分子は、内外に等しく浸透し、内外等張の状態にある。

植物細胞では、表面に硬い細胞壁をもっているので、赤血球のような動物細胞とは少し違った現象が見られる。それは低張液に浸すと、細胞は吸水して膨張するが、細胞壁がこれに対抗するので圧力平衡(これを膨圧という)を保つ。一方高張液に浸すと、原形質は脱水されて収縮するが、細胞壁は収縮しないので相互に分離し、いわゆる原形質分離の現象が起る。しかし、そのまま長時間放置すると原形質は元に復帰する(原形質復帰)。これは、先に述べたように外液の溶質分子が徐々に細胞内に浸透するからである。

11·2·2　膜輸送をつかさどるタンパク質—担体とチャンネル—

　リン脂質2分子層と同様に，生きた膜も水や荷電をもたない小さな分子は単純拡散により透過する。しかし生きた膜はまた，イオン，アミノ酸，ヌクレオチド，その他さまざまな代謝生成物のような荷電をもった分子もよく透過させる。それは，膜内にこれらの荷電分子の輸送を仲介するタンパク質が含まれるからである。これらのタンパク質は，輸送すべきイオンや分子に対して高い特異性をもち，それは構造的に鍵と錠の関係にある。膜輸送のタンパク質におけるこのような高い特異性のしくみは，細胞膜が単一遺伝子の突然変異によって，特定の分子を輸送しなくなることの発見によって明らかになってきた。同様な突然変異は，細菌からヒトまでの細胞膜について多く見出され，たとえばヒトのある種の遺伝病がこれに起因することが知られている。一例をあげると，ヒトのシスチン尿症(cystinuria)は，シスチンを含むあるアミノ酸の，腎臓あるいは消化管から血液への膜輸送に障害をもつ疾患である。

　膜輸送をつかさどるタンパク質は，そのしくみから大きく2つに分けられる。すなわち，担体タンパク質とチャンネルタンパク質である。ここで，担体とは"運ぶ者"の意であり，チャンネル(channel)とは"通路"の意である。担体タンパク質はほかに，透過酵素，キャリアー(carrier)，トランスポータ

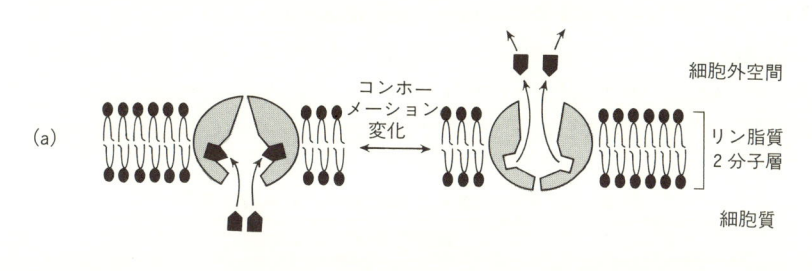

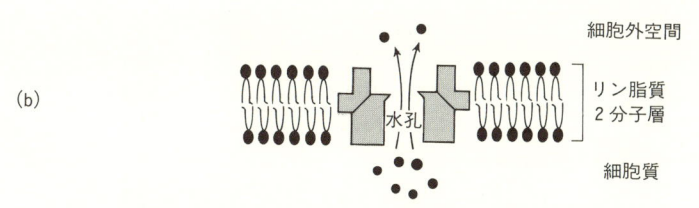

図 11-5　膜輸送をつかさどるタンパク質(B. Alberts et al., 改変)
　(a)担体タンパク質，(b)チャンネルタンパク質。担体タンパク質はコンホーメーションを二様に変え，結合分子を膜の一方側から他方側に運ぶ。チャンネルタンパク質は，構造中に独自の水路をつくり，溶けた分子を一方側から他方側へ流し出す。水門がそれを調節する。

—(transporter)などと呼ばれることもある。担体タンパク質は，輸送する特定の溶質を結合するとコンホーメーションを大きく変化させ，結果として結合している溶質を膜の一方の側から他方の側へ送るのがその輸送のしくみである（図11-5・a）。これに対してチャンネルタンパク質は，同図bに示すように，リン脂質2分子層に水路をつくっており，その開門により特定の溶質（一般にイオン）を通過させる。これらのしくみからわかるように，チャンネルタンパク質による輸送は，担体タンパク質による輸送に比べて，はるかに速いものである。

さて，すべてのチャンネルタンパク質と多くの担体タンパク質の膜輸送は，受動輸送あるいは促進拡散と呼ばれる。これは，輸送される分子が荷電をもたないならば，その輸送力と方向を与えるものは，単純に膜の両側における分子の濃度勾配である。しかし，もし輸送される分子が荷電をもっているときには，その濃度勾配は電気化学ポテンシャル勾配，すなわち膜電位となって，それが分子の輸送力と方向を決める。ここで重要な点は，これらのしくみでは膜輸送のためのエネルギーは外部からまったく供給されていないことである。したがって，膜の両側間の分子濃度が等しくなれば，膜輸送は止まる。

11・2・3　ATPを要求する担体輸送—能動輸送—

細胞膜は上で述べた受動的な担体輸送だけでなく，ATPの供給を要求する，いわゆる能動的な担体輸送も行っている。このしくみでは，エネルギー供給を受けるならば濃度勾配に逆らっても膜輸送を行う担体タンパク質が働く。

表 11-1　動物の血液と細胞間のイオン濃度勾配

	細胞内 (mM)	勾配	血液 (mM)
(1) イカの神経軸索			
K^+	400	≫	20
Na^+	50	<	440
Cl^-	40—150	<	560
Ca^{2+}	0.0003	≪	10
(2) 哺乳動物の組織細胞			
K^+	139	≫	4
Na^+	12	<	145
Cl^-	4	≪	116
HCO_3^-	12	<	29
Mg^{2+}	0.8	<	1.5
Ca^{2+}	<0.0001	≪	1.8

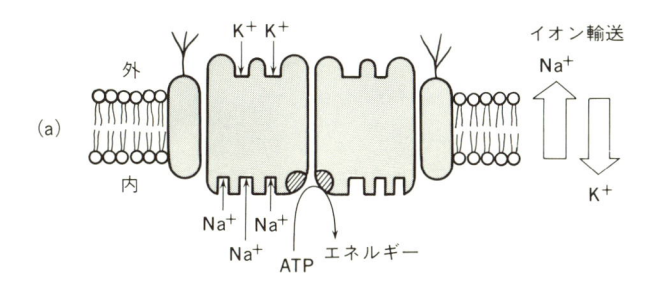

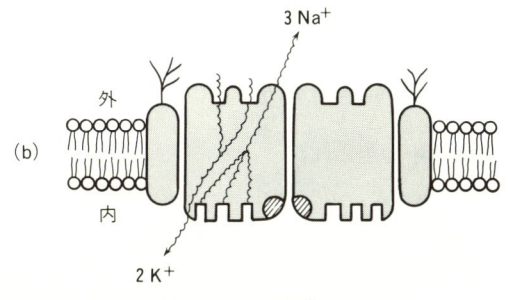

図 11-6　$Na^+ \cdot K^+$-ATP アーゼの構造と働き
　(a)この酵素は大小亜粒子より成り，細胞膜中では二量体として存在する。酵素は $3Na^+$ と $2K^+$ を結合する。(b) ATP 分解にともなう放出エネルギーによって，Na^+ は細胞外へ，K^+ は細胞内へ対向輸送される。

　ちなみに，先に述べたチャンネルタンパク質は，つねに受動的輸送を行う。
　能動輸送の典型例として，つぎに $Na^+ \cdot K^+$-ATP アーゼをあげる。表11-1は，動物の血液と細胞間のイオン濃度の勾配を示している。脊椎動物および無脊椎動物では，組織細胞内のイオン濃度は血液との間に大きな差があり，10～40倍の開きが見られる。細胞膜におけるこのようなイオン勾配の維持は，多量のエネルギーを消費する担体輸送系の働きによる。そこで，細胞膜に存在する $Na^+ \cdot K^+$-ATP アーゼ(ATP 分解能をもつ $Na^+ \cdot K^+$ 輸送酵素)は，図11-6に示すように，膜中に二量体として存在し，それぞれ分子量5万の糖タンパク質と分子量12万の非糖タンパク質の2つの亜粒子よりなる。大きい亜粒子は ATP を分解，エネルギーを生産する。この大亜粒子はまた，Na^+ 結合点3つと K^+ 結合点2つをもち，ATP 分解にともなって，互いに膜の反対方向に輸送する。このしくみは，担体タンパク質のコンホーメーション変化に基づくことが推理されている。

12

生命の起原

12・1　地球はどのように形成されたか

12・1・1　地球は太陽星雲の中で生まれた

　この大宇宙にも始まりがあった。天文学が描いている現在の宇宙像によると，およそ130億年前，宇宙のある一点にあった超高密度，超高温のエネルギーの塊がビッグ・バーン(big bang)を起した。このエネルギーは，膨張によって温度が下がるとともに，急速に素粒子と化し，それらは融合して原子を生成した。はじめは，水素やヘリウムのようなごく簡単な原子であったが，しだいに核融合反応が進んで複雑な原子を生み出し，いわゆる物質の世界ができあがった。かくして，宇宙には無数の星や銀河が生成した。この天体の膨張は現在も続いている。

　図12-1を見よう。大宇宙の星雲(図A)の一つとして，わが銀河系(太陽系を含む天体集団)も大きな渦巻きをなして回転していた。このとき，ところどころで塵粒子やガスが凝集して(図B)，円盤状の回転体をつくった(図C)。その結果として，中心部が太陽となり，環をつくる部分の塵粒子は小さな渦巻きをつくりながら，凝集した(図D)。そして，それらは太陽軌道を回転する惑星となった(図E)。かくして，太陽から3番目の位置に生まれた惑星が，わが地球である。図12-2に示すように，これらの惑星は太陽の周りをほぼ同一平面でいまも回転しており，木星以遠に見られる巨大なガス惑星は，太陽系形成がまだ途中にあることを示している。原始太陽系が生まれたのは約50億年前と推定され，また地球に地殻が完成したのが46億年前とされている。

12・1・2　原始大気の成り立ち

　地球が誕生したころの大気は，どのようなものであったのだろうか。それ

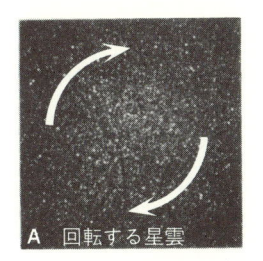

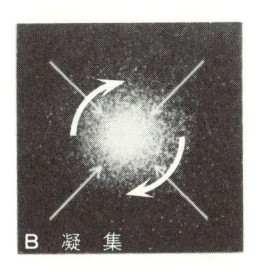

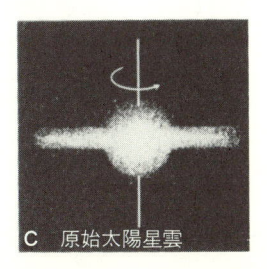

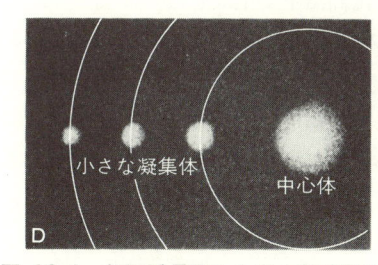

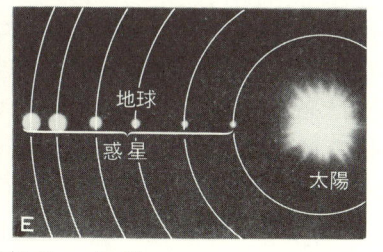

図 12-1　銀河系星雲からの太陽系形成（J. Pasachoff）
　A：宇宙塵やガスから成る星雲。B：塵粒子やガス分子が渦巻きを起しながら凝集する。C：円盤状の回転体となる。DとE：周辺の雲はしだいに冷えて凝固し，惑星群をつくった。

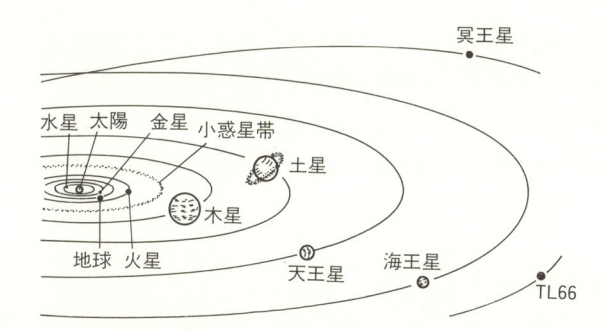

図 12-2　わが太陽系の惑星群
　太陽系の10個の大型惑星は，ほぼ同一平面上を同方向に太陽の周りを回る。第10惑星（TL 66）は1996年に発見された。

表 12-1 宇宙と地球における存在元素の相対値
ケイ素に対する比で表わしている。

元 素	原子量	宇 宙	地 球
水　素	1	40,000	0.008
ヘリウム	4	3,100	3.5×10^{-11}
酸　素	16	22	3.5
ネオン	20.2	8.6	1.2×10^{-10}
窒　素	14	6.6	2×10^{-5}
炭　素	12	3.5	0.0007
ケイ素	28.1	1	1
マグネシウム	24.3	0.93	0.89
鉄	55.8	0.60	1.4
アルゴン	39.9	0.15	5.9×10^{-8}
クリプトン	83.8	5×10^{-5}	6.0×10^{-12}
キセノン	131.3	4×10^{-6}	5.0×10^{-13}

は，地球が低温下で生成したか，あるいは高温下で生成したかによって，大きく違ってくる．しかも，後述するように，原始大気の組成は，その後に起る化学進化，ひいては始原細胞の組成に大きく影響したはずである．

原始太陽系の星雲をつくっていたガス塵の組成は，現在の宇宙における物質組成（表 12-1）からみて，軽い水素やヘリウムが多くを占めていたはずである．ところが，現在の地球大気にこれらはほとんど含まれていない．これらのことから，原始太陽系星雲から地球が完成するまでの過程は相当に高温の下で進んだ，と考えられる．すなわち，原始地球は形成時には宇宙ガスを失った，いわば裸の地球であった．したがって現在の大気は，その後の火山活動によって噴出したガスによって，二次的につくられたものといえる．

では原始大気は，どんな化学組成をもっていたか．現在の化学進化研究者たちは，原始大気はやや還元的で，つぎのようなものだっただろう，と推察している．すなわち，水蒸気，二酸化炭素，窒素ガス，それに水素，メタン，アンモニア，一酸化炭素，硫化水素などから成っただろうと．これは，原始大気が酸化的であったとすると，化学進化において有機化合物の自然合成が非常に起りにくいからである．

12・1・3 原始の海の成り立ち

生命は原始の海で生まれた．このことは，(1)現生の生命のしくみには，水分子がふんだんに使われていること，(2)生体をつくる元素の組成に，海水の

化学組成が色濃く反映されていること，(3)生物界は，その起原後36億年間海から出られなかったこと，などから推定される。そして生物界の化石記録やDNAの塩基配列を進化的にさかのぼると，その系統はただ1種類の祖先生物に到達することは明らかである(図13-24参照)。

では，地球の海は初めどのようにしてできあがったか。それは地球科学のみならず，宇宙における生命の発生のテーマとして，広く研究されている。ここでは，現在妥当とされている過程について概説するにとどめる。

ビッグ・バーン後の核融合反応の中，水素(H)と酸素(O)の両原子は，非常に早く形成された。これらが宇宙のエネルギーを得て反応し，大量の水(H_2O)が生成した。したがって，宇宙は H_2O に満ちている。隕石にも約5%の水を含んでおり，火山の噴火ガスの95%は水分である。原始地球の大気ガスは，この噴火活動によって二次的につくられたものであるから，大量の水蒸気と少量の塩化水素ガス(1.6%)などを含んでいたはずである。この水蒸気は，地球の冷却とともに凝縮し，雨となって大地の凹所にたまった。これが海である。このとき，塩化水素は凝縮水に溶け込んでいたので，海水はpH 0.4ほどの強い酸性であった。これが地殻をつくっている玄武岩に接し，その金属成分であるナトリウム，カリウム，カルシウム，マグネシウムなどを溶出した。そして，これらの金属によって海水は中和され，塩化ナトリウム，塩化カリウム，塩化カルシウム，塩化マグネシウムなどの塩化物を生成した。現海水は約pH 8を示しているが，これは長い地球史の総和であり，原始海水そのものではない。地球は，その表面積の70%が海洋であり，"水びたしの惑星"との異名をもつほどに水にあふれている。水は水蒸気(気体)，水(液体)，および氷(固体)の3態をとりうるが，生物の生存しうる絶対条件は"液体としての水"が存在することである。

12・2　生命発生への道—化学進化—

12・2・1　宇宙で進む化学反応

最初の生命が化学物質の進化の結果として形成されたとする，化学進化の概念は，思弁的には古代ギリシア時代の自然哲学者によって唱えられていたが，これを科学的に体系立てた人は，旧ソ連の生化学者A. オパーリンであった。先に，ドイツの化学者F. ウェラーがシアン酸アンモニウムから尿素を合成することに成功していた(1828年)。これは，それまで有機物の合成には生命力が要ると考えられていた古い観念を打ち砕く画期的な発見であった。以来，お

びただしい種類の有機物が，生命なしで化学合成され，生命の起原への化学進化の研究が大いに進んだ。オパーリンはその先べんをつけた人である。かれは，木星大気で発見された簡単な有機化合物に着目し，これが自然の化学反応を通して複雑化し，高分子に達して生命をつくりあげた，とする仮説を立てた（1936年）。

地球生物は，炭素生物ともいうべきもので，その生体は炭素化合物，すなわち有機化合物によって構築されている。表12-2は，電波天文学的に見出された星間（宇宙空間で，星のない部分）物質の数々である。この事実から，化学進化は宇宙レベルで起きていることがわかるだろう。

では，宇宙において化学反応を進めているエネルギー源はなんだろうか。表12-3は，現在の地球に降り注いでいるエネルギーの種類とその量を示している。明らかなことは，そのほとんどが太陽からの紫外線であり，とくに300～

表 12-2　星間に存在するさまざまな炭素分子

星間分子	化学式	星間分子	化学式	星間分子	化学式
メチンイオン	CH^+	ギ酸	$HCOOH$	メチレンイミン	$CH_2=NH$
メチン基	CH	一硫化炭素	CS	一酸化硫黄	SO
シアノ基	CN	ホルムアミド	NH_2CHO	メチルアミン	CH_3NH_2
水酸基	OH	硫化カルボニル	$O=C=S$	ジメチルエーテル	CH_3-O-CH_3
アンモニア	NH_3	一酸化ケイ素	SiO	エチニル基	$C\equiv CH$
水	H_2O	アセトニトリル	$CH_3C\equiv N$	一硫化ケイ素	SiS
ホルムアルデヒド	$H_2C=O$	イソシアン酸	$HN=C=O$	エタノール	C_2H_5OH
一酸化炭素	CO	イソシアン化水素	$H-C\equiv N$	ホルミルイオン	HCO^+
シアン化水素	$HC\equiv N$	メチルアセチレン	$CH_3-C\equiv CH$	ヒドラゾイオン	N_2H^+
シアノアセチレン	$HC\equiv C-C\equiv N$	アセトアルデヒド	CH_3CHO	二酸化硫黄	SO_2
水素	H_2	チオホルムアルデヒド	$H_2C=S$	アクリロニトリル	$H_2C=CHCN$
メタノール	CH_3OH	硫化水素	H_2S	ある種のアミノ酸	

表 12-3　現在の地球に注がれているエネルギーの種類と量

エネルギー源	エネルギー（kcal/cm²/年）
太陽からの紫外線	
300～250 nm	2,837
250～200 nm	522
200～150 nm	39.3
＜150 nm	1.7
放電	4.1
衝撃波	1.1
放射能	0.8
火山からの熱	0.13
宇宙線	0.0015

250 nm 波長の光エネルギーがその大部分(68%)を占めていることは，注目すべきである．というのは，光化学反応を起す分子は，それぞれ特有の波長の光を吸収して励起状態に達するが，DNA や RNA は 260 nm，またタンパク質は 280 nm の光を鋭く吸収する特性をもつからである．ちなみに，現在の地球表面には 300 nm 以下の紫外線は，ほとんど届いていない．それは，大気中ではつぎの反応によってオゾンが形成され，25 km 上空付近で 20 km にわたる厚い層を成して，紫外線を遮へいしているからである．

$$3 O_2 \xrightarrow{紫外線} 2 O_3$$
（酸素）　　　　　（オゾン）

12・2・2　化学進化の道筋

最初に生命をもった始原細胞は，どんな化学組成をもっていただろうか．それを推定するには，現生の細胞組成を見るのが参考になる．すでに表 5-3 に示したように，タンパク質がその大部分(71%)を占め，これに脂質(12%)，核酸(7%)，糖質(5%)とつづく．このデータから推定できることは，(i)始原細胞は高分子，とくにタンパク質が構造的基礎をなしていたこと，(ii)タンパク質が生命活性に，(iii)核酸(DNA，RNA)が遺伝機構に重要な役割を果していたであろうこと，さらに(iv)脂質，とくにリン脂質は細胞を環境から独立させるための細胞膜として必須であったであろうこと，などである．そこで，化学進化の過程において，原始大気成分から高分子物質が自然合成され，始原細胞の形成に到達するまでには図 12-3 のような段階を経たと考えられている．すなわち，原始大気のごく簡単な化合物に紫外線などの宇宙エネルギーが注がれて，高分子の構造単位となるような有機化合物が合成され，それらが重合反応を通して必要な生命高分子をつくり出した．この過程でもっとも重要な反応は脱水縮合と加水分解であり，どの高分子についても水が関与している(図 12-4)．ここで問題は，化学進化が進んだ原始の海の中で，どのように脱水縮合反応が起きたか，ということである．現生の細胞代謝においても脱水縮合は

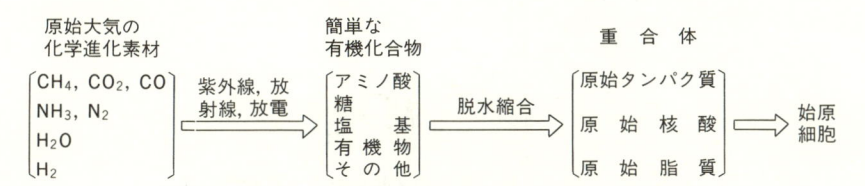

図 12-3　化学進化の大きな段階

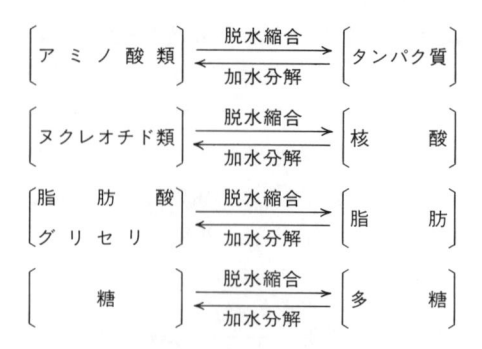

$$
\begin{bmatrix} \text{アミノ酸類} \end{bmatrix} \xrightleftharpoons[\text{加水分解}]{\text{脱水縮合}} \begin{bmatrix} \text{タンパク質} \end{bmatrix}
$$

$$
\begin{bmatrix} \text{ヌクレオチド類} \end{bmatrix} \xrightleftharpoons[\text{加水分解}]{\text{脱水縮合}} \begin{bmatrix} \text{核 酸} \end{bmatrix}
$$

$$
\begin{bmatrix} \text{脂 肪 酸} \\ \text{グリセリ} \end{bmatrix} \xrightleftharpoons[\text{加水分解}]{\text{脱水縮合}} \begin{bmatrix} \text{脂 肪} \end{bmatrix}
$$

$$
\begin{bmatrix} \text{糖} \end{bmatrix} \xrightleftharpoons[\text{加水分解}]{\text{脱水縮合}} \begin{bmatrix} \text{多 糖} \end{bmatrix}
$$

図 12-4 脱水縮合反応と加水分解反応の関係

ATPの存在下でしか進まない。周囲に水分子がいっぱい存在する中で，水を除く反応には相当のエネルギーが要るのである。つまり，化学進化は強力なエネルギー供給の下でないと進行しなかったはずである。

では，化学進化の過程で，アミノ酸・タンパク質，ヌクレオチド・核酸，脂肪酸・脂質，そして糖・多糖などの生命形成に必要な物質の合成には，具体的にどのような反応が起ったか。それを明らかにするには原始地球の自然条件を模した実験装置を作製し，いわゆるシミュレーション合成を試みることである。では，その例をいくつかあげよう。

A. アミノ酸の合成—ミラーの実験—

アメリカの化学者S.ミラーは1953年，図12-5に示すような化学装置を用

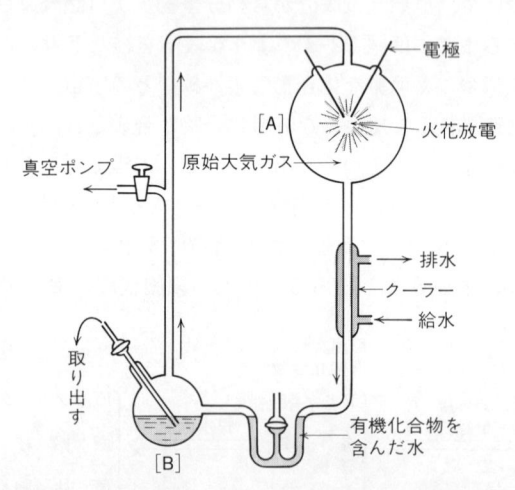

図 12-5 S.ミラーの用いたアミノ酸合成の火花放電装置
A室の火花放電によって生成した有機化合物はB室にたまる。

表 12-4　S. ミラーが化学進化シミュレーション実験で得た有機化合物

化 合 物	収量(μモル)	化 合 物	収量(μモル)
グリシン	440	サルコシン	55
アラニン	790	N-エチルグリシン	30
α-アミノ-n-酪酸	270	N-プロピルグリシン	~2
α-アミノイソ酪酸	~30	N-イソプロピルグリシン	~2
バリン	20	N-メチルアラニン	~15
ノルバリン	61	N-エチルアラニン	<0.2
イソバリン	~5	β-アラニン	18.8
ロイシン	11	β-アミノ-n-酪酸	~0.3
イソロイシン	4.8	β-アミノイソ酪酸	~0.3
アロイソロイシン	5.1	γ-アミノ酪酸	2.4
ノルロイシン	6.0	N-メチル-β-アラニン	~5
t-ロイシン	<0.02	N-エチル-β-アラニン	~2
プロリン	1.5	ピペコリン酸	~0.05
アスパラギン酸	34	α,β-ジアミノプロピオン酸	6.4
グルタミン酸	7.7	イソセリン	5.5
セリン	5.0		
トレオニン	~0.8		
アロトレオニン	~0.8		
α-γ-ジアミノ酪酸	33	アミノ酸の収率合計 = 1.9%	
α-ヒドロキシ-γ-アミノ酪酸	74		

いて，原始大気のモデルガス(水素，メタン，アンモニア，水蒸気の混合物)からアミノ酸の合成実験を行った。この場合，反応エネルギーは火花放電によって与えられた。図中 A のフラスコに原始大気ガスを詰め，これに火花放電を行う。そして反応生成物は図中 B のフラスコから採取する。ミラーが得た実験結果は驚くべきものであった。表 12-4 に示すように，さまざまなアミノ酸とともに多種類の有機化合物が生成したのである。各種のアミノ酸が，簡単な原始大気のモデルから，いとも容易に合成できたことに世界の化学者は目を見張った。そしてこれが刺激となって，化学進化のシミュレーション研究は大いに進んだ。

さらに発展して，アミノ酸の混合物から(原始)タンパク質の合成実験も精力的に行われている。それらによると，アミノ酸混合物を長時間加熱(たとえば 90℃)することによって重合反応が進むことがわかった。

B．その他の生命物質のシミュレーション合成

1969 年，オーストラリアに落下したマーチソン隕石には，16 種類のアミノ酸のほかに，アデニン，グアニン，シトシン，チミン，ウラシルと DNA や RNA の 5 塩基が含まれている。シミュレーション実験でも，表 12-5 に見るように，各種の出発物質から塩基類やヌクレオチド類が合成されることが示さ

表 12-5 核酸成分のシミュレーション合成の例(原田馨)

出発物質	反応条件	生成物
シアン化水素, アンモニア水	加熱	アデニン
リンゴ酸, 尿素, 硫酸	加熱	ウラシル
シアノアセチレン, シアン酸カリウム水溶液	加熱	シトシン
ジヒドロピリミジン類	加熱	ウラシル, チミンなど
アデニン, リボース, エチルメタリン酸[a]	紫外線照射	アデニン, AMP, ATPなど
各種の塩基, リボース, 海水	加熱	各種のヌクレオシド[b]
デオキシチミジン-5′-三リン酸水溶液	シアンアミドと60°C	オリゴチミジル酸(7量体)
ウリジン・リン酸	加熱	オリゴウリジル酸(2—3量体)

a) 原始地球上に存在したかどうか疑問。
b) 塩基と五炭糖の結合物を示す一般名。

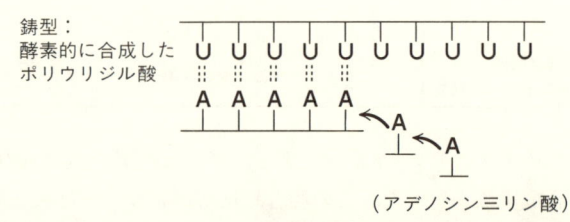

図 12-6 ヌクレオチドの重合は鋳型さえあれば容易に起る
アデニン(A)-ウラシル(U)対合によるポリアデニル酸の合成。

れている。ヌクレオチドの重合反応は，表に示すように7量体までしか成功していない。しかし，あらかじめ鋳型ポリヌクレオチドを与え，これに塩基対合させるならば多量体は容易に得ることができる(図 12-6)。

脂質成分はグリセリン(三炭糖)と脂肪酸である。まずグリセリンは，ホルムアルデヒド(HCHO)の水溶液(ホルマリン)を加熱すると重合反応が起り，C_3〜C_6糖を容易に得ることができる。一方脂肪酸は，メタンガスに熱を加えるという簡単な方法で，高級炭化水素が得られる。これに二酸化炭素やギ酸を加えると脂肪酸ができる。リン脂質は水中において，自然に2分子層(膜)を形成することについてはすでに述べた(図 6-7, 6-8 参照)。

12·2·3 タンパク質ワールド, RNA ワールド, そして DNA ワールド

すべての生物細胞は遺伝子(DNA)を含んでいる。どうして生命系は遺伝子を必要としたのか。最初に生命という属性をもった，いわゆる始原細胞に遺伝

子は含まれていたのだろうか。大腸菌のある細胞分裂突然変異体は，複製されたDNAを娘細胞に均等に分配することができず，DNAをもたない娘細胞が高い頻度で生まれてくる。これらの細胞は小さく，ミニ細胞と呼ばれる。DNAの分配を受けた細胞は旺盛に増殖するのに対して，ミニ細胞は増殖せず，しばらくは代謝が動いているが，やがて死ぬ。この事実から，細胞はDNAを含まないと細胞分裂はもちろん，生存もできないことがわかる。すなわち，図12-7に示すように，DNAは(1)自己の系統を殖やし(遺伝)，(2)自己の遺伝情報に基づいて転写・翻訳を行い，生命を維持する(発現)，という2つの機能を果している。つまり現生の細胞においてDNAは，(i)遺伝情報系と(ii)タンパク質(酵素)による代謝系の2つの分業を支配している。

　さて，始原細胞は遺伝子としてすでにDNAをもっていたか。もしそうならば，DNAは化学進化の過程で自然合成されていたはずである。ところがすでに述べたように，アミノ酸とタンパク質はシミュレーション実験で容易に合成できるのに対して，ヌクレオチドは，原始地球上にはなかったような特殊な実験条件を用いないと合成できない。ましてや，RNAやDNAの化学合成は世界の化学者の努力にもかかわらず，まだ誰も成功していない。そういうなか，アメリカの化学者T.チェックは1981年，RNAは自身でイントロンを切除し，エキソンどうしを結合させるという酵素(リボザイム)作用をもつことを発

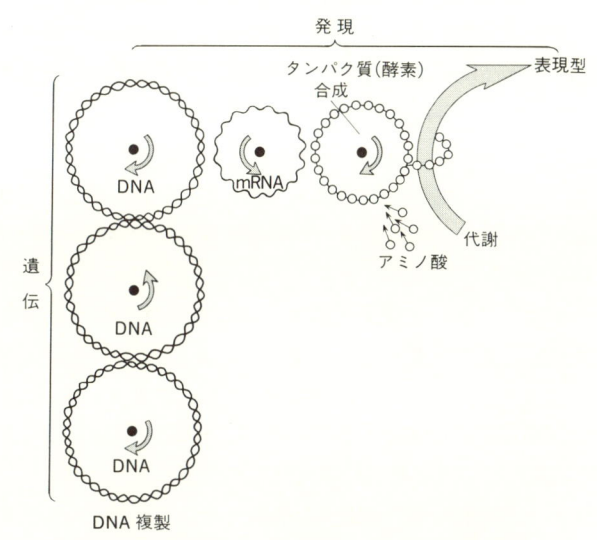

図 12-7　遺伝子の2つの働き―遺伝と(形質)発現―

見した．それまでは，酵素作用はもっぱらタンパク質にあり，RNAやDNAにはないと考えられていたので，リボザイム理論はRNAワールドにまで発展した．すなわち，始原細胞では，RNAが遺伝子と酵素の両作用を兼務していた，というのである．

さらに，レトロウイルス（前出）がRNAを鋳型としてDNAを合成する逆転写酵素をもつことの発見から，現生のDNAワールドはRNAワールドから進化してきた，とされた．一方，アメリカの化学者のS.ミラー（前出）とL.オーゲルは，化学進化の結果として，タンパク質が始原細胞を形成し，そこではポリペプチド鎖が遺伝子として複製を行った，とするタンパク質ワールドを提唱した．

このように，化学進化から始原細胞の形成への過程については，混とんとしているが，現生細胞におけるDNA→RNA→タンパク質（酵素）の発現が始原細胞の痕跡であると考えるならば，遺伝子系はタンパク質ワールド→RNAワールド→DNAワールドへと発展してきたのではないか，と想像される．

12・2・4　生命の誕生

最初に発生した始原細胞は，生命という属性を明確にもっているといえるかどうかわからないような，不完全なものであったに違いない．そしてまた，そのような不完全な生命体を生み出す時代が長く続いたことだろう．現生の原核細胞は，最も原始的といわれるマイコプラズマ（*Mycoplasma*）でさえも，この始原細胞に比べれば高度に進化している．では，始原細胞がどの程度の構造と機能を備えていたか．つぎにはそれを探ってみよう．

（1）　まず，リン脂質2分子層を基本構造とする細胞膜に包まれた，小さな球状体であっただろう．現生の生物細胞は，例外なくリン脂質2分子層からなる細胞膜に包まれており，これが環境との間の物質交流や刺激を受ける関門としての役割を果している．

（2）　この小球は，タンパク質を主成分とするさまざまな高分子を含んでおり，なかにはオリゴヌクレオチド（2〜10ヌクレオチドより成る）も混ざっていただろう．ヌクレオチドはRNAやDNAの構造単位としてだけでなく，ATP，cAMP，CoA，NAD(P)$^+$/NAD(P)H，FAD/FADH$_2$など細胞代謝において縦横に活躍している必須の分子だからである．

（3）　始原細胞は，現生の細胞のような構造分化はまったくなく，単なる高分子の集合体にすぎなかったであろう．始原細胞の生命活性の低さは，この未熟

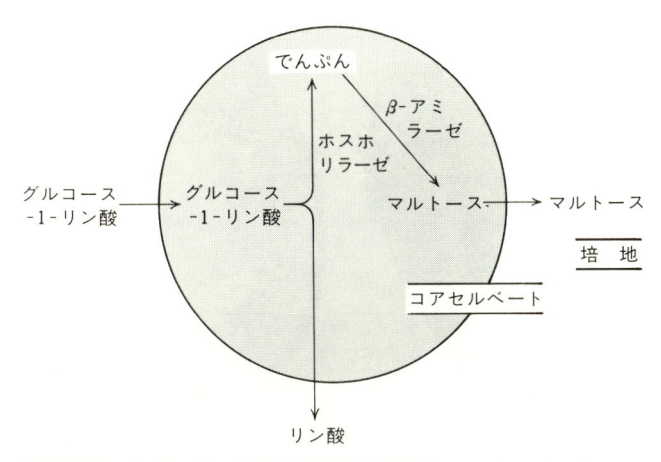

図 12-8 オパーリンが作成した代謝を行うコアセルベート
関係酵素を取り込ませると，でんぷんを合成し，また分解する。
コアセルベートについては図 2-3 参照。

な構造分化にあったことは明らかである。

(4) 始原細胞が含んだタンパク質のあるものは，微弱ながら化学反応を触媒する作用をもっており，原始酵素としての役割を果していたに違いない。

(5) 図 12-8 は，オパーリンが作成した"代謝する"人工細胞である。始原細胞も，このような単純な代謝が進行するオートマトン(automaton，自動制御が可能な機械)であった。これが異化や同化の代謝機能を進化的に発展させただろう。

(6) 始原細胞は図 12-9 に見るように，自ら分裂する能力はなく，波の力によって分裂や集合を繰返していた。おそらく，これが細胞分裂や細胞融合の原態であったと考えられる。

(7) 化学進化の研究者は，今日までにいろいろの始原細胞モデルを作成している。(i)リポソーム(図 6-8，図 6-9 参照)，(ii)プロテノイド・ミクロスフ

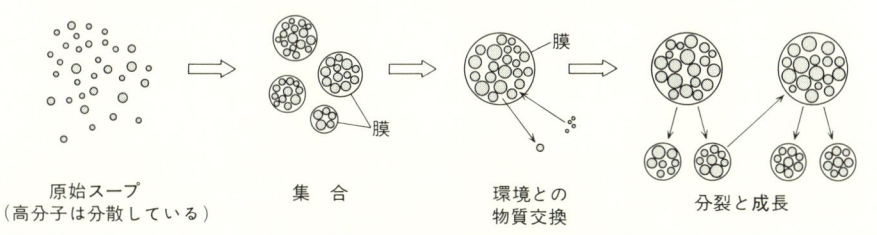

図 12-9 高分子集合体の成長と分裂

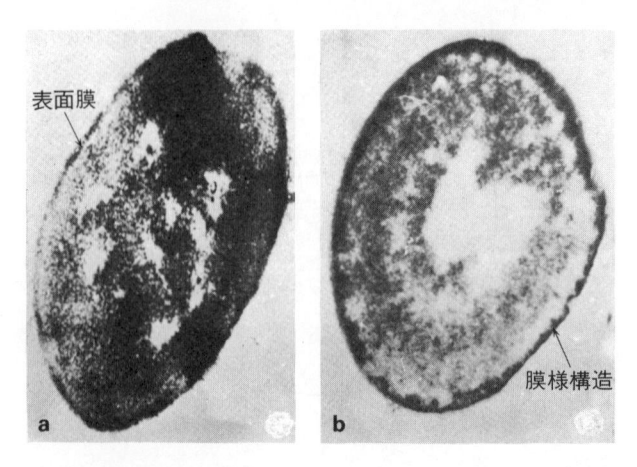

図 12-10 タンパク質様微粒体（プロテノイド・ミクロスフェア）の断面の電子顕微鏡像(K. Harada ら)
a：乳酸菌断面。表面膜はリン脂質2分子層である。b：ミクロスフェアの断面。周辺部の電子密度の高い膜様構造は，タンパク質層である。

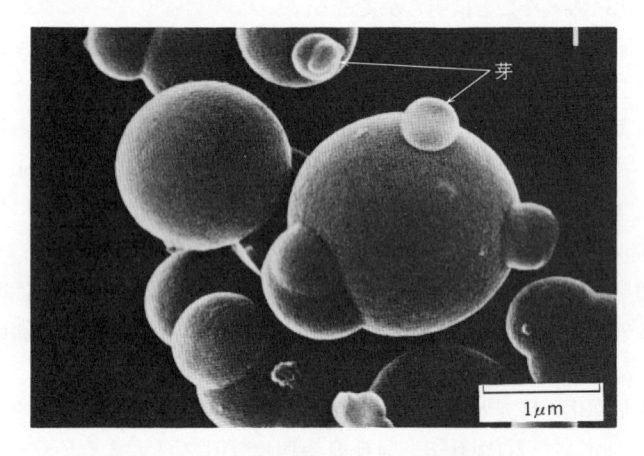

図 12-11 人工海水のアミノ酸溶液を加熱したときに形成されるタンパク質様微粒体—マリグラヌール—(H. Yanagawa et al.)

ェア(図12-10)，(iii)コアセルベート(図2-3参照)，(iv)マリグラヌール(図12-11)などである。ここで，(i)はリン脂質2分子層からなる小球の内液にタンパク質などを含むが，他の(ii)〜(iv)はいずれもタンパク質粒子である。しかしこれらは，まだ自律的に分裂・増殖する段階には至っていない。

13

生物は進化する

13·1 進化の原動力は突然変異である

　メンデルの法則の再発見者の一人であるオランダのH.ド・フリースは，1901年オオマツヨイグサの交雑実験の結果をまとめて，「生物進化は突然変異に因る」，とする"進化の突然変異説"を発表した。彼の観察した個々の現象に対する解釈は，今日の知識から見ると誤りも多いが，その根本思想は大いに発展し，突然変異は遺伝や生物進化の中心をなす現象であることが明らかになっている。

　突然変異は遺伝子に起る変化であるから，当然遺伝する(広い意味では，染色体数の変化，すなわち倍数性，半数性，あるいは異数性をも突然変異に加える)。遺伝形質の変化は，生物である限り必ず，しかもつねに起るものであり，また生物はそれを原動力として進化するという基本性質をもっている。

　突然変異はその起り方によって，表13-1のように分類することができる。DNA上の塩基配列の変化をともなう突然変異(点突然変異という)には，まずある塩基が他の塩基に変わる変異がある。これには2通りあり，(i)トランジション(転位)はプリン塩基間，あるいはピリミジン塩基間の変化を指し，(ii)トランスバージョン(転換)はプリン塩基からピリミジン塩基へ，あるいはその逆の変化を指している。一般に，トランジションの方がトランスバージョンよりも高い確率で起る。

　点突然変異の，もう一つの様式に，フレームシフトと呼ばれる変異がある。フレームシフトとは，コドンの枠組が変わる，という意味である。それは，図13-1に示した例のように，遺伝子配列のある位置の塩基が1個脱落(欠失)したり，あるいはその塩基配列中に新しい塩基が1個加わったりする(添加)場合をいう。図中フレームシフト突然変異(I)ではmRNAのⒼが欠失している

表 13-1 突然変異の起き方

DNA上の変化	遺伝学における名称	変 化 の 機 作
微小な変異	点突然変異 〔A〕塩基対の置換 1. トランジション	A–T ⇌ G–C T–A ⇌ C–G プリン塩基間，ピリミジン塩基間の変異.
	2. トランスバーション	T–A ⇌ A–T ⇌ C–G ⇌ G–C ⇌ T–A プリン塩基がピリミジン塩基に，ピリミジン塩基がプリン塩基に変異する.
	〔B〕フレームシフト変異	図13-1参照
大きな変異		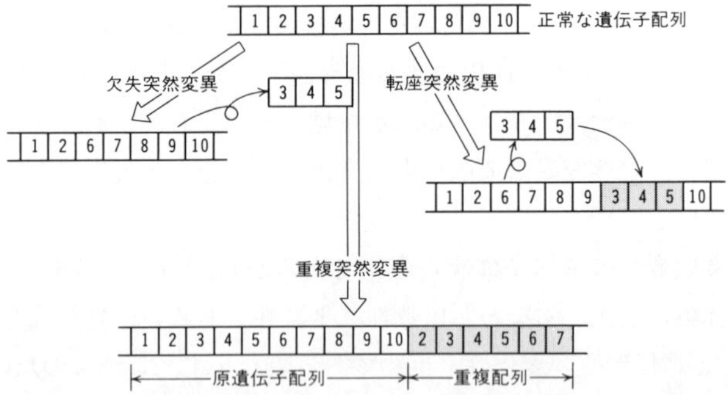正常な遺伝子配列 欠失突然変異 転座突然変異 重複突然変異 原遺伝子配列 重複配列

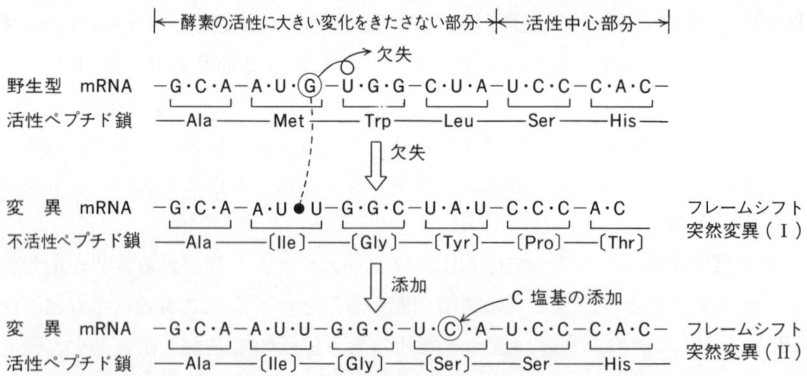

酵素の活性に大きい変化をきたさない部分
活性中心部分
欠失
野生型 mRNA −G·C·A−A·U·G−U·G·G−C·U·A−U·C·C−C·A·C−
活性ペプチド鎖 —Ala—Met—Trp—Leu—Ser—His—
欠失
変 異 mRNA −G·C·A−A·U U−G·G·C−U·A·U−C·C·C−A·C
不活性ペプチド鎖 —Ala—〔Ile〕—〔Gly〕—〔Tyr〕—〔Pro〕—〔Thr〕
フレームシフト突然変異（I）
添加
C 塩基の添加
変 異 mRNA −G·C·A−A·U·U−G·G·C−U·C·A−U·C·C−C·A·C−
活性ペプチド鎖 —Ala—〔Ile〕—〔Gly〕—〔Ser〕—Ser—His—
フレームシフト突然変異（II）

図 13-1 フレームシフト突然変異—塩基の欠失と添加—

〔 〕内は異常アミノ酸。

が，これに©が添加するフレームシフト突然変異(II)が起ると，その添加以降のアミノ酸配列は正常となる。また，1コドンに相当する3塩基(あるいはその整数倍)が欠失あるいは添加しても，解読枠は変化しない。

DNA上に起る大きな突然変異としては，欠失，重複，および転座がある（表 13-1 参照）。

13·2　突然変異はどのようにして起るか

突然変異が起る原因は，大きく2つに分けられる。まず(i)自然突然変異と呼ばれるもので，DNAの複製の誤りに因る。つぎは(ii)誘導突然変異と呼ばれ，突然変異を誘発する因子によって起るものである。このような誘発因子を変異原という。

A．自然突然変異

正常な細胞分裂のDNA複製において，DNAポリメラーゼが誤った塩基を対合させてしまう場合である。通常は，1億から100億回の細胞分裂で1回ぐらいの，ほぼ定率で起る（$10^{-8} \sim 10^{-10}$ 突然変異/細胞/分裂と略記する）。先の説明のように，DNAポリメラーゼには誤って対合させた塩基を取り除き，正しい塩基と入れ替える校正機能があり，また後述するように細胞はDNA損傷を修復する機能をもつが，それらが完全ではないために残る突然変異である。自然突然変異は，一見非常に低率で起るように見えるが，たえず起きていることと，それらの変異がゲノム中に累積することから，地質的時間では相当の分子進化をもたらすことになる。

B．誘導突然変異

変異原には化学的なものと物理的なものがある。まず化学的変異原には，つぎのものがある。

（1）塩基類似体：その化学構造がDNA塩基と酷似するもので，DNAポリメラーゼが間違えてDNA中に取り込みやすい。その結果として，異常な塩基配列を生じ変異を起す。たとえば図 13-2 に示した 5-ブロモウラシルはチミンの構造類似体である。この場合，ブロモウラシルがケト型(Br-U)であればアデニン(A)と対合するが，異性体のエノール型(Br-U')に変化すると，グアニン(G)と対合するようになる。

（2）亜硝酸(HNO_2)：図 13-3 に示すように，亜硝酸は(a)アデニンをヒポキサンチンに，(b)シトシンをウラシルに，また(c)グアニンをキサンチンに化学変化させる。するとつぎの複製時には，それぞれDNA上のアデニンの位

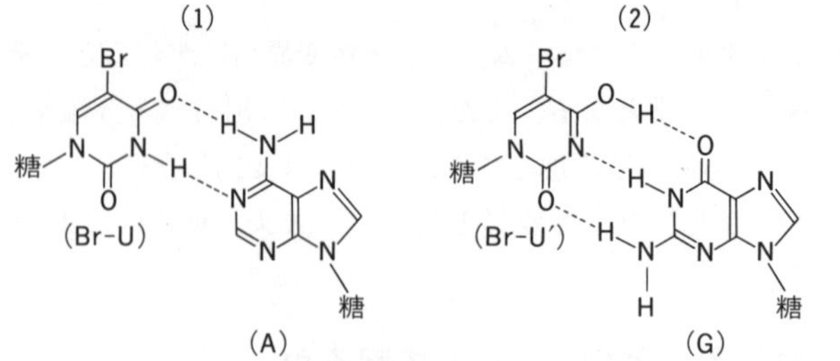

図 13-2 塩基類似体と水素結合
(1)ケト-ブロモウラシル(Br-U)とアデニン(A)の対合。
(2)エノール-ブロモウラシル(Br-U′)とグアニン(G)の対合。

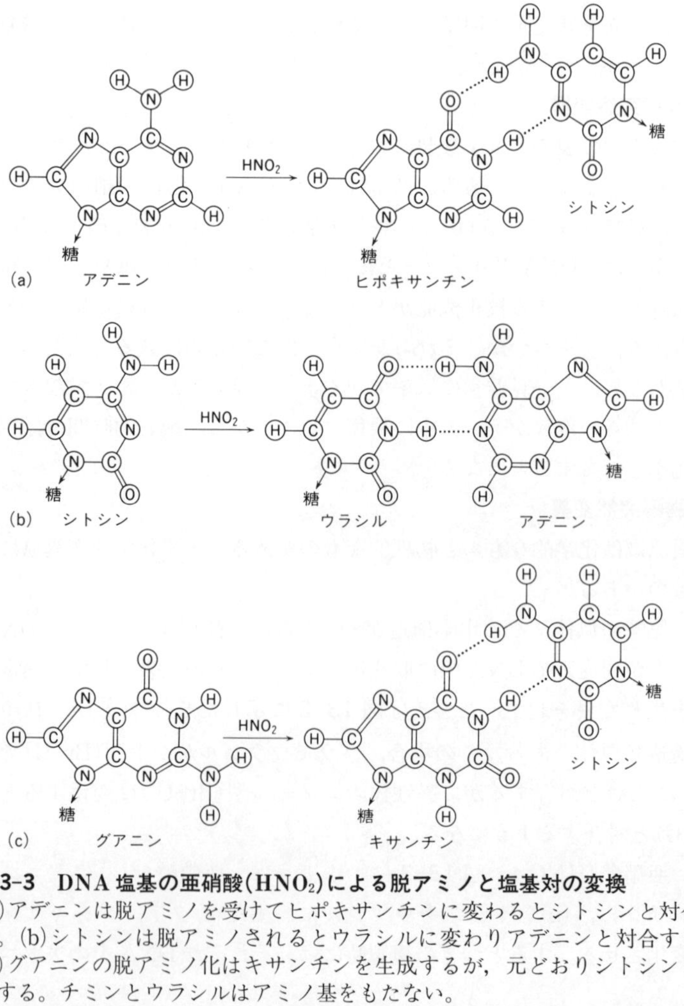

図 13-3 DNA 塩基の亜硝酸(HNO$_2$)による脱アミノと塩基対の変換
(a)アデニンは脱アミノを受けてヒポキサンチンに変わるとシトシンと対合する。(b)シトシンは脱アミノされるとウラシルに変わりアデニンと対合する。(c)グアニンの脱アミノ化はキサンチンを生成するが,元どおりシトシンと対合する。チミンとウラシルはアミノ基をもたない。

置はシトシンに，シトシンの位置はアデニンに変わる．しかしグアニンは不変である．

（3） アクリジン化合物（図 13-4）：DNA 塩基配列におけるアデニン─チミン間にアクリジン核の平板な複素環が挿入されることにより，フレームシフト突然変異を誘発する（図 13-1 参照）．

一方，物理的変異原として最もよく研究されているものは，放射線である．アメリカの遺伝学者 H. マラーは 1927 年，X 線が突然変異を誘発することを発見した．放射線は空間を伝わるエネルギーの流れで，表 13-2 に示すよう

アクリジン　　　　　　　アクリジンオレンジ

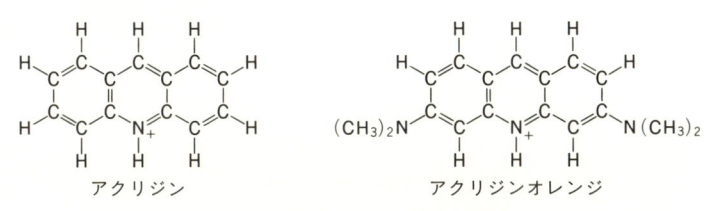

図 13-4　アクリジン化合物の構造

表 13-2　放射線のいろいろ

主な粒子線	粒　子	主な電磁放射線*	波　長 (nm)
電子線, β^- 線	陰 電 子	γ　線	10^{-8}〜10^{-2}
β^+　　線	陽 電 子	X　　線	10^{-3}〜10^2
陽 子 線	陽　　子	紫 外 線	2〜4×10^2
α　　　線	ヘリウム核	可視光線	4〜8×10^2
中性子線	中 性 核	赤 外 線	8×10^2〜10^5

＊図 10-4 参照のこと．

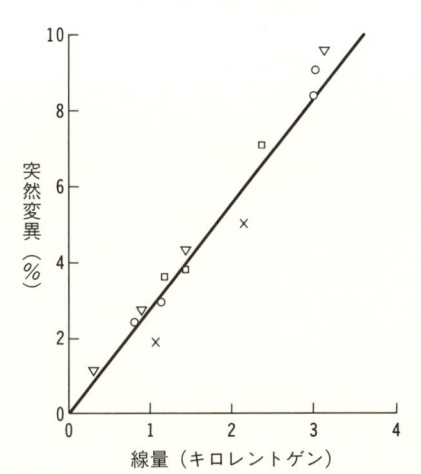

図 13-5　X 線の照射と突然変異
　　　　　（C. Auerbach）
ショウジョウバエの致死突然変異の場合．致死とは成長の途中で死ぬ現象をいう．

に，粒子線と電磁波に分けられる。X線は非常に強力なエネルギーをもつ電磁波で(図10-4参照)，物質中を通過するとき衝突した原子にそのエネルギーを与える。その結果，原子から電子が飛び出す。遺伝子にこの電子が衝突すると，その遺伝子の構造は崩壊し，突然変異となる。X線の照射量と誘発される突然変異の頻度との間には，図13-5に示すような比例関係がある。この事実から，放射線による突然変異の誘発のしくみとして，標的説が生まれた。

ところで，X線はエネルギーが高く，遺伝子に起る変化が速く進みすぎて，その過程が追跡できないという理由から，もっとエネルギーレベルの低い紫外線がこの種の研究に使われるようになった。紫外線の生物作用は波長によって

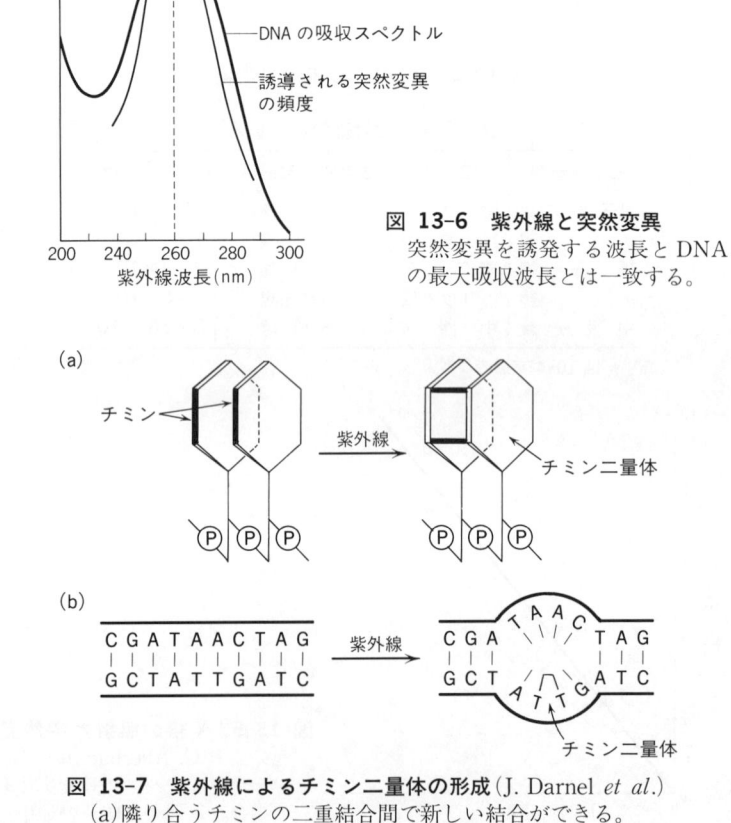

図 13-6 紫外線と突然変異
突然変異を誘発する波長とDNAの最大吸収波長とは一致する。

図 13-7 紫外線によるチミン二量体の形成(J. Darnel *et al.*)
(a)隣り合うチミンの二重結合間で新しい結合ができる。
(b)チミン二量体ができると水素結合が切れる。

異なるが，図 13-6 に見るように，DNA は 260 nm の波長を最もよく吸収し，そこで突然変異の誘発作用は最大値を示す。DNA の中で最も大きく紫外線エネルギーを吸収し，変化を受けやすいのはチミンである。その結果として，隣り合うチミンどうしの間で化学結合を生じ，図 13-7・a に示すようなチミン二量体を生成する。DNA 中にチミン二量体を生ずるとそのらせん構造にひずみを生じ，その結果アデニン-チミン対の水素結合は切断される（同図 b）。そして細胞分裂において，DNA の複製フォークはそこから先へ進まなくなる。しかし，つぎの項で述べるように，細胞はこのような DNA 損傷を修理し，正常な塩基配列に復元する機能をもっている。

13・3　DNA の損傷と修復

　DNA の紫外線照射によって受けた損傷の修復には，(1)光回復，(2)除去修復，(3)組み換え修復，および(4)SOS 修復の 4 つのしくみが知られている。そして，突然変異の最大の要因は SOS 修復にある，とされる。

（1）**光回復**　　紫外線照射によって害を受けた細菌に青色光を当てると，生存率が大きく回復するという現象がある。DNA 上にできたチミン二量体も，この青色光（350〜500 nm）によって活性化された光回復酵素の働きによって，正常なチミン配列にもどる（図 13-8）。

　原始，地球上へは太陽から強い紫外線が注がれ，生物界は大きな被害を受けたが，進化的に光回復機構を獲得した。したがって，原核生物から高等生物まで，光回復酵素は分布している。ただし哺乳類では，有袋類だけがこの酵素をもっている。たぶん，哺乳類が出現後，地表への紫外線は大気中のオゾン層によって大きく遮へいされたのであろう。

（2）**除去修復**　　紫外線による DNA 損傷は，光のないところでも修復され

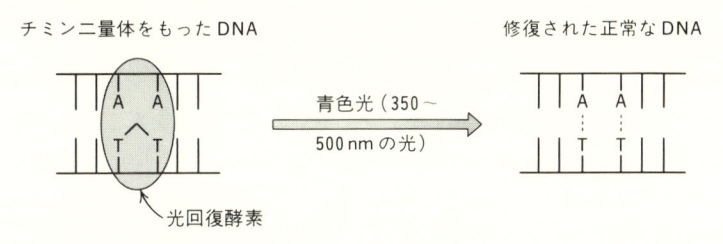

図 13-8　光回復のしくみ
　　DNA 上に生じたチミン二量体部分は，青色光によって活性化され光回復酵素によって修復される。

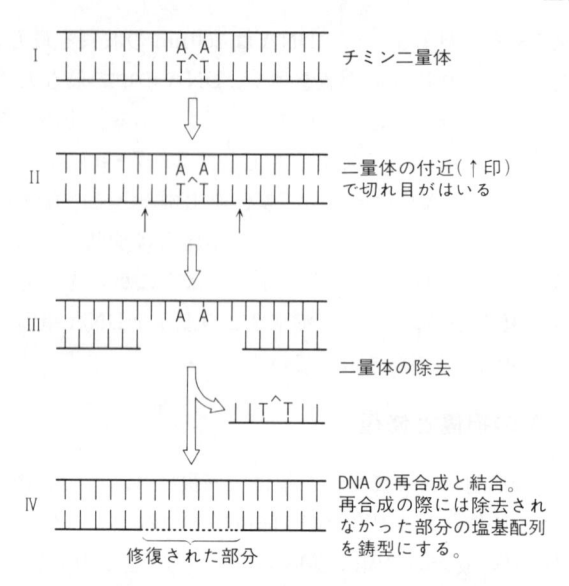

図 13-9　DNA 除去修復の機構　Ⅰ～Ⅳは反応順序。

図中:
- Ⅰ　チミン二量体
- Ⅱ　二量体の付近（↑印）で切れ目がはいる
- Ⅲ　二量体の除去
- Ⅳ　DNA の再合成と結合。再合成の際には除去されなかった部分の塩基配列を鋳型にする。修復された部分

る。その一つの機構は除去修復で，それは図 13-9 に示すようなしくみである。すなわち，チミン二量体を含めた領域のヌクレオチド鎖を酵素によって切断，除去し，損傷を受けていない鎖の塩基配列を鋳型にして DNA 合成を行う。

（3）**組み換え修復**　除去修復では，損傷部分を修復するのに，正常な方の鎖を鋳型に使う。しかし，たとえば強い放射線を受けて DNA の 2 本鎖とも部分的に損傷や切断を受けたならば，その分子はもはや鋳型をもたないことになる。このようなとき細胞は，以前に複製した無傷の DNA があれば，それと組み換えを行って，鋳型にし修復する。とくに 2 倍体生物では，この機構が働きやすい。図 13-10 は，その過程を示している。この修復のポイントは，酵素が無傷の DNA 中の相当する塩基配列を見つけ出して，それを鋳型に使う，という点である。大腸菌では，RecA タンパク質がこの機能をもっている。

　生物進化における組み換え修復のしくみの獲得は，また別の面から興味が持たれている。それは，この機構の出現が性，すなわち交雑の起原であると考えられるからである。

（4）**SOS 修復**　SOS 修復は，チミン二量体を含んだ DNA 鎖を鋳型にして DNA 合成を行うとき，二量体の上だけ任意の塩基を取り付けてつじつまを

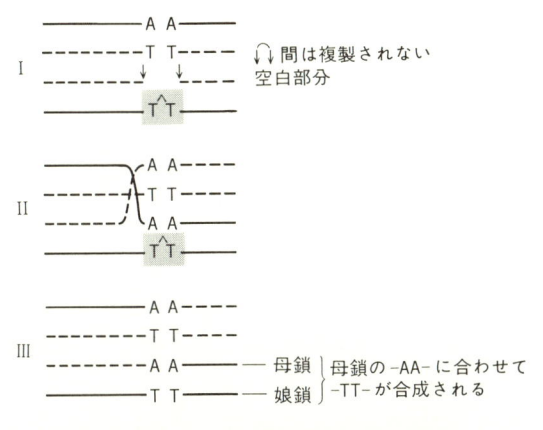

```
         ——————A A————
         --------T T----    ⌒ 間は複製されない
    Ⅰ          ↓  ↓         空白部分
         --------    ----
                  ┌─┐
         ————————│T̂T│————
                  └─┘

                 ⌒A A----
         --------T T----
    Ⅱ          ╲A A
         ----------┌─┐----
                  │T̂T│
                  └─┘

         ——————A A————
         --------T T----
    Ⅲ
         --------A A——————— 母鎖 ⎱ 母鎖の-AA-に合わせて
         ————————T T——————— 娘鎖 ⎰ -TT-が合成される
```

図 13-10　DNA 組み換え修復の機構

```
                    チミン二量体
                      ↓
         ┌─┐
    Ⅰ ─────────□─────→        (鋳型)
      ──────────〜〜〜〜〜→     (SOS 合成)
      でたらめの塩基を
      取り入れて合成を
      進めていく
                  ↓
         ────────□────────  ⎫
    Ⅱ   ────────〜〜〜〜──── ⎬ SOS-DNA
         ────────〜〜〜〜────  ⎫
         ────────〜〜〜〜────  ⎬ 変異型 DNA
```

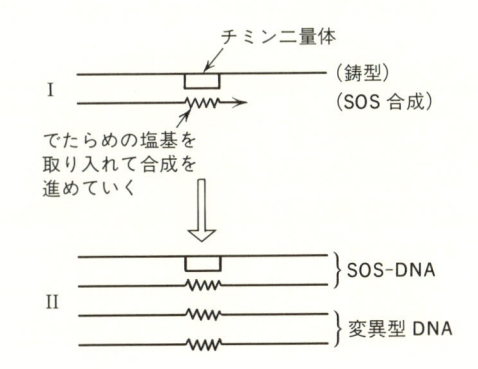

図 13-11　SOS 修復合成
（Ⅰ）チミン二量体を含むヌクレオチド鎖を鋳型にして SOS 合成が起る。
（Ⅱ）第 2 回目の複製。SOS-DNA と変異型 DNA とを生ずる。

合わせ，合成を先へ進めていくものである（図 13-11）。紫外線によって誘発される突然変異は，主としてこの SOS 合成に起因することが現在わかっている。このとき上述の RecA タンパク質が関係する。すなわち，DNA ポリメラーゼは誤った塩基を取り入れたならば校正を行うが，RecA タンパク質はこの校正を邪魔する。したがって，新しく合成されたヌクレオチド鎖に誤った塩基が残る。

13・4 分子進化とはなにか

　遺伝情報を担うDNAの塩基配列やタンパク質のアミノ酸配列の，時間にともなう変化を分子進化という。この進化を追求することによって，生物種の系統分化を数値としてとらえることができる。これは，従来の化石記録に基づく古生物学的な方法とは，まったく異なるものである。まず古生物学的な方法は，時間にともなう，すなわち地質年代的な"形態"変化を追求するために，数値として進化を表現できない。これに対して分子進化は，現存生物の特定の情報分子間の塩基あるいはアミノ酸配列の比較を通して，その差異を数値で表現するから，コンピュータ処理が可能である。

　DNAの塩基配列上で突然変異は，経時的に累積し，遺伝する。それに，生物界における種の特異性はDNAによって決定されるから，共通の祖先をもちながらも突然変異の累積とともに，子孫間の系統を分けていくことになる。すでに説明したように，コドンとアミノ酸の間には必ずしも1：1の対応はない（同義コドンの存在）が，それでもDNA配列における系統的差異はタンパク質配列に反映される。

　現在広く用いられている系統の分子進化速度を知る方法は，比較すべき生物種における相同な遺伝子間の塩基配列あるいはタンパク質間のアミノ酸配列における違いの度合を探ることである。たとえば，ヘモグロビンのα鎖のアミノ酸配列をヒトとウマで比較すると，全141アミノ酸座位のうち18か所で互いに違っている。一方化石記録からヒトとウマの祖先は今から約8000万年前に系統分岐したと推定されるので，ヘモグロビンα鎖で，1年間当り1個のアミノ酸が置換される率は

$$(18/141) \div (8 \times 10^7) \div 2 \fallingdotseq 1 \times 10^{-9}$$

となる。言い換えると，10億年ごとにほぼ1個の割合でアミノ酸置換が起きていることになる。（この計算で，最後に2で割るのは，18個のアミノ酸置換は，ヒトとウマの間で平等に起きたと仮定しているからである。）

　このようなタンパク質におけるアミノ酸置換率をもとに，各種のタンパク質の分子進化の速度を示したのが図13-12である。この図から，分子進化に関してつぎの重要な事実がわかる。まず(1)相同な機能をもつタンパク質のアミノ酸置換の速度は一定であり，それは分子時計である。つぎに，(2)その速度はタンパク質の種類ごとに異なっていること，の2つである。ここで問題は，まず外部形態など表現型レベルの進化速度は，系統樹が示す適応放散のよう

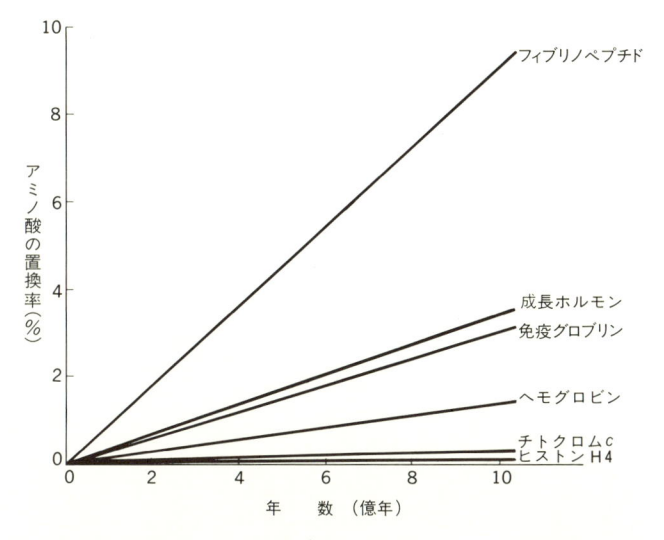

図 13-12　各種タンパク質の進化にともなうアミノ酸置換の速度
チトクロム c やヒストン H4 では，フィブリノペプチドに比べて非常にゆっくり置換されている。

に，系統によって非常に大きな差異がある（図 13-24 参照）のに，なぜ分子レベルのような遺伝子型の進化は系統と関係なく定速なのか，ということである。じつは，分子進化の実測の値にも分散（ばらつき）があり，定速性は平均値のせいである。つぎの問題点は，アミノ酸の置換速度がなぜタンパク質種によって大きな差があるのか，ということである。フィブリノペプチドのように，累積された突然変異が現存の生物まで比較的よく保存されているものがある一方で，ヒストン H4 のように，そのほとんどが保存されていないものがある。その差はどのように説明され得るか。これは"見かけ上"アミノ酸置換速度の低いタンパク質ほど，その生物にとって重要な役割を演じている，との解釈が可能である。したがって，DNA 上のまったく機能的意味をもたない，たとえば偽遺伝子（死んだ遺伝子）の配列は，真の突然変異の累積に近い値を示すだろう。

このように，情報分子における進化速度の一定性を仮定するならば，相同な機能をもつ遺伝子やタンパク質の配列を生物間で比較することによって，分子系統樹を描くことができる。図 13-13 はチトクロム c についての系統樹である。

酵素タンパク質には活性中心と呼ばれる部位がある。酵素タンパク質は長い

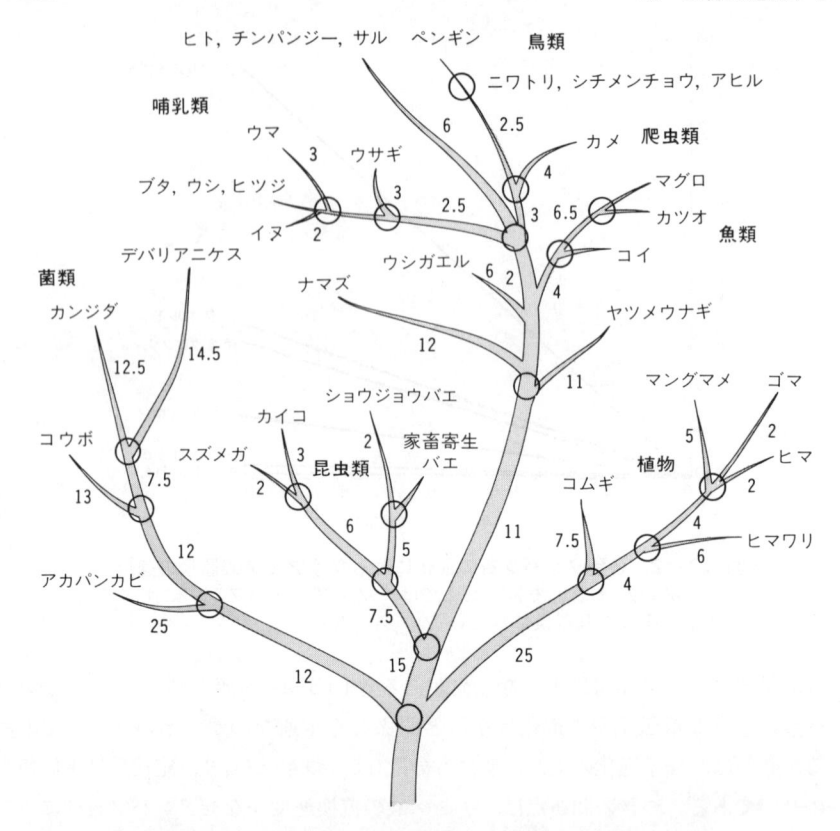

図 13-13 チトクロム c の分子系統樹(A. Lehninger)
数値はその祖先(分岐点)からのアミノ酸の置換率(%)である。

アミノ酸配列からなるにもかかわらず，この活性中心域が酵素作用の中心的な役割を果している。したがって，このような機能的重要度の違いから，当然単一の酵素分子内でも進化速度は部位によって異なるはずである。表 13-3 は，原始発酵系におけるグリセルアルデヒド-3-リン酸デヒドロゲナーゼの活性中心域(図 5-27 参照)のアミノ酸配列を生物種間で比較したものである。細菌類からヒトまで，アミノ酸種がまったく変わっていない座位があることがわかるだろう。

表 13-3　グリセルアルデヒド-3-リン酸デヒドロゲナーゼの活性中心のアミノ酸配列

ヒト	Gly	Lys	Val	Lys	Val	Gly	Val	Asp	Gly	Phe	Gly	Arg	Ile	Gly	Arg	Leu	Val	Thr	Arg	Ala
ブタ			Val	Lys	Val	Gly	Val	Asp		Phe	Gly	Arg	Ile	Gly	Arg	Leu	Val	Thr	Arg	Ala
トリ			Val	Lys	Val	Gly	Asn	Gly	Phe	Gly	Arg	Ile	Gly	Arg	Leu	Val	Thr	Arg	Ala
エビ			Ser	Lys	Ile	Gly	Ile	Asp	Gly	Phe	Gly	Arg	Ile	Gly	Arg	Leu	Val	Leu	Arg	Ala
酵母			Val	Val	Ala	Val	Asn	Gly	Phe	Gly	Arg	Ile	Gly	Arg	Leu	Val	Met	Arg	Ile
細菌[1]	Met	Ile	Thr	Lys	Tyr	Gly	Ile	Asn	Gly	Phe	Gly	Arg	Ile	Gly	Arg	Ile	Val	Phe	Arg	Ala
細菌[2]		Ala	Val	Lys	Val	Gly	Ile	Asn	Gly	Phe	Gly	Arg	Ile	Gly	Arg	Asn	Val	Phe	Arg	Ala
ヒト	Ala	Phe	Asn	Ser	Gly	Lys	Val	Asp	Ile	Val	Ala	Ile	Asn	Asp	Pro	Phe	Ile	Asp	Leu	His
ブタ	Ala	Phe	Asn	Ser	Gly	Lys	Val	Asp	Ile	Val	Ala	Ile	Asn	Asp	Pro	Phe	Ile	Asp	Leu	His
トリ	Ala	Val	Leu	Ser	Gly	Val	Gln	Val	Val	Ala	Ile	Asn	Asp	Pro	Phe	Ile	Asp	Leu	Asn
エビ	Ala	Ser	Cys	Gly	Ala	Gln	Val	Val	Ala	Val			Asn	Asp	Pro	Phe	Ile	Ala	Leu	Glu
酵母	Ala	Leu	Ser	Arg	Pro	Asn	Val	Glu	Val	Ala	Leu	Asn	Asp	Pro	Phe	Ile	Thr	Asn	Asp
細菌	Ala	Gln	Lys	Arg	Ser	Asp	Thr	Glu	Ile	Val	Ala	Ile	Asn	Asp			Leu	Leu	Asp	Ala	Asp
細菌	Ala	Leu	Lys	Asn	Pro	Asp	Ile	Glu	Val	Ala	Ile	Asn	Asp			Leu	Thr	Asn	Ala	Asp
ヒト	Tyr	Met	Val	Tyr	Met	Phe	Gln	Tyr	Asp	Ser	Thr	His								
ブタ	Tyr	Met	Val	Tyr	Met	Phe	Gln	Tyr	Asp	Ser	Thr	His								
トリ	Tyr	Met	Val	Tyr	Met	Phe	Lys	Tyr	Asp	Ser	Thr	His								
エビ	Tyr	Met	Val	Tyr	Met	Tyr	Lys	Tyr	Asp	Ser	Thr	His								
酵母	Tyr	Ala	Ala	Tyr	Met	Phe	Lys	Tyr	Asp	Ser	Thr	His								
細菌	Tyr	Met	Ala	Tyr	Met	Leu	Lys	Tyr	Asp	Ser	Thr	His								
細菌	Gly	Leu	Ala	His	Leu	Leu	Lys	Tyr	Asp	Ser	Val	His								

1) 大腸菌
2) 好熱性細菌の一種

13·5　細胞進化とはなにか

13·5·1　ゲノムの進化

　細胞が生きるのに必要な遺伝子の最少量をゲノムという。これは，生殖細胞(半数体)に含まれるDNA量に相当する。ゲノムの大きさは，図 13-14 に見るように，生物進化とともに増大し，とくに真核界において著しい。

　では，細胞内のDNA量はどのようにして増大していくか。それは，(1) DNA中のある配列，(2)遺伝子，あるいは(3)ゲノムを単位とする配列の重複に因る。(1)の例としては，哺乳類における *Alu* 配列をあげることができる。*Alu* 配列は約300塩基からなる意味不明の配列で，欠陥遺伝子に由来するらしい。ヒトのゲノム中には50万回の重複があるが，進化とともに増幅してきている。(2)の例としては，遺伝子重複がある。表 13-4 は，相同なアミノ酸配列からなるいろいろなタンパク質を例にあげている。たとえば，免疫グロブリン ε (IgE クラス，p.135 参照)は，アミノ酸の相同な全配列が4回重複している。これは過去，遺伝子機能を高めるために，遺伝子重複を起した結果である。(3)の例はゲノム全体が重複する場合で，たとえば現生の大腸菌ゲノムは，その相同配列から見て，過去に少なくとも2回重複を起した，と考えられる。

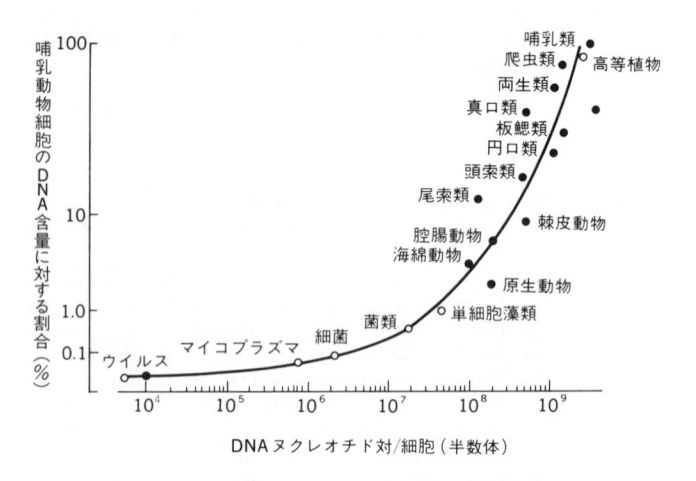

図 13-14 細胞の DNA 含量の進化(中村運)
真核生物界では細胞の DNA 増加が急速に進む。

表 13-4 相同なアミノ酸配列の重複から成るタンパク質(W. Barker)

	全アミノ酸数	1分域内の アミノ酸数	重複の数	重複部の割合
免疫グロブリン ε (C 域)	423	108	4	100
免疫グロブリン γ (C 域)	329	108	3	98
血清アルブミン	584	195	3	100
プロテアーゼ阻害タンパク質 （ダイズ）	71	28	2	72
フェレドキシン (Clostridium pasteurianum)	55	28	2	100
プラスミノーゲン	790	79	5	50

これは，その環状 DNA が複製後に分離しないで，2倍体化したことに因るのだろう。

13・5・2 代謝の進化

40億年前生命が原始の海で誕生したとき，始原細胞は代謝といえるような連係された化学反応系を含んではいなかった。したがって，化学進化の産物を外界から取り入れて生命を維持することと，波の力など物理的な外力による分裂，あるいは融合によって，かろうじて生命と呼びうる属性をもっていたにすぎなかった。

原始大気は酸素を含んでいなかったから，エネルギー生産のための代謝は，

原始発酵系に見るような単純な反応系による ATP 生成機構であったに違いない。それらは 5 反応からなるにすぎないのに，発酵基質であるグリセルアルデヒド-3-リン酸 1 分子から 2 分子の ATP を生産する(図 9-5 原始発酵系参照)。これらは，純然たる ADP へのリン酸転移反応によって ATP を生成するもので，呼吸鎖や光合成明反応におけるような膜系を必要としない。なお，グリセルアルデヒド-3-リン酸は，発酵，呼吸，光合成などあらゆる糖代謝の核をなして活躍する中間産物である。

呼吸代謝は，発酵系と光合成明反応との進化的連結によって生まれた，高い効率をもつ ATP 生産代謝である。呼吸代謝がこのエネルギー生産において高い効率をもつ最大の理由は，最終電子受容体として酸素を用いている点にある。ラン藻や真核植物の生態的発展によってもたらされた酸化的大気の中にあっては，有機や無機のあらゆる物質が自動酸化されることからもわかるように，酸素は電子を奪う力が最も強い元素である。希ガス(ヘリウムなど)，金，銀，白金，および塩素以外のすべての原子が直接酸化を受けるほどに，それははなはだ活性の強い元素である。また，これらの酸化は一般に発エネルギー反応である。生命がこのような酸素の特性を見出してエネルギー生産の効率化に利用したのが，呼吸代謝の起原である，といえる。

呼吸代謝のクエン酸回路は，2 つの有機酸発酵系から成り立っている。一つはグルタミン酸発酵で，ピルビン酸から回路を右回りして α-ケトグルタル酸を経，最終産物のグルタミン酸を生成するものである(図 13-15・a)。いま一つは，ピルビン酸から回路を左回りして最終産物のコハク酸，あるいはさらに

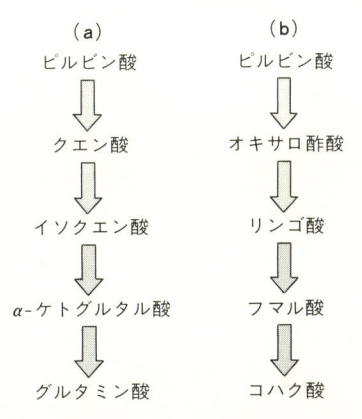

(a)
ピルビン酸
⇓
クエン酸
⇓
イソクエン酸
⇓
α-ケトグルタル酸
⇓
グルタミン酸

(b)
ピルビン酸
⇓
オキサロ酢酸
⇓
リンゴ酸
⇓
フマル酸
⇓
コハク酸

図 13-15 クエン酸回路は 2 つの発酵系から構成されている
(a) グルタミン酸発酵系，(b) コハク酸発酵系。

進んでプロピオン酸に達する(同図 b)，それぞれコハク酸発酵およびプロピオン酸発酵である。したがって，クエン酸回路は両発酵代謝の合体によって完成したものである，といえる。後者の反応系の方向が，発酵系とクエン酸回路で逆転するが，これはフランスの化学者 H. ル・シャトゥリエによって確立された(1908年)化学反応の平衡移動の法則から十分理解できる。上に述べたクエン酸回路の進化的成立を裏付けるものとしては，いろいろの原核生物種がもつ"不完全なクエン酸回路"(図 13-16)がある。その不完全さは，クエン酸回路の α-ケトグルタル酸とスクシニル CoA をつなぐ反応を触媒する酵素 α-ケトグルタル酸デヒドロゲナーゼをもっていないことにある〔図 9-11 反応(4)参照〕。

呼吸代謝の呼吸鎖が光合成の明反応由来であること(図 13-17)，また暗反応のカルビン-ベンソン回路が一般代謝である(酸化的)ペントースリン酸回路の逆回転，還元的ペントースリン酸回路であることについては，すでに論述した。さらに，ある種の光合成細菌では，一般呼吸代謝のクエン酸回路，すなわち(酸化的)カルボン酸回路の逆回転，還元的カルボン酸回路であることもすでに概説した(図 10-14 参照)。このように，細胞内に形成された代謝反応(系)を縦横に編成替えしながら，より経済性の高い生命につくり変えてきたのが進

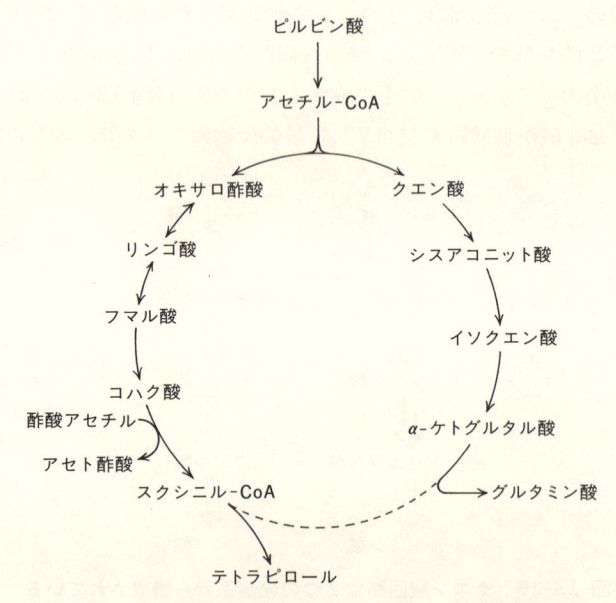

図 13-16　いろいろの原核生物種に見られる分断クエン酸回路(A. Smith *et al.*)

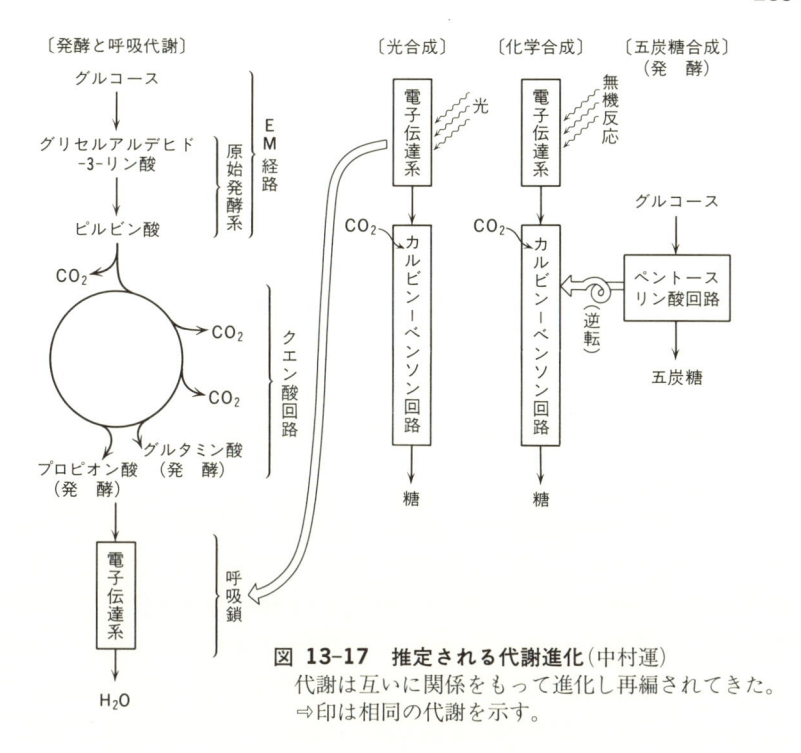

図 13-17 推定される代謝進化(中村運)
代謝は互いに関係をもって進化し再編されてきた。
⇒印は相同の代謝を示す。

化である。事実，ゲノム中の遺伝子の再編成は，進化的に見るとかなり頻繁に起きており，生命の起原以来，ゲノムの遺伝子構成はつねに動態にあったことが示唆される。

13・5・3 細胞小器官の分化

　生物進化はDNA上に累積された突然変異によって起動するから，遺伝子によって決定されているあらゆる形質は，時とともに変化していくことになる。それにより表現される変化は，分子レベル，細胞レベル，および生物個体レベルと，あらゆる面に及ぶ。また，細胞のDNA量は進化とともに増大しているから，それに基づく形質の多様化も起きているはずである。電子顕微鏡下で観察すると，細胞形質の多様化は小器官の発達にも表現されている。とくに，膜系の進化は顕著である。

　いま，最も原始的な体制をもつマイコプラズマ細胞を見ると，それは膜系として細胞膜，そして非膜系としてリボソームだけが有形体であり，細胞質は基質で埋められている。マイコプラズマはまた，DNA量においても生物界の最

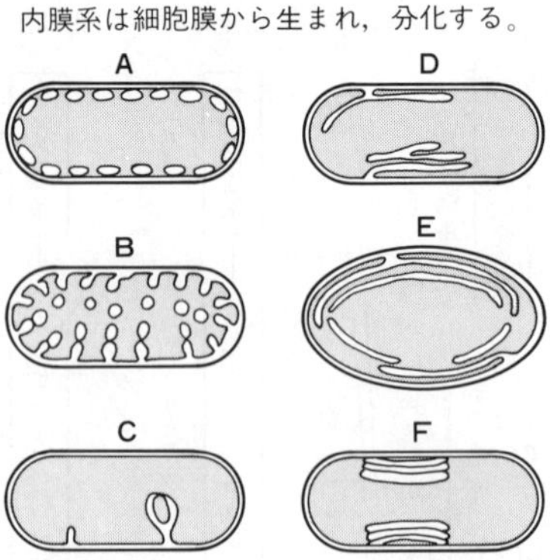

内膜系は細胞膜から生まれ，分化する．

図 13-18　光合成細菌の菌種によるクロマトホアの分化（J. Oelz ら，抜粋）

低レベルにある．

　さらに進化した原核生物界に入ると，DNA 量はマイコプラズマの 3 倍量に達し，細胞は大型化し，細胞壁も発達して，代謝系はいっそう複雑になる．ここで重要なことは，生物界を通して基礎代謝は原核時代に完成した，という事実である．全体として見ると，原核生物の代謝系は真核生物に比して，より複雑である．これは，前者の進化史(約 40 億年)が後者(約 15 億年)に比して長く，したがってより多様な適応を経てきているからである．

　図 13-18 は光合成細菌における光合成膜の分化を示し，また図 13-19 は，高度に進化している 2 種の光合成細菌のクロマトホア分化の電子顕微鏡像である．原核生物中もっとも進化した体制をもつのはラン藻である．とくに糸状ラン藻では，一般の細菌類に比して細胞が大きく，また DNA 含量も数倍に及ぶ．図 13-20 は，ラン藻のチラコイド分化の電子顕微鏡像である．ラン藻では，光合成明反応はチラコイド膜に局在し，暗反応は細胞質にある．またこのチラコイド膜は，明反応のみならず，呼吸代謝の呼吸鎖も分布していることが強く示唆されている．そして，ラン藻の光合成代謝や呼吸代謝は，基本的にはそのまま真核細胞に引き継がれていることは重要である．

　真核細胞に進化すると，細胞はいっそう大型(原核細胞のほぼ 10 倍)になり，膜系の分化も複雑になる．一般には，葉緑体とミトコンドリアは 2 重膜に包まれ，小胞体，ゴルジ体，リソソーム，ペルオキシソーム，エンドソームなどは単膜に包まれる．膜系，非膜系を問わず，小器官はそれぞれ特異な代謝を内蔵する．このことから，小器官の発生，進化は，いつに細胞代謝の"分画化"にあった，といえる．それはまた，代謝の"高速性"を保証する構造でもある．

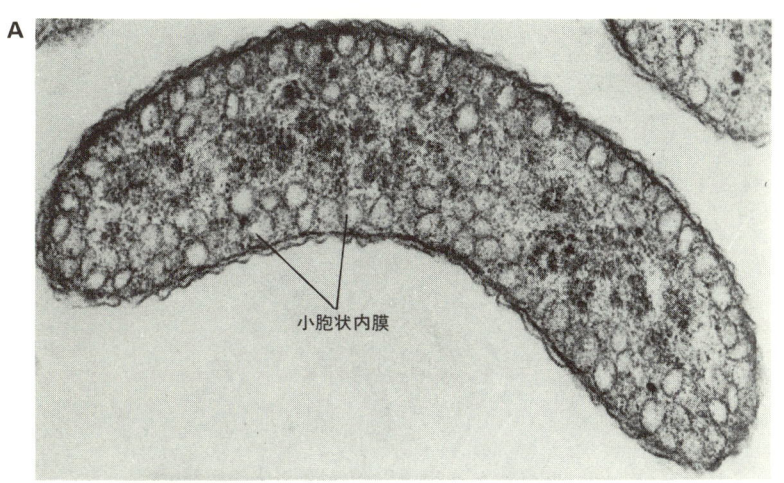

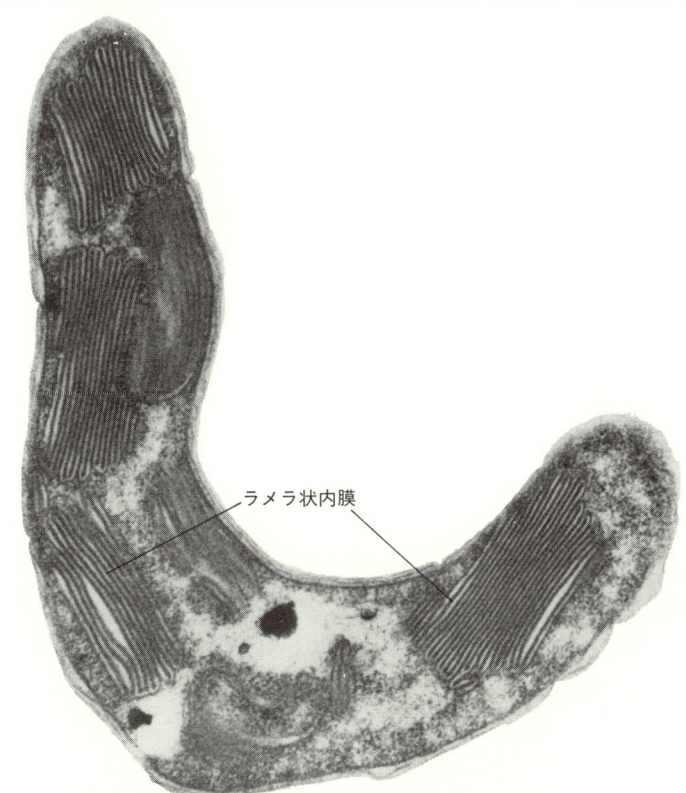

図 13-19 光合成細菌におけるクロマトホアの電子顕微鏡像
例：(A) *Rhodospirillum rubrum*（中村運，横山英一）
(B) *Ectothiorhodospira mobilis*（C. C. Remsen *et al.*）

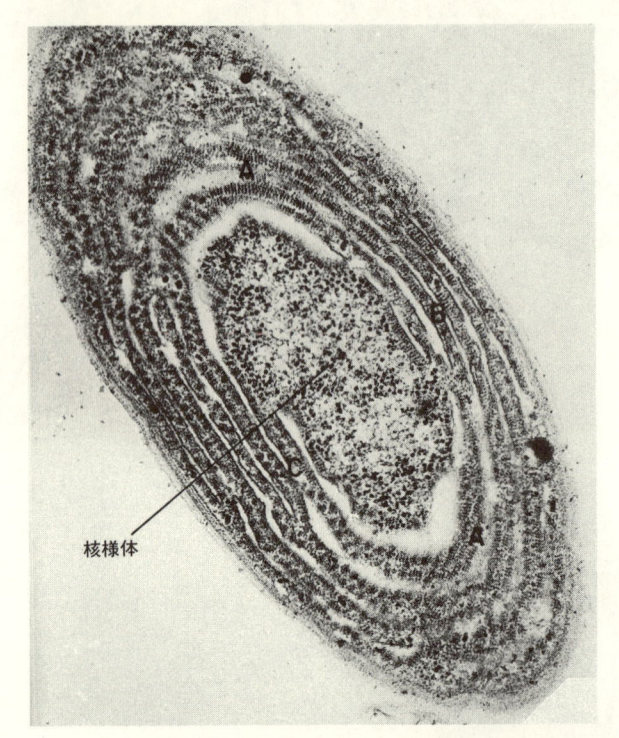

図 13-20　ラン藻の電子顕微鏡像（T. Jensen）
例：*Synechococcus lividus*

（核様体）

13・5・4　真核細胞の起原

原核細胞から真核細胞への進化にともなって，細胞体制はどのように分化してきたか。そのしくみについては現在(1)内部共生説と(2)膜進化説がある。つぎにこれらを説明する。

A．内部共生説

アメリカの微生物学者 L. マーギュリスが1970年，19世紀から提出されていた共生説に自説を加えて，図13-21のようにまとめたものである。まずマイコプラズマから発展した嫌気性細菌があって，これに好気性(真正)細菌が侵入，共生してミトコンドリアとなった。ついで，らせん細菌のスピロヘータがこれに侵入，共生してべん毛と化し，さらにラン藻が侵入，共生して葉緑体となった。つまり嫌気性細菌をベースにして，これに呼吸，光合成，そして運動の機能をもつ細菌類が合一した，いわばモザイク細胞が真核細胞であるとす

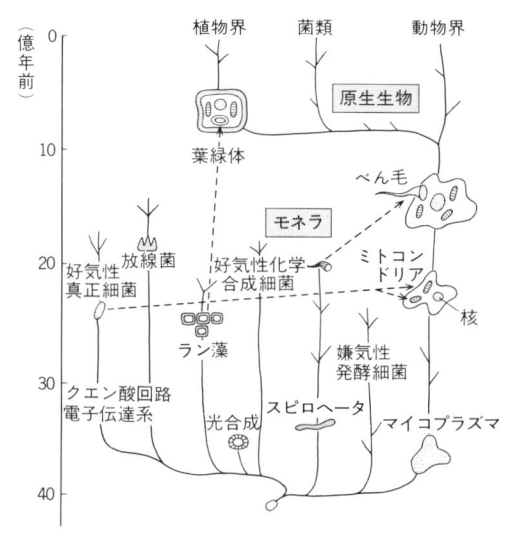

図 13-21 真核細胞の起原—内部共生説—(L. Margulis)
ミトコンドリアは好気性細菌, 葉緑体はラン藻, そして
べん毛はらせん細菌が共生, 変形したものとする。

る。しかし, ポイントともいうべき真核の起原については, なにも触れていない。内部共生説は根拠として, (i)顕微鏡下でミトコンドリアが細菌様に観察され, 好気性細菌が呼吸代謝を含むこと, (ii)葉緑体が顕微鏡下でラン藻様に見え, 酸素発生型光合成代謝を含むこと, (iii)べん毛がらせん細菌様に見えること, さらに(iv)自然界には共生現象が多く見られること, などをあげている。

B. 膜進化説

この説は 1975 年, 筆者がマーギュリス説に反対して提唱したもので, 図 13-22 に概説してある。すなわち, 真核細胞に含まれる核, ミトコンドリア, および葉緑体の各小器官は, 外部から侵入した共生物ではなくて, 細胞膜系の発達による代謝の分画化の結果である, とする。その祖先原核生物は, 進化したラン藻, あるいは同系統(たとえば *Chlorogloea fritschii*)で, 通常の原核 DNA と同様に細胞膜に結合した形で, 複製し, 安定していた。これが, DNA 鎖の分断によって遺伝的分化が起り, それぞれが膜に包まれた。そのとき生じた DNA 断片のうち, ある呼吸系遺伝子を含んだものがミトコンドリアを, またある光合成系遺伝子を含んだものが葉緑体をつくった。そして, 残りの大部分の DNA を包んだものは核を形成した。かくして真核植物細胞が完成

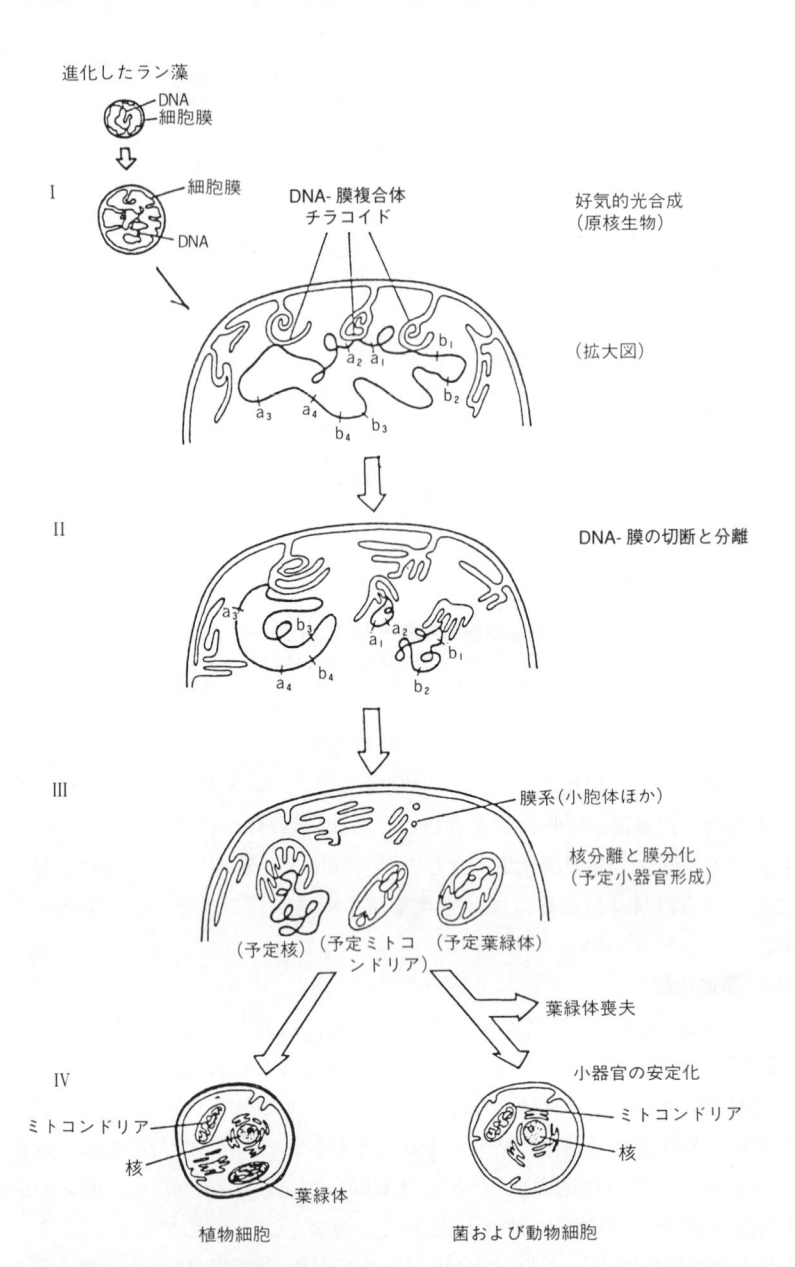

図 13-22 真核細胞の起原—膜進化説—(中村運)
真核細胞の祖先はラン藻であったとする。それは，酸素呼吸代謝と酸素発生型光合成代謝の両(真核型)代謝をすでにもっているからである。ラン藻のDNAは膜分化にともなって，ミトコンドリア，葉緑体，および核に分配された。a_1〜a_4は呼吸系遺伝子，b_1〜b_4は光合成系遺伝子。

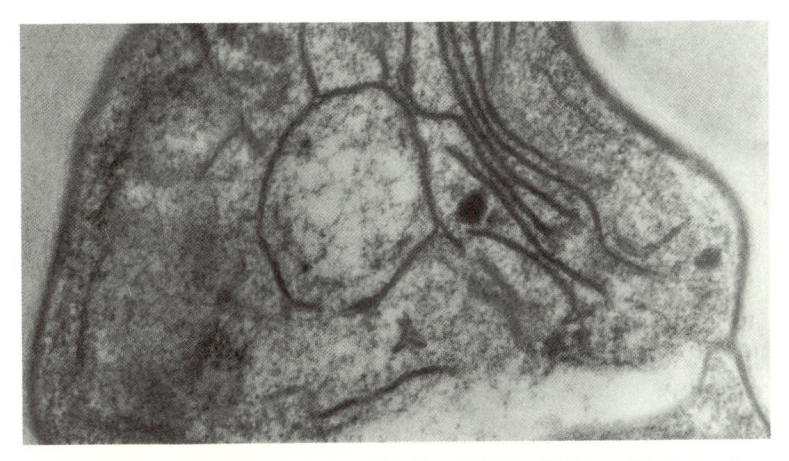

図 13-23　ラン藻細胞における膜分化―真核化の過程か―（T. Jensen）
Oscillatoria sp. の細胞切片。チラコイド膜が核様体を包みつつある。

したが，葉緑体の喪失したものは菌類や動物細胞へと進化した。

　膜進化説は，つぎの諸点を根拠とする。(i)高度に進化したある種の原核光合成生物は，すでに完成した酸素発生型光合成とともに酸素呼吸代謝をもっている。好気性光合成細菌の紅色無硫黄細菌は，すでに明反応と呼吸鎖の間で電子伝達系ユビキノン(Q)→チトクロム b(b)→チトクロム c(c) (図 10-8 参照)を共用している。(ii)真核植物細胞の代謝は，ミトコンドリア，および葉緑体の小器官間では緊密な遺伝情報の交換の上に活動している。それは，共生的モザイク論のいうような，べん毛を加えた遺伝的 4 倍体ではない。(iii)アメリカの細胞学者 T. ジェンセンは，1994 年以降，ラン藻細胞における真核形成の電子顕微鏡像をいろいろの種について示している(図 13-23)。(iv)葉緑体には，光合成の明・暗反応のほかにアミノ酸合成系や脂肪酸合成系など多様な代謝を含んでおり，アルバートら(前出)は「これらの代謝の役割は光合成を超えている」，とさえ述べている。

13・6　生物界の進化

13・6・1　始原生物はいつ生まれたか

　地球生命が誕生して 40 億年を経る。太陽系に地球が創成してから古生代カンブリア紀が始まるまでの長い 34 億年間は先カンブリア時代と呼ばれる。そこで，この先カンブリア時代の生物史を概観してみよう。まず，10 億年前のオーストラリア，ビッター・スプリング地層から最古の多細胞生物化石が見つ

かっている。そして，15億年前のアメリカ，ベック・スプリング地層からは大型の単細胞生物化石が発見され，これが最古の真核細胞であろうと推定されている。グリーンランド，イスア地方には現地球上では最も古い38億年前の岩石が露出しており，そこで細菌様化石が見つかっている。これには異論も出ているが，もしこれが最古の生物化石であるならば，生命の起原は40億年前にさかのぼるだろう。これは，地球誕生後6億年のことである。

図13-24は，全生物界の系統樹である。これを，大きく系統の流れとして見たのが，アメリカの生態学者 E. ホイッタカーによって提唱された図13-25である。彼は，生物進化はつねに"食"を求めての発展であったとする基本理念の上に，現生の生物界を5つの大きな系統に分けた(5界説という)。これによると，最も原始の時代に生きたモネラ界(原核生物界)につづいて真核化した原生生物界(黄藻類と原生動物のみ)を置いている。この原生生物界は，いわば多細胞化の前段階であり，ここから大きく植物界，(真)菌界，および動物界へと系統進化した。興味あるのは，原生生物界の中のべん毛虫類のユーグレナ，ボルボックス，あるいはクラミドモナスのように，動物分類表にも植物分類表にも顔を出している生物群である。それらは，動物的な運動器官であるべん毛をもち，同時に植物的に光合成も行うことができる。

13・6・2　植物界の進化

植物の多細胞化は，光合成能をもつ単細胞生物の集合による群体形成から始まった。先の図2-2にあげたボルボックスは群体をつくって生活しているが，すでに細胞間に原形質連絡をつくり，さらに生殖細胞と体細胞の分化が起きている。

地球生物は，その誕生後36億年という長い生命史が海での生活であった。しかし，ある系統はすでに上陸に向けての進化をしている。水生のシャジクモ類(13-26・A)は仮根をもち，陸上のスギナに体制が似ているが，空中で直立はできない。陸上に移り住んだ植物は茎，根，葉がよく分化している(茎葉植物という)が，それ以前の段階の水生植物はその分化程度が低い(葉状植物という)。

植物界で最初に上陸したのはコケ類である，と考えられている。しかし，ヨーロッパのシルリア紀(4.4～4.1億年前)地層からは古生マツバラン(同図B)など原始的なシダ植物化石が多数発見されているので，この時代にはさかんに植物界の陸上進出が起きたのであろう。とはいえ，低地の湿地帯にはコケ類

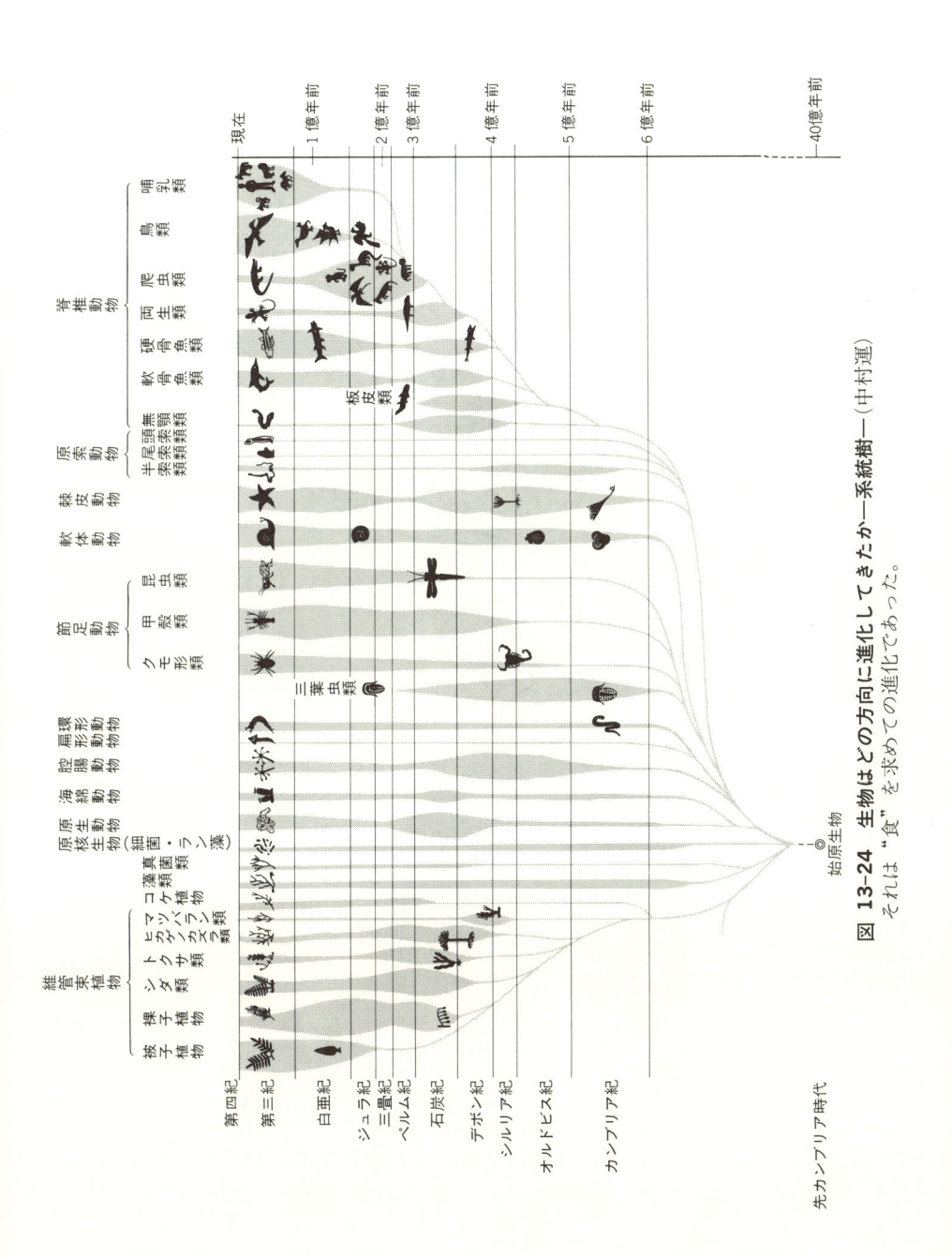

図 13-24 生物はどの方向に進化してきたか—系統樹—(中村運)
それは"貪"を求めての進化であった。

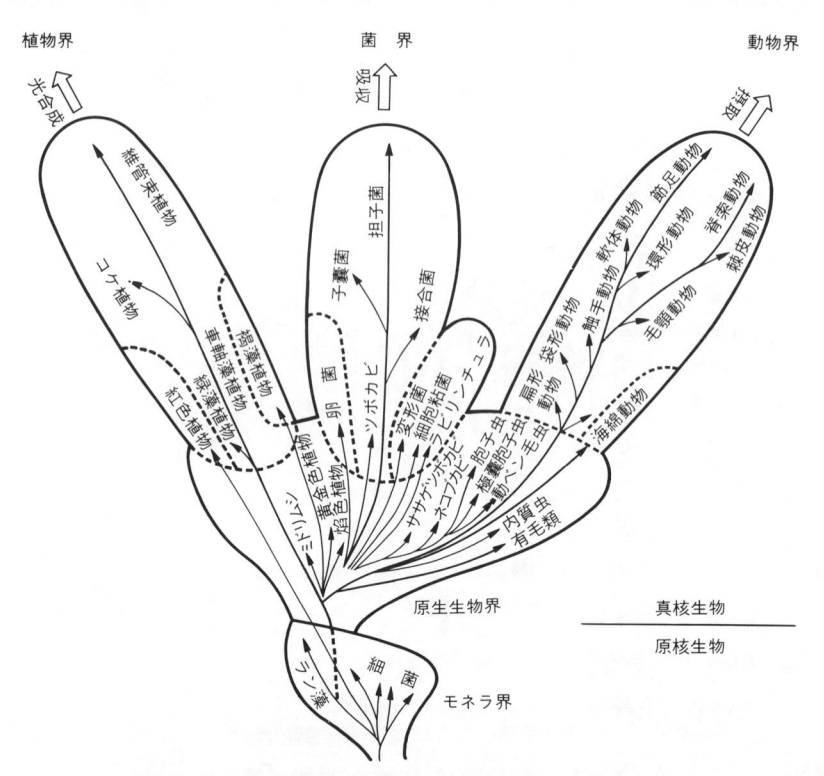

図 13-25　生物界進化の方向性(E. Whittaker)
　　進化の方向は栄養法(光合成，吸収，摂取)に基づいている。

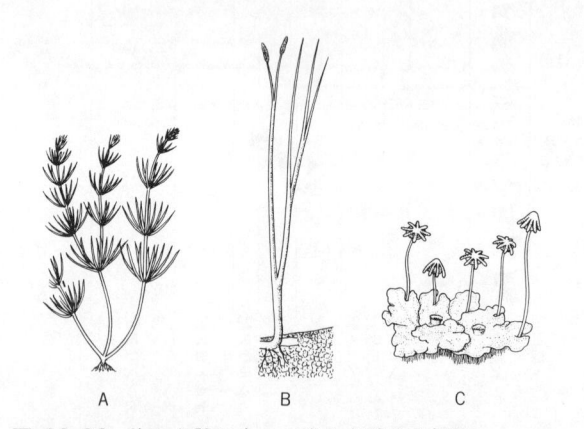

図 13-26　海から陸に向って進化を試みた植物
　　A：シャジクモ(現生種)，B：古生マツバラン(化石種)，
　　C：ジンガサゴケ(現生種)。

(同図 C)がすでに繁茂していたことも，その生殖や生活の様式から十分推定される。デボン紀(4.1〜3.6億年前)から石炭紀(3.6〜2.8億年前)を経てペルム紀(2.8〜2.3億年前)の初めまでは，シダ植物に代表される時代である。ここでは維管束を含めた中心柱が発達し，生殖機構も進化して，胞子による繁殖から種子による繁殖へと進んだ。そして，種子植物としての体制ができあがった。種子植物では，まず胚珠が裸出した裸子植物が現れ，のちに胚珠が心皮に包まれた被子植物へと発展した。現代は被子植物の全盛時代である。

13·6·3　菌界の進化

行動力もなく，光合成能もない菌類は，植物あるいは動物の死体，または排泄物から栄養を吸収したり(腐生という)，あるいは生きた植物や動物の体内・体表に生息して，栄養を吸収する(寄生という)。

体制的に見ると，菌類は組織分化がまったくなく，あるいはほとんど進んでいないが，生殖器官の分化は異常といってよいほどに発達し有性生殖も無性生殖も行う生活環をもっている。その生存力は抜群で，この地球上の全生物が滅亡し最後の有機物の一片となるまで，菌類は生き続けるだろうといわれている。

13·6·4　動物界の進化

動物が行う摂取という栄養法は，たいていの場合，食物を探し求めるための行動によるものである。それをより効率的にするために，感覚器官—神経系—動力源を含む組織・器官，器官系が発達し，取り入れた食物を消化し，その栄養素を循環系を通して全身の細胞に分配する。一方，代謝の老廃物を排泄するための循環系—排出器官も進化した。さらに，大きな動物では外呼吸器官を発達させて，栄養素の酸化分解に必要な酸素を外界から取り入れ，その最終産物としての二酸化炭素を外界に放出する。動物における多彩な形態，俊敏な行動の現出は，植物とは進化方向を大きく分ける結果となった。

原生動物において，動物としての体制が最も進化しているものは繊毛虫類である。たとえばゾウリムシは，図 13-27 に見るように，食物摂取，消化，排泄のための小器官，さらには刺激受容—伝達—運動のための神経運動装置を備えている。

原生動物が単細胞，あるいは単細胞性であるのに対して，多細胞のものは後生動物と呼ばれる。後生動物のうち最も原始的なものは海綿動物である。一

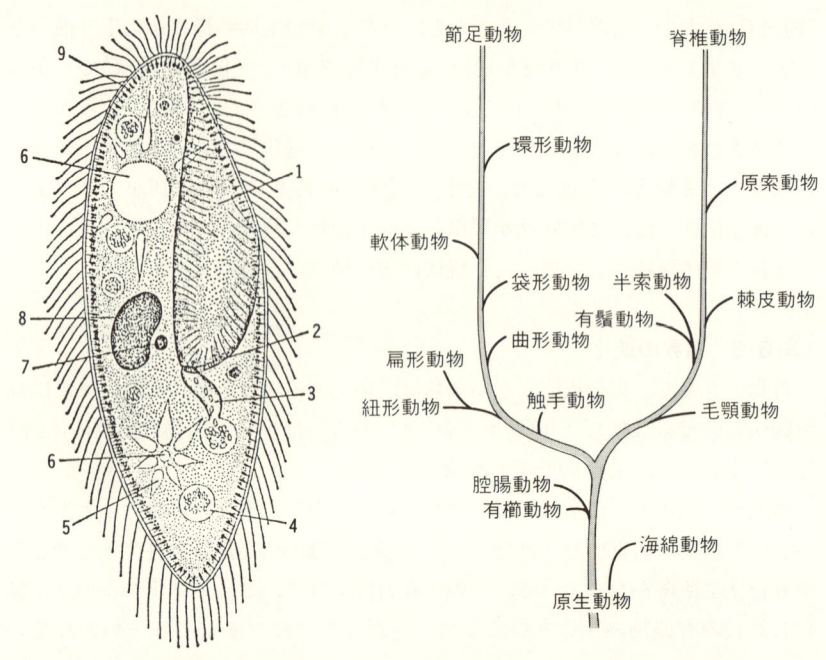

図 13-27 ゾウリムシ細胞の小器官のいろいろ
1：口溝，2：細胞口，3：細胞咽頭，4：食胞，5：放射管，6：収縮胞，7：小核，8：大核，9：毛胞．

図 13-28 後生動物界の系統進化

方，腔腸動物は相当に進化しており，この祖先種を経た動物界は，図 13-28 に見るように大きく 2 つの方向に系統分岐していく．一つは無脊椎動物界で，全動物種のうち 90% を占める．いま一つは脊椎動物界を形成していくもので，全動物種の 10% をなす．最近の研究によると，動物界にはこれら 2 界に共通する形態形成遺伝子群，すなわちホメオボックス (homeobox，略して Hox 遺伝子群) があり，これは体節ごとの体制を支配している．しかも，その原型は腔腸動物にすでに含まれるところから，動物の体制進化の原点は，系統発生のかなり初期に決定されていたようである．

植物界が 4 億年ほど前に上陸したことについては，すでに述べた．動物界はそれより 1 億年後れて上陸した．その最初のものは両生類で，サンショウウオやカエルに代表される水陸両用の動物群である．古生代の淡水域に生息していた，シーラカンスに代表される総鰭類や肺魚類のあるものは，すでに陸上進出

図 13-29　上陸を試みた魚たち
A：シーラカンス（総鰭類），B：ハイギョ（肺魚類）。

に適した体制をもっている（図 13-29）。化石記録からデボン紀の後期から石炭紀にかけて，とされている。したがって，両生類は水生から陸生への移行途中にある，といえる。

　海生動物は上陸に当たりどのような適応を強いられたか。それは，つぎのような事々が考えられる。まず(1)体の乾燥からの防御である。皮膚の表面に粘液を分泌するなどした。(2)空気呼吸のために，内呼吸から外呼吸へと進化させた。大気酸素濃度（21%）は水中（約1%）に比して著しく高いので，呼吸代謝は大いに促進されたであろうが，反面酸素毒から身を守るしくみも必要であっただろう。(3)支持骨格の発達が要求された。空気中では，水中のように浮力が大きくなく，重力に抗して体を支える強い支持体が必要である。(4)温度の急変に対する適応が強いられた。陸上動物でも，両生類と爬虫類は変温（冷血）性であるのに対して，鳥類と哺乳類は定温（温血）性である。(5)生殖法が陸生型に進化した。すなわち，乾燥に耐える卵を生む必要があった。

13·7　生物種の大量絶滅

　ダーウィンによると，進化とは「生物が無限に発展し続けるさま」である。しかし彼以後の古生物学は，生物界はそのような単純な経過の一途をたどったということはなく，きわめて厳しい栄枯の歴史をたどったことを示している。図 13-30 は，アンモナイト〔軟体動物，頭足綱，アンモナイト亜綱（菊石類）で全化石動物〕種の，地質年代にわたる盛衰の様子を示している。アンモナイトは古生代デボン紀に出現し，大いに系統分岐したが，デボン紀末には大量の種が

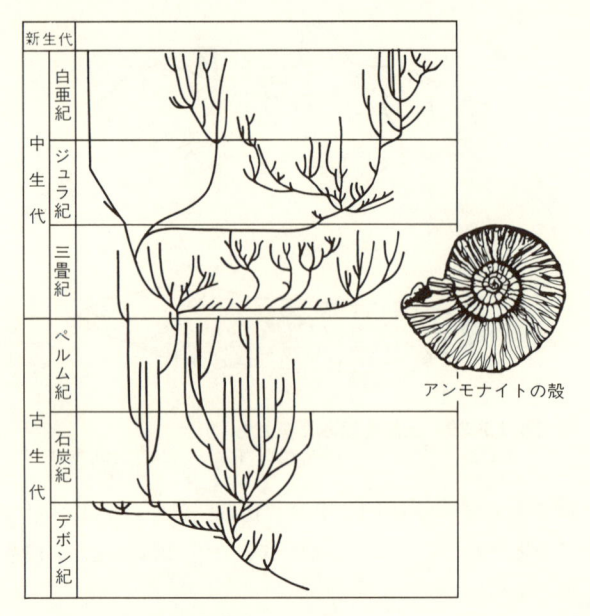

図 13-30 アンモナイトの栄枯盛衰
　これは，各亜目の系統分化の推定図である．アンモナイトの化石は今日150属，1万種以上が同定されており，古生物学的によく追求されている例である．

絶滅に見舞われている．そこで生き延びた少数の種は，石炭紀からペルム紀にかけて盛衰を繰返すが，ペルム紀末にはほとんどすべてが消える．このような消長は中生代に入っても続くが，白亜紀（1.4億年～6400万年前）末には，すべての種が滅亡する．アンモナイトはカルシウム殻が化石化しやすく，今日までに1500属，1万以上の種が同定されている．白亜紀末には，アンモナイト類のみならず，恐竜のような大型の爬虫類など多くの生物系統が絶滅した．
　では，生物界にはなぜ大量絶滅が繰返し起きたか．それは，地殻変動や火山活動という地球的な環境激変と，氷河の襲来とそれにともなう海面の著しい低下（海岸域に生息する運動力の乏しい無脊椎動物が大きな被害を受ける），地球と隕石との衝突（土砂が空高く舞い上がり太陽光をさえぎることにより気温の低下と植物光合成の激減が起る）などの宇宙的条件の変化に因ると推理されている．
　さてここで，強く留意してもらいたいことは，新生代第四紀完新世，つまり現代において生物種が大量に絶滅しつつある，という事実である．しかもその

原因は，人類による自然破壊である。人口の激増という引き金によって自然を荒廃させる悪循環が回転しつつあるのである。

13·8 人類の進化

　ヒト(homo)は霊長類に属し，類人猿とともにヒト科を構成する。系統的に最も近いチンパンジーとは，DNA 塩基配列の 98% を共有し，身体構造においてもチンパンジーはサル類よりもわれわれに近い。サル類は出現から今日まで森林の樹上を主な住処とするが，400 万年前アフリカの大地溝帯の熱帯多雨林で安住していたサル類の中から草原に居を移すものが現れ，これがヒトの祖先となった。ヒトの最古の化石は，大地溝帯に属する主としてエチオピア南部で多数発見され，アウストラロピテクス(*Australopithecus*，猿人類)と学名が付せられている。かれらはまだ石器を用いないで，サル類と同じように狩猟と採集によって生活していたようである。

　アウストラロピテクスはついで，ホモ・ハビリス(*Homo habilis*，ハビリス猿人；ハビリスは"手先の器用な"の意)に進化したが，ここで2足歩行を行い，自由になった両手で礫石器づくりを始めた。これは，石と石とをぶっつけて割る程度の原始的な石器であるが，ここから旧石器時代に入れられる。さらに進化したホモ・エレクトゥス(*Homo erectus*，原人類；エレクトゥスは"直立する"の意)の時代に入ると，アフリカからヨーロッパ，アジアに進出した。ジャワ原人や北京原人がこれに属する。160 万年前から 20 万年前まで続いたが，絶滅したとされる。頭蓋，すなわち脳の容量は現代人よりやや小さい(図13-31)が，掘斧など進歩した石器を作製した。これは刃先が鋭く，肉を切ったり根を掘ったりするときに用いた。また火をよく用い，住居づくりにも優れていた。また原人たちは，木製の槍を用いて大型の動物も狩っていた。

　ドイツのネアンデルタール渓谷の石灰岩洞窟から旧人類に属するネアンデルタール人(*Homo sapiens neanderthalensis*)の化石骨が発見された。20 万年〜4 万年前の中期旧石器時代に当地一円に分布していた。しかしかれらは，現生人類への系統の支流に分類されている。頭蓋容量は図にあるように，現生人類とほぼ同じで，死者を埋葬する際に花束を捧げていたことが，花粉分析から明らかにされている。かれらは，切れ味の鋭い剝片石器をつくっている。

　最古の新人類(*Homo sapiens sapiens*，化石現生人類；ネアンデルタール人は含まれない)としては，フランスのクロマニョン遺跡で発見された化石人骨のクロマニョン人が有名である。ヨーロッパ各地で発掘され，約4万年〜1万

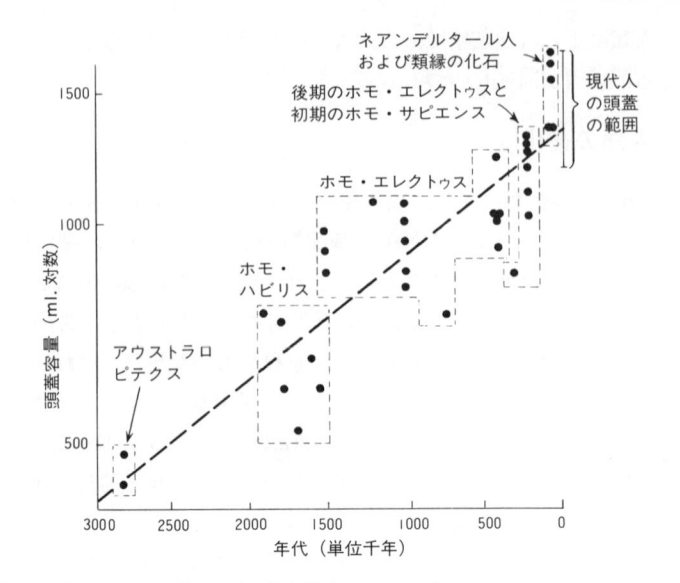

図 13-31　ヒトの進化と頭蓋容量(J. Cherfas)
　ホモ・サピエンスは分類学上の現生人種。頭蓋容量は脳容量に匹敵する。

年前に生存していた。新石器文化を生み，牧畜や農耕を始めている。もちろん，狩のための石器は優れていて，火を使い，言語で情報交換していたようである。洞窟の壁面に絵を描き，彫刻などを行っている。死者の埋葬には豪華な装飾品を添えている。

　ホモ・サピエンス（"智のあるヒト"の意，現生人類）は，アフリカに約10万年前に起原し，ほどなくしてユーラシア大陸に渡っている。そして3万年前以降には，南極を除く地球の全大陸に分布を広げた。アメリカ大陸への進出は，寒期で海面が低下したベーリング海を歩いて渡ったとされており，それは1万2000年前までであったと推定されている。現在のインディアンの祖先である。オーストラリアには，4万年前にはすでに人々が住んでいた。アジアからカヌーや筏で渡った。現在のアボリジニの祖先である。

　地球は1万年前から温暖化し，北方の氷床が融けて海面が130mも上昇した。この恵まれた風土の中で新人類は，大いなる文明を築きあげ現在に至っている。

参 考 書

　本書を完成するに当たっては，多数の文献のお世話になった。なかでも，次にあげる諸書は直接引用あるいは参考にした。ここに各著者ならびに出版社に対して深謝の意を表わしたい。

まず参考にした拙著をあげる。

中村運(1975)　　*Viva Origino* **4**, 43.
中村運(1975)　　細胞 **7**, 238 ; **7**, 283.
中村運(1978)　　科学 **48**, 500.
中村運(1982)　　現代進化論の展開(岩波科学編集部編, p.109, 岩波書店).
中村運(1987)　　蛋白質核酸酵素 **32**, 1019.
中村運(1989)　　遺伝 **43**, 5 ; **43**, 7 ; **43**, 50.

中村運(1982)　　細胞の起原と進化. 培風館.
中村運(編著)(1982)　　生体機構の進化. 講談社.
中村運(1983)　　微生物からみた生物進化学. 培風館.
中村運(1984)　　一般教養　生物学の基礎. 培風館.
中村運(1984)　　入門・生命科学. 化学同人.
中村運(1987)　　生命とはなんだろう. 岩波書店.
中村運(1988)　　基礎生物学—分子と細胞レベルから見た生命像—. 培風館.
中村運(1980)　　生命進化 7 つのなぞ. 岩波書店.
中村運(1987)　　生きている太平洋(汎太平洋フォーラム編). 神戸新聞総合出版センター.
中村運(1989)　　宇宙と生命のタイムスケール(原田馨他著). 大日本図書.
中村運(訳)(1990)　　遺伝子からみた 40 億年の生命進化(W. F. ルーミス著). 紀伊國屋書店.
中村運(1992)　　水の生物学. 培風館.
中村運(1994)　　生命進化 40 億年の風景. 化学同人.

中村運(1995)　生命にとって水とは何か．講談社．
中村運(1996)　生命科学．化学同人．
中村運(1996)　分子細胞学．培風館．
中村運(訳)(1998)　DNAだけで生命は解けない～「場」の生命論～(B. グッドウィン著)．シュプリンガー・フェアラーク東京．
中村運(1999)　基礎課程　生物学．培風館．

本書の参考書・引用文献は，下記のものを除いて拙著，とくに「基礎生物学―分子と細胞レベルから見た生命像―」(改訂版)，「分子細胞学」および「生命科学」(化学同人版)においてすでに利用したものである．

岩槻邦男・馬渡峻輔(編)(1996)　生物の種多様性．裳華房．
篠原昭・田中一行・白井汪芳(編)(1986)　バイオテクノロジー入門．培風館．
木村資生(編)(1984)　分子進化学入門．培風館．
斎藤日向・賀田恒夫・村松正実(編)(1986)　新しい分子遺伝学．南江堂．
清水信義・中込弥男(編)(1998)　ヒト染色体．共立出版．
菱田豊彦(1998)　放射線生物学．丸善プラネット．
丸山晃・丸山雪江(1997)　原生生物の世界．内田老鶴圃．
山岸高旺(編)(1999)　淡水藻類．内田老鶴圃．
山田康之(編)(1997)　植物分子生物学．朝倉書店．

Alberts, B. et al. (1994)　*Molecular Biology of the Cell* (3rd ed.). Garland Publishing, New York.
Ambrose, E. J. (1982)　*The Nature and Origin of the Biological World*. Ellis Horwood, Chichesters.
Auerbach, C. (1976)　*Mutation Research*. Chapman and Hall, London.
Baltsheffsky, H. et al. (1986)　*Molecular Evolution of Life*. Cambridge University Press, Cambridge.
Boffey, S. A. and Lloyd, D. (1988)　*The Division and Segregation of Organelles*. Cambridge University Press, Cambridge.
Berns, M. W. (1981)　細胞の生物学(田沢仁他訳)．培風館．
Cherfas, J. (ed.) (1984)　生物の進化　最近の話題(松永俊男他訳)．培風館．
Cowen, R. (1980)　生命の歴史―進化のドラマ33億年―(浜田隆士訳)．サイエンス社．
Carroll, M. (1989)　*Organelles*. Macmillan, Hampshire.

Collins, A. et al. (eds.) (1984)　*DNA Repair and Its Inhibition*. TRL Press, Oxford.
Darnell, J. et al. (1990)　*Molecular Cell Biology* (2nd ed.). Scientific American Books, New York.
Cook-Deegan, R. (1996)　ジーンウォーズ(石館宇夫・石館康夫訳). 化学同人.
Diamond, R. et al. (eds.) (1993)　*Molecular Structures in Biology*. Oxford University Press, Oxford.
DeWitt, W. (1977)　*Biology of the Cell—An Evolutionary Approach—*. W. B. Saunders, Philadelphia.
Dyer, B. D. and Obar, R. (1985)　*The Origin of Eukaryotic Cells*. Van Nostrand Reinhold, New York.
Emes, M. (ed.) (1991)　*Compartmentation of Plant Metabolism in Non-photosynthetic Tissues*. Cambridge University Press, Cambridge.
Ernster, L. (ed.) (1984)　*Bioenergetics*. Elsevier North-Holland, New York.
Gamlin, L. and Vines, G. (eds.) (1987)　*The Evolution of Life*. Oxford University Press, New York.
Jensen, T. (1994)　In *Evolutionary Pathways and Enigmatic Algae* (Seckbach, J. ed.). Kluwer Academic Publishers, Netherlands.
Lehninger, A. L. (1982)　*Principles of Biochemistry*. Worth Publishers.
Maddy, A. H. and Harris, J. A. (eds.) (1994)　*Subcellular Biochemistry. vol. 22, Membrane Biogenesis*. Plenum Press, New York.
Margulis, L. (1970)　*Origin of Eukaryotic Cell*. Yale University Press, New Haven.
Margulis, L. and Olendzenski, L. (eds.) (1992)　*Environmental Evolution*. MIT Press, Cambridge.
Margulis, L. and Sagan, D. (1998)　生命とはなにか(池田信夫訳). せりか書房.
Miller, S. L. and Orgel, L. E. (1974)　*Origin of Life on the Earth*. Prentice-Hall, Englewood Cliffs, N. J.
Nakamura, H. (1992)　Cellular evolution leading to generation of eukaryotic cell. In *Origin and Evolution of the Cell* (Hartman, H. and Matsuno, K. eds.). World Scientific, Singapor.
Nakamura, H. (1994)　Origin of eukaryota from cyanobacterium: membrane evolution theory. In *Evolutional Pathways and Enigmatic Algae* (Seckbach, J. ed.). Kluwer Academic Publishers, Netherlands.
Nakamura, H. (1999)　From bacteria to protista, and Salt sensitivity of cells. In *Enigmatic Microorganisms and Life in Extreme Environments* (Seckbach, J. ed.). Kluwer Academic Publishers, Netherlands.

Oparin, A. I. (1967) 生命の起原(石本真訳). 岩波書店.

Papageorgiou, G. C. and Parker, L. (1983) *Photosynthetic Prokaryotes*. Elsevier Biomedical, New York.

Schrödinger, E. (1951) 生命とは何か―物理的にみた生細胞―(岡小天他訳). 岩波書店.

Watson, J. D. et al. (1993) *Recombinant DNA* (2nd ed.). Scientific American Books, New York.

Welch, G. R. and Clegg, J. S. (eds.) (1986) *The Organization of Cell Metabolism*. Plenum Press, New York.

索　引

A

アインシュタイン, A.(A. Einstein)　186
Alu 配列(*Alu* sequence)　231
アミノアシル点(aminoacyl point)　121
アミノアシル tRNA(aminoacyl-tRNA)　119
——シンテターゼ(synthetase)　119
アミノ酸(amino acid)　70
——置換率(replacement rate)　228
アミロプラスト(amyloplast)　33
アンチコドン(anticodon)　118
暗反応(dark reaction)　184, 193
アニーリング(annealing)　59
アポ酵素(apoenzyme)　74
アロラクトース(allolactose)　130
アロステリック調節(allosteric control)　78, 166
アロステリック酵素(allosteric enzyme)　43, 77, 79
ARS　149
α らせん(α-helix)　72, 73, 96
アルコール発酵(alcohol fermentation)　169
アセチル CoA(acetyl-CoA)　173, 174, 180
亜硝酸(nitrous acid)　221
A 点(A point)　121
ATP　162
——合成酵素(ATP synthase)　90, 177
AUG コドン(AUG codon)　114

B

倍数体(polyploidy)　157
バクテリオファージ(bacteriophage)　104
バクテリオクロロフィル *a*(bacteriochlorophyll *a*)　185, 187
バクテリオロドプシン(bacteriorhodopsin)　90, 179
ベクター(vector)　63, 64
べん毛(flagellum)　86, 88
ベンザー, S.(S. Benzer)　104
β 構造(β-structure)　72, 73
β 酸化(β-oxidation)　180
ベートソン, W.(W. Bateson)　100
ビードル, G.(G. Beadle)　102
B 型構造(DNA の)(B DNA)　56, 57
微量塩基(minor base)　119
微量元素(minor element)　46, 47
微小管(microtubule)　36, 153, 154
ボーア, N.(N. Bohr)　3
ボルボックス(*Volvox*)　7, 242
紡錘体(spindle body)　38, 139, 151, 154
分画化(代謝の)(compartmentalization)　41
分子時計(molecular clock)　228
分子系統樹(molecular phylogenetic tree)　229
分子進化(molecular evolution)　228
ブラウン, R.(R. Brown)　200
ブロモウラシル(bromouracil)　221

C

CAAT ボックス(CAAT box)　110
cAMP　130
CAP　131
cdc 2 キナーゼ(cdc 2 kinase)　141
Cdk　140
——活性化タンパク質(-activating protein)　141
cDNA　66
チャンネル(channel)　30, 203
チェック, T.(T. Cech)　215
チェックポイント(分裂サイクルの)(checkpoint)　139
チミン二量体(thymine dimer)　225
沈降係数(sedimentation coefficient)　22
チラコイド(thylakoid)　15, 16, 32, 34, 178, 191
——腔(lumen)　32
チトクロム(cytochrome)　74, 175
——*b*　188

――b-c_1 複合体(b-c_1 complex) 192
――b_6-f 複合体(b_6-f complex) 192
――c 188
重複(duplication) 221, 231
鳥類(Aves) 247
調節遺伝子(regulator gene) 105, 129
チューブリン(tubulin) 154
仲介輸送(mediated transport) 200
中期(metaphase) 151, 154
中心小体(centriole) 153, 154
C 域(C region) 137
C_4 ジカルボン酸回路(C_4-dicarboxylic acid cycle) 196
CoA 173
C_4 植物(C_4-plant) 196

D

第一分裂(first division) 158
第一元素(first element) 45, 46
第二分裂(second division) 158
第二元素(second element) 46, 47
脱水縮合(dehydrogenic condensation) 69, 211
電気化学ポテンシャル(electrochemical potential) 177, 204
でんぷん体(starch granule) 33
電子伝達系(electron transport system) 15, 28, 175
デオキシリボ核酸(deoxyribonucleic acid) 50
デリプレッション(derepression) 129
ディクチオソーム(dictyosome) 24
DNA 1, 50, 58
　　ミトコンドリア(mitochondrial)―― 29
　　ラムダファージ(λ phage)―― 62
　　――アニーリング(annealing) 59
　　――複製(replication) 98
　　――ヘリカーゼ(helicase) 144
　　――補修合成(repair synthesis) 146
　　――極性(polarity) 55
　　――ポリメラーゼ(polymerase) 144, 221
　　――プライマーゼ(primase) 145
　　――修復機構(repair mechanism) 148
　　――ワールド(world) 103, 214
DN(A)アーゼ(DNase) 60
ド・フリース, H.(H. de Vries) 219
動原体(centromere) 153, 154
同義コドン(synonym codon) 115, 116
独立栄養(autotrophism) 182
　　――生物(autotroph) 161, 182
ドルトン, J.(J. Dalton) 4

E

エチオプラスト(etioplast) 33
EcoRI 61, 64
エイブリー, O.(O. Avery) 102
液胞(vacuole) 27
エキソン(exon) 38, 111
エキソサイトーシス(exocytosis) 24, 25
エムデン-マイエルホーフ(EM)経路 (Embden-Meyerhof pathway) 167
エンドヌクレアーゼ(endonuclease) 60
エンドサイトーシス(endocytosis) 25
エネルギー共役(energy coupling) 162
エンハンサー(enhancer) 110
塩化セシウム密度勾配法(cesium chloride density-gradient method) 143
塩基類似体(base analogue) 221
遠心分画法(differential centrifugation method) 40, 41
ER 17

F

FAD/FADH$_2$ 173, 180
ファゴソーム(phagosome) 26
フェレドキシン(ferredoxin) 189, 193, 232
フィブロイン(fibroin) 73, 107
フィードバック調節(feedback control) 79
フィードバック阻害(feedback inhibition) 78, 127
不飽和脂肪酸(unsaturated fatty acid) 80
フック, R.(R. Hooke) 5
複合タンパク質酵素(conjugated protein enzyme) 74
複製(replication) 1
　　――フォーク(fork) 146
　　――起点(origin) 149
負の調節(negative control) 127
負のフィードバック(negative feedback) 79
フラビンアデニンジヌクレオチド(flavin adenine dinucleotide) 173
フラビンタンパク質(flavoprotein) 189
フラジェリン(flagellin) 86, 88
フレームシフト突然変異(frameshift mutation) 117, 219
フリーズフラクチャー法(freeze fracture technique) 95

G

β-ガラクトシダーゼ(β-galactosidase) 128, 130

GC ボックス（GC box） 110
原形質分離（plasmolysis） 202
ゲノム（genome） 231
原生動物（Protozoa） 245
原生生物界（Protista） 242
原始発酵系（primitive fermentation system） 168
原始大気（primitive atmosphere） 208
減数分裂（meiosis） 157
5 界説（five kingdom theory） 242
ゴルジ, C.(C. Golgi) 23
ゴルジ体（Golgi body） 11, 20, 23, 24, 26
G_0 相（G_0 phase） 139
G_1 相（G_1 phase） 139
G_2 相（G_2 phase） 139
群体（colony） 5, 242
グラム陰性菌（Gram-negative bacteria） 13
グラム染色（Gram-staining） 13
グリフィス, F.(F. Griffith) 102
グリセリン酸-3-リン酸（3-phosphoglycerate） 193
グリセルアルデヒド-3-リン酸（glyceraldehyde-3-phosphate） 167, 194
　　——デヒドロゲナーゼ（dehydrogenase） 230
β-グロビン（β-globin） 111
グルタミン酸発酵（L-glutamic acid fermentation） 233
逆転写（reverse transcription） 65
　　——酵素（reverse transcriptase） 65, 216

H

ハイブリッド DNA（hybrid DNA） 142
白色体（leucoplast） 33
半保存的複製（semiconservative replication） 141, 142
反応中心（reaction center） 187
半透性（semipermeability） 17, 201
ハロバクテリウム（*Halobacterium*） 183
発エルゴン反応（exergonic reaction） 159, 162
発現〔（phenotypic) expression〕 101, 215
ヘビ毒（snake venom） 71
ヘミセルロース（hemicellulose） 13
ヘモグロビン（hemoglobin） 85, 228
　　——A 85
　　——S 85
変異原（mutagen） 221
変性〔（タンパク質の）〔（protein) denaturation〕 73

偏性嫌気性細菌（obligatory anaerobic bacteria） 160
光回復（photoreactivation） 225
ヒル, R.(R. Hill) 193
ヒル反応（Hill reaction） 193
ヒストン（histone） 36, 97, 98
　　——H 4 99, 229
　　——遺伝子（gene） 132
ホイッタカー, E.(E. Whittaker) 242
補助色素（accessory pigment） 187
補欠分子族（prosthetic group） 74
補酵素（coenzyme） 75
　　——A 173
ホメオボックス（homeobox） 246
翻訳（translation） 65, 106, 114, 126
　　——装置（apparatus） 122
哺乳類（Mammalia） 247
ホロ酵素（holoenzyme） 74
放射線（radiation） 223
飽和脂肪酸（saturated fatty acid） 80
表現型（phenotype） 106

I

1 遺伝子-1 酵素説（one gene-one enzyme hypothesis） 102
一次構造（タンパク質の）（primary structure of protein） 69
一次細胞壁（primary cell wall） 13, 155
遺伝（heredity） 101, 215
遺伝子（gene） 100
　　——重複（duplication） 113, 231
　　——ファミリー（family） 132
　　——型（genotype） 106
　　——発現（expression） 106
　　——工学（engineering） 59
　　——クローニング（cloning） 63
　　——操作（technique） 66
　　——増幅（amplification） 132
IgE 231
IgG 137
異化（catabolism） 162
インシュリン（insulin） 71, 111
イントロン（intron） 38, 111
硫黄細菌（sulfur bacteria） 198

J

ジャイレース（gyrase） 97
ジャコブ, F.(F. Jacob) 128
ジェンセン, T.(T. Jensen) 241
自己集合（self assembly） 84
仁（nucleolus） 36

自律的複製配列(autonomously replicating sequence)　149
ジスルフィド結合(disulfide bond)　71
除去修復(excision repair)　225
上流調節点(upstream regulation point)　110
受動輸送(passive transport)　204
従属栄養生物(heterotroph)　161

K

化学合成(chemosynthesis)　182
　　――細菌(chemosynthetic bacteria)　161, 182
化学進化(chemical evolution)　208
回文配列(palindrome)　61
海綿動物(Porifera)　245
開始コドン(initiation codon)　114
解糖(glycolysis)　167, 169
核(nucleus)　6, 11, 35, 36
核分裂(nuclear division)　151
核型(karyotype)　154
核膜(nuclear membrane)　36
　　――孔(pore)　35, 36
核ラミナ(nuclear lamina)　35, 36
拡散(diffusion)　200
核小体(nucleolus)　36, 37, 133
核様体(nucleoid)　6, 35
鎌状赤血球貧血症(sickle cell anemia)　85
還元的カルボン酸回路(reductive carboxylic acid cycle)　196, 234
還元的ペントースリン酸回路(reductive pentose phosphate cycle)　193, 234
環状 AMP(cyclic AMP)　130
間期(interphase)　140, 151
カロチノイド(carotenoid)　187
カルビン-ベンソン回路(Calvin-Benson cycle)　193, 234
カルボン酸回路(carboxylic acid cycle)　234
カルジオリピン(cardiolipin)　30
可視光線(visible light)　186
活性中心(酵素の)〔(enzyme-)active center〕　76, 229
加水分解(hydrolysis)　211
カタボライト遺伝子活性化タンパク質(catabolite gene activator protein)　131
カタラーゼ(catalase)　74, 111, 171
滑面小胞体(smooth ER)　19
形質転換(transformation)　64
系統樹(phylogenetic tree)　243

茎葉植物(Cormophyta)　242
欠失(deletion)　221
α-ケトグルタル酸デヒドロゲナーゼ(α-ketoglutarate dehydrogenase)　234
キアズマ(chiasma)　158
菌界(Mycota)　242, 245
寄生(parasitism)　245
基質(substrate)　75
　　――レベルのリン酸化(level phosphorylation)　178
　　――特異性(specificity)　75
コアセルベート(coacervate)　8, 218
酵母菌(yeast)　169
高張(hypertonic)　202
腔腸動物(Coelenterata)　246
コドン(codon)　114
　　普遍的(universal)――　115, 117
　　ミトコンドリア(mitochondrial)――　117
好塩性細菌(halophilic bacteria)　179, 183
光合成(photosynthesis)　32, 182
　　――細菌(photosynthetic bacteria)　161, 182
コハク酸発酵(succinic acid fermentation)　234
高次構造(タンパク質の)〔(protein) structure of higher order〕　71
光化学系(photosystem)　184
　　――I　192
　　――II　192
後形質(metaplasm)　12
コケ類(Bryophyta)　242
後期(anaphase)　151, 154
好気性生物(aerobe)　161
呼吸鎖(respiratory chain)　172, 175
コンバーグ, A.(A. Kornberg)　144
好熱性細菌(thermophilic bacteria)　77
好冷性細菌(psychrophilic bacteria)　77
光リン酸化(photophosphorylation)　179, 184
交差(crossing-over)　158
校正(proofreading)　148, 221
構成酵素(constitutive enzyme)　129
光子(photon)　186
　　――説(quantum theory)　186
紅色硫黄細菌(purple sulfur bacteria)　184
紅色無硫黄細菌(purple non-sulfur bacteria)　184, 190
酵素(enzyme)　74
抗体(antibody)　137

259

構造遺伝子 (structural gene) 105
クエン酸回路 (citric acid cycle) 172, 174, 181, 233
組み換え修復 (recombinational repair) 226
クリック, F. (F. Crick) 56
クリステ (cristae) 29, 32
クローバー葉構造 (clover-leaf model) 118, 120
クロマチン (chromatin) 97, 98, 99
クロマトホア (chromatophore) 15, 33, 178, 188, 191, 237
クローニング (cloning) 64
クロロフィル a (chlorophyll a) 185
キャップ (cap) 113
吸エルゴン反応 (endergonic reaction) 159, 162
休眠 (dormancy) 48
吸収スペクトル (absorption spectrum) 184

L

lac オペロン (lac operon) 128, 129

M

マーチソン隕石 (Murchison meteorite) 213
マーギュリス, L. (L. Margulis) 238
マイコプラズマ (*Mycoplasma*) 15, 216
膜電位 (membrane potential) 17, 28, 204
膜動輸送 (cytosis) 25
膜間腔 (intermembrane space) 29, 32, 177
膜系 (membranous system) 15
膜進化説 (membrane evolution theory) 239
膜透過 (membrane permeation) 199
マラー, H. (H. Muller) 223
マリグラヌール (marigranule) 218
マトリックス (matrix) 29, 32
メチオニン (methionine) 114
明反応 (light reaction) 183
メンデル, G. (G. Mendel) 100
免疫 (immunity) 17, 135
免疫グロブリン (immunoglobulin) 232
——G 137
——ε 231
メセルソン, M. (M. Meselson) 142
メセルソン・スタールの実験 (Meselson-Stahl experiment) 143
メソソーム (mesosome) 15, 16, 178
ミラー, S. (S. Miller) 212

ミセル (micelle) 90
ミーシャー, J. (J. Miescher) 103
ミスセンス突然変異 (missense mutation) 116
ミトコンドリア (mitochondria) 11, 28, 31, 32, 191
——鞘 (sheath) 29
——代謝 (metabolism) 31
密度勾配遠心法 (density-gradient centrifugation) 42
モネラ界 (Monera) 242
モノ, J. (J. Monod) 128
モノクローナル抗体 (monoclonal antibody) 137
モノシストロニック mRNA (monocistronic mRNA) 113
MPF (M-phase-promoting factor) 141
mRNA 67
M 相 (M phase) 139, 141, 151
無細胞系 (cell-free system) 40
ミュートン (muton) 105

N

$NAD^+/NADH$ 169, 180, 193
$NADP^+/NADPH$ 193
内部共生説 (endosymbiont theory) 238
$Na^+ \cdot K^+$-ATP アーゼ ($Na^+ \cdot K^+$-ATPase) 205
ナンセンスコドン (nonsense codon) 114
ナンセンス突然変異 (nonsense mutation) 116, 117
熱変性 (thermal denaturation) 58
熱力学第 2 法則 (second law of thermodynamics) 3, 159
二次構造 (secondary structure of protein) 72
二次細胞壁 (secondary cell wall) 13, 155
能動輸送 (active transport) 17, 204
ヌクレオソーム (nucleosome) 97, 98
乳酸発酵 (lactic acid fermentation) 169
乳酸菌 (lactic acid bacteria) 169

O

オーゲル, L. (L. Orgel) 216
オオヒゲマワリ (*Volvox*) 7
オパーリン, A. (A. Oparin) 209
オペレーター (operator) 105, 129
オペロン (operon) 127
Ori 遺伝子 (Ori gene) 149
黄色体 (etioplast) 33
オゾン (ozone) 211

P

P_{680}　192
P_{700}　192
P_{890}　187
パフ(puff)　133
パリンドローム(palindrome)　61
パスツール効果(Pasteur effect)　173
PCR(polymerase chain reaction)　63, 65
ペントースリン酸回路(pentose phosphate cycle)　234
ペプチドグリカン(peptide glycan)　13
ペプチド結合(peptide bond)　68, 71
ペプチジル点(peptidyl point)　121
ペプチジルトランスフェラーゼ(peptidyl transferase)　121
ペプシン(pepsin)　74
ピリミジン化合物(pyrimidine compound)　53
ピルビン酸(pyruvic acid)　168
pol I, II, III　144
ポリA(poly A)　113
ポリン(porin)　30
ポリヌクレオチド(polynucleotide)　54
ポリペプチド(polypeptide)　68, 71
ポリシストロニックmRNA(polycistronic mRNA)　113
ポリソーム(polysome)　126
P点(P point)　121
プラスミド(plasmid)　59, 63
プラストキノン(plastoquinone)　192
プリブナウボックス(Pribnow box)　108
プロモーター(promotor)　105, 107, 129
プロピオン酸発酵(propionic acid fermentation)　234
プロプラスチド(proplastid)　33
プロタミン(protamine)　36
プロテノイド・ミクロスフェア(protenoid microsphere)　217
プロトンポンプ(proton pump)　26, 28, 32, 192
──系(system)　175
プロトプラスト(protoplast)　9, 14, 40

R

ラギング鎖(lagging strand)　146
酪酸(butyric acid)　81
ラクトース(lactose)　127
──オペロン(operon)　130
──透過酵素(permease)　128
ラムダ(λ)ファージ(lambda phage)　61

ランプブラシ染色体(lampbrush chromosome)　133
ラン藻(blue-green algae)　13, 32, 161, 182, 190, 238, 241
裸子植物(Gymnospermae)　245
rDNA　132
RecAタンパク質(RecA protein)　226
レーニンジャー, A.(A. Lehninger)　30
レプリコン(replicon)　59, 141
レトロウイルス(Retrovirus)　65, 103, 216
リービッヒ, J.(J. Liebig)　165
リボ核酸(ribonucleic acid)　66
リボ酵素(ribozyme)　112
リボヌクレアーゼA(ribonuclease A)　74
リボソーム(ribosome)　11, 19, 20, 22, 29, 32, 38
──RNA(ribosomal RNA)　68
──再生(regeneration)　86
リボザイム(ribozyme)　112, 215
リブロース-1,5-二リン酸(ribulose-1,5-diphosphate)　193
──カルボキシラーゼ(carboxylase)　193
リーディング鎖(leading strand)　146
リガーゼ(ligase)　63, 64, 146
リコン(recon)　104
リン脂質(phospholipid)　13, 14, 19, 82, 88
──2分子層(bilayer)　14, 82, 199
リパーゼ(lipase)　81
リポソーム(liposome)　90, 179, 217
リポタンパク質(lipoprotein)　13
リポ多糖(lipopolysaccharide)　13
リプレッサー(repressor)　129
リソソーム(lysosome)　24, 26, 27
律速因子(rate-limiting factor)　165
リゾチーム(lysozyme)　14
RNA　66
──ポリメラーゼ(polymerase)　107, 113, 148
──プライマー(primer)　145
──プロセシング(processing)　110
──スプライシング(splicing)　38, 111
──ワールド(world)　103, 214
RN(A)アーゼ(RNase)　111
──P　111
ロイコプラスト(leucoplast)　33
rRNA　22, 36, 68, 86
45 S──　113
──遺伝子(gene)　22, 132
ルビスコ(Rubisco)　166, 193
緑色硫黄細菌(green sulfur bacteria)　184

両生類(Amphibia)　246
硫酸塩還元菌(sulfate-reducing bacteria)　198

S

細胞板(cell plate)　155
細胞壁(cell wall)　11, 12
細胞骨格(cytoskeleton)　35, 154
細胞膜(cell membrane ; plasma membrane)　11, 14
細胞齢(cell age)　139
細胞サイクル(cell cycle)　138
細胞質分裂(cytokinesis)　151, 155
細胞小器官(organelle)　12, 39
細胞代謝(cellular metabolism)　162
細胞融合(cell fusion)　92
サイクリン(cyclin)　141
　　——依存性プロテインキナーゼ(-dependent protein kinase)　140
サイレント突然変異(silent mutation)　116
再生(タンパク質の)〔(protein) regeneration〕　73
最少量の法則(law of the minimum)　165
最適温度(optimal temperature)　77
最適pH(optimal pH)　77
サイトーシス(cytosis)　25
三次構造(タンパク質の)(tertiary structure of protein)　73
酸化還元電位(redox potential)　163
酸化的カルボン酸回路(oxidative carboxylic acid cycle)　234
酸化的ペントース リン酸回路(oxidative pentose phosphate cycle)　195, 234
酸化的リン酸化(oxidative phosphorylation)　179
酸性ホスファターゼ(acid phosphatase)　26
酸素呼吸(oxygen respiration)　178
　　——生物(organism)　161
サルベージ経路(salvage pathway)　179
SAT染色体(SAT chromosome)　36
S値(Svedberg unit)　22
制限地図(restriction map)　62
制限酵素(restriction enzyme)　60, 61
　　——地図(map)　62
星状体(astral body)　153, 154
星間物質(interstellar matter)　210
正の調節(positive regulation)　130, 131
精子(sperm)　158
赤道面(equatorial plane)　153, 154
センサー(sensor)　14
染色分体(chromatid)　151, 153

染色体(chromosome)　98, 139, 153
選択的透過性(selective permeability)　199
セントラルドグマ(central dogma)　66, 106
セントロソーム(centrosome)　36
セルロース(cellulose)　13, 83
切断地図(cleavage map)　62
接合子(接合体)(zygote)　158
シャジクモ(Charophyceae)　244
シダ植物(Pteridophyta)　245
紫外線(ultraviolet radiation)　210, 224
σ亜粒子(σ subunit)　108
シグナル認識粒子(signal recognition particle)　125
シグナルペプチド説(signal peptide hypothesis)　125
姉妹染色分体(sister chromatid)　154
伸長因子(elongation factor)　121
真菌界(Eumycota)　242
浸透(osmosis)　201
　　——圧(osmotic pressure)　202
脂質蓄積症(lipidosis)　26
シスチン尿症(cystinuria)　203
シストロン(cistron)　104
自然突然変異(spontaneous mutation)　221
小胞体(endoplasmic reticulum ; ER)　11, 18
　　——内腔(lumen)　19, 20
硝化細菌(nitrifying bacteria)　198
小器官(organelle)　12, 41
食作用(phagocytosis)　17
少量元素(minor element)　46, 47
終期(telophase)　151, 155
周期表(periodic table)　46
種の大量絶滅(species mass extinction)　247
シュライデン, M.(M. Schleiden)　6
シュレーディンガー, E.(E. Schrödinger)　3
終止コドン(termination codon)　114
種子植物(Spermatophyta)　245
シュワン, T.(T. Schwann)　6
相補的塩基対(complementary base pair)　56
総鰭類(Crossopterigii)　246
促進拡散(facilitated diffusion)　204
粗面小胞体(rough ER)　18, 19, 124
組織適合性(histocompatibility)　17
SOS修復(SOS repair)　226
SSBタンパク質(SSB protein)　144
S-S結合(S-S bond)　71, 73
S相(S phase)　139, 151

水素結合(hydrogen bond) 57, 58
水素細菌(hydrogen bacteria) 198
スーパーコイル(super coil) 97
スーパーオキシド(superoxide) 171
　　──ジスムターゼ(dismutase) 171
スペーサー(spacer) 112
スタール, F.(F. Stahl) 142
ステアリン酸(stearic acid) 81, 180
ストロマ(stroma) 32
ストロマトライト(stromatolite) 32, 161

T

タバコモザイクウイルス(tobacco mosaic virus) 87
代謝(metabolism) 1, 39, 41
対数期(logarithmic phase) 138
太陽系(solar system) 206
単分子層(monolayer) 89
単純拡散(simple diffusion) 200
単純タンパク質酵素(simple protein enzyme) 74
単クローン抗体(monoclonal antibody) 137
タンパク質(protein) 68
　　──合成(synthesis) 122
　　──キナーゼ(kinase) 73, 140
　　──ワールド(world) 103, 214
単細胞生物(unicellular organism) 5
多量元素(major element) 45, 46
多糸染色体(polytene chromosome) 133
TATA ボックス(TATA box) 105
TCA 回路(TCA cycle) 172
低張(hypotonic) 40, 202
適応(adaptation) 166
　　──放散(adaptive radiation) 228
　　──酵素(adaptive enzyme) 129
転移(transition) 219
転換(transversion) 219
転写(transcription) 65, 106, 107, 126
点突然変異(point mutation) 219
転座(translocation) 221
鉄細菌(iron bacteria) 198
TMV 87

等張(isotonic) 40, 202
透過酵素(permease) 14, 203
トポイソメラーゼ(topoisomerase) 97
トランジション(transition) 219
トランスバーション(transversion) 219
トランスファー RNA(transfer RNA) 67
トランスゴルジ網(trans Golgi network) 26
トランスポーター(transporter) 203
トリプシン(trypsin) 76
糖新生(gluconeogenesis) 196
糖質(carbohydrate) 82, 83
突然変異(mutation) 2, 219
　　──説(theory) 219
Tre 遺伝子(*Tre* gene) 149
tRNA 67, 118

V

V 域(V region) 137

W

ワトソン, J.(J. Watson) 56
ウェラー, F.(F. Wöhler) 209

X

X 線(X-ray) 223
　　──回折法(diffraction) 68

Y

ヨハンセン, W.(W. Johannsen) 100
葉状植物(Thallophyta) 242
抑制解除(derepression) 129
葉緑体(chloroplast) 11, 15, 31, 32, 191
ユビキノン(ubiquinone) 188
誘導突然変異(induced mutation) 221
ユニバーサルコード(universal code) 117
有糸分裂(mitosis) 38, 98, 151, 152
輸送小胞(transport vesicle) 20

Z

前期(prophase) 151
Z 型構造(DNA の)(Z DNA) 57
ゾウリムシ(*Paramecium*) 245, 246

著者略歴

中 村　運
（なか　むら　はこぶ）

1958年　京都大学大学院理学研究科
　　　　（植物学専攻）修士課程修了
1961年　理学博士
1972年　甲南大学理学部教授
1999年　甲南大学名誉教授

主要著書

生体機構の進化（編著，講談社）
細胞の起源と進化（培風館）
微生物からみた生物進化学（培風館）
生命とはなんだろう（岩波書店）
入門・生命科学（化学同人）
一般教養 生物学の基礎（培風館）
細胞進化（培風館）
水の生物学（培風館）
生命進化7つのなぞ（岩波書店）
生命を語る（化学同人）
生命進化40億年の風景（化学同人）
生命にとって水とは何か（講談社）
生命科学（化学同人）
遺伝子からみた40億年の生命進化
　　　　　　　（訳，紀伊國屋書店）
分子生物学辞典（訳編，化学同人）
生理・生化学用語辞典（共訳，化学同人）
分子細胞学（培風館）
DNAだけで生命は解けない
　〜「場」の生命論〜
　　　（訳，シュプリンガー・フェアラーク東京）
生命と風土—生物進化の秩序をさぐる—
　　　　　　　（化学同人）
基礎課程 生物学（培風館）

Ⓒ 中 村　運 2000

1981年 1月15日　初 版 発 行
1988年12月 5日　改訂版発行
2000年 9月 7日　三訂版発行
2017年 9月29日　三訂第12刷発行

基 礎 生 物 学

分子と細胞レベルから見た生命像

著 者　中 村　　運
発行者　山 本　　格

発 行 所　株式会社　培 風 館

東京都千代田区九段南 4-3-12・郵便番号 102-8260
電 話(03)3262-5256(代表)・振替 00140-7-44725

中央印刷・牧 製本

PRINTED IN JAPAN

ISBN978-4-563-07755-6 C3045